东北春玉米高产高效耕作栽培理论与技术

张卫建　宋振伟　陈长青　等　著

科学出版社
北京

内 容 简 介

本书著者主要针对东北气候变化导致区域水热条件变化，以及春玉米单产提升与资源高效利用的协调难题，在历史数据分析、长期田间定位试验及种植模式集成验证的基础上，进行了春玉米密植高产高效的耕作栽培关键技术研发，并在东北春玉米主产区开展了模式验证和示范推广，最终形成了这本专著。本书重点介绍了东北春玉米大面积增产增效的农艺潜力及其关键限制因子，密植群体对区域水热变化的响应与适应技术，密植高产群体株型与根型的协调关系及耕作调控技术，密植群体耕层水肥与植株营养的供需关系及协调技术，并阐述了东北地区不同生态类型区春玉米密植抗倒防衰的高产高效耕作栽培模式集成、示范与推广。本书著者所研发的新模式可以实现春玉米大面积增产 15%、水肥资源增效 20% 以上的高产高效协同目标。

本书可为玉米耕作栽培和农田生态等研究领域的科研人员提供研究理论与方法参考，也可为玉米生产及管理的从业人员提供实用的生产技术借鉴。

审图号：GS（2018）2788 号

图书在版编目（CIP）数据

东北春玉米高产高效耕作栽培理论与技术 / 张卫建等著 . — 北京：科学出版社，2018.8

ISBN 978-7-03-058152-5

Ⅰ.①东… Ⅱ.①张… Ⅲ.①春玉米 - 高产栽培 - 栽培技术 - 东北地区
Ⅳ.① S513

中国版本图书馆 CIP 数据核字 (2018) 第 134273 号

责任编辑：陈　新　高璐佳／责任校对：严　娜
责任印制：肖　兴／封面设计：黄华斌

科 学 出 版 社 出版
北京东黄城根北街 16 号
邮政编码：100717
http://www.sciencep.com
中 国 科 学 院 印 刷 厂 印刷
科学出版社发行　各地新华书店经销

*

2018 年 8 月第 一 版　开本：787×1092　1/16
2018 年 8 月第一次印刷　印张：13　1/2
字数：302 000

定价：198.00 元
（如有印装质量问题，我社负责调换）

《东北春玉米高产高效耕作栽培理论与技术》
著者名单

（按姓氏汉语拼音排序）

蔡红光	曹铁华	陈　涛	陈长青
邓艾兴	董志强	冯晓敏	高洪军
郭金瑞	郝玉波	黄　山	寇太记
兰宏亮	李　梁	刘　明	裴志超
彭　畅	彭现宪	齐　华	钱春荣
任　军	宋振伟	王春春	王克如
王志刚	谢瑞芝	解振兴	徐志宇
殷　明	于　洋	张　俊	张　明
张卫建	张振平	郑成岩	朱　平

主要著者简介

张卫建　男，中国农业科学院作物科学研究所研究员，作物耕作与生态创新团队首席专家。1999 年毕业于南京农业大学，获得农学博士学位。2001～2003 年在美国 North Carolina State University 开展土壤生态博士后合作研究。2006 年入选教育部"新世纪优秀人才"，现为农业农村部保护性耕作专家组成员，国务院学位委员会学科评议组（作物学组）成员，国家"十三五"重点研发计划项目首席专家，中国耕作制度学会副理事长，中国农学会立体农业分会委员和中国生态学学会农业生态专业委员会委员，世界银行和联合国粮食及农业组织（FAO）农田生态咨询专家，*The Crop Journal* 副主编。

宋振伟　男，中国农业科学院作物科学研究所副研究员，硕士生导师。2009 年毕业于中国农业大学，获农学博士学位。2007 年 9 月至 2008 年 9 月在美国 University of California，Davis 留学访问，开展农作系统应对气候变化的研究。主持或参加国家自然科学基金、国家"十三五"重点研发计划、国家 973 计划、公益性行业（农业）科研专项、全球环境基金（GEF）等各类研究课题十余项，在国内外期刊上已发表研究论文 60 余篇。

陈长青　男，南京农业大学副教授，硕士生导师。2005 年毕业于南京农业大学，获农学博士学位。2007～2010 年在中国科学院南京土壤研究所开展土壤生态博士后合作研究。兼任江苏省农业系统工程学会理事、江苏省生态学会常务理事。近几年主持或参加国家自然科学基金、国家 863 计划、国家 973 计划和国家"十三五"重点研发计划等十余项课题，获省部级科技成果奖 6 次，在国内外期刊上已发表研究论文 70 余篇。

前　　言

　　玉米是世界上主要的粮食作物之一，我国玉米种植面积占世界玉米种植面积的 18%以上，总产量占全球的 25% 以上，是世界第二大玉米生产国。自 2014 年以来，我国玉米总产量已经占到国内谷物总产量的 37% 以上，超过水稻，成为我国第一大粮食作物。东北地区是我国重要的商品粮基地，同时也是我国重要的春玉米主产区，种植面积和总产量分别占全国玉米生产的 33% 和 35% 以上，多年的平均单产达到 6255kg/hm²，比全国平均单产高出 10% 以上；商品玉米总产量占全国的 60% 以上，出口量几乎占全国的100%，为保障国家粮食安全和改善人民生活品质发挥了重要作用。

　　在种植面积增加潜力有限的情况下，产量的增加必须依赖单位面积产量（下文简称单产）的提高，而进一步提高玉米单产潜力必然依赖于种植密度的提高。同时，在东北地区，由于长期的掠夺式经营导致土壤质量下降，化学肥料的大量施用不仅导致产量增加的边际效应不断减小，而且引发了农业环境面源污染等一系列资源环境问题。而在全球气候变化的大背景下，影响玉米生产的气象灾害更加频繁，玉米生产的不稳定性和产量年际波动性增大，导致生产成本和投入大幅提高，资源环境和粮食生产可持续面临严峻挑战。如何实现玉米产量与资源利用效率协同提高，已经成为当前研究的热点问题之一。因此，深入剖析春玉米高产高效栽培的关键限制因子与突破途径，开展关键技术创新与模式集成，实现产量和资源利用效率逐步提高，不仅有利于充分挖掘春玉米生产潜力、进一步提高肥料效率，而且有利于促进农民增产增收、巩固粮食可持续生产。

　　本书以我国东北春玉米为研究对象，由中国农业科学院作物科学研究所、南京农业大学、沈阳农业大学、吉林省农业科学院、黑龙江省农业科学院、内蒙古农业大学等科研、教学单位的诸多科研人员和研究生联合开展了春玉米密植高产高效的耕作栽培理论与技术研究，并进行了密植春玉米增产增效的模式集成、区域验证与推广示范，为实现春玉米大面积增产、资源提效的目标提供理论依据和技术支撑。本书主要研究内容得到了国家自然科学基金（30571094、31000693）、国家重点基础研究发展计划项目（2009CB118601、2015CB150404）、"十二五"国家粮食丰产科技工程项目（2011BAD16B14）、中国农业科学院科技创新工程等项目的资助。

　　作物高产与资源高效的协同是一个永恒的科技难题，其理论与技术体系将伴随着科技提升、环境改善和品种改良等因素而变化。限于笔者的知识体系和研究水平，书中不足之处恐难避免，敬请广大读者批评指正。

著　　者

2017 年 11 月 11 日

目　　录

第1章 研究背景与研究目标

1.1 研 究 背 景

1.1.1 东北地区玉米生产的重要性

玉米是世界上最为重要的粮食作物之一，并且随着畜牧业、加工业及绿色能源产业的发展，玉米也成为重要的饲料、加工和能源原料作物。玉米作为 C4 植物，具有光合效率高、增产潜力大、适应性广、抗逆性强等优点，在世界各地均有种植。目前，全世界有 70 多个国家种植玉米，年播种面积在 1.8 亿 hm^2 以上，总产量已经占到全球谷类作物总产量的 34% 以上，是名副其实的全球第一大作物（FAO，2014）。我国玉米种植面积占世界玉米种植面积的 18% 以上，是世界第二大玉米生产国，总产量占全球的 25% 以上。2004 ~ 2012 年，我国玉米总产量累计增加了 923 亿 kg，增幅为 79.7%，玉米增产对全国粮食增产的贡献率高达 58.1%，已经成为我国粮食增产的主力军（赵久然和王荣焕，2013）。而且从 2014 年起，我国玉米总产量已经占到了国内谷物总产量的 37% 以上，超过水稻，成为我国第一大粮食作物，为保障国家粮食安全和改善人民生活品质发挥了重要作用。《国家粮食安全中长期发展规划》明确了 2020 年新增 500 亿 kg 粮食的目标，其中玉米"承担"53% 的任务。在种植面积增加潜力有限的情况下，提高玉米单产是满足玉米需求增长和保证国家粮食安全的必然选择。因此，保证玉米高产稳产仍是我国农业当前及今后相当长一段时期的重要任务，对国家粮食安全保障至关重要。

东北地区包括黑龙江、吉林、辽宁（下文简称东北三省），以及内蒙古的赤峰、通辽、呼伦贝尔、兴安盟及锡林郭勒盟东部（下文简称蒙东）等三省一区，是我国最重要的商品粮基地，同时也是我国最重要的春玉米主产区，种植面积和总产量分别占全国玉米生产的 33% 和 35% 以上，平均单产为 6255kg/hm^2，比全国平均单产高出 10% 以上；商品玉米总产量占全国的 60% 以上，出口量几乎占全国的 100%，在保障国家粮食安全上发挥着举足轻重的作用（徐志宇等，2013）。回顾过去，东北地区玉米产量的增加主要是通过增加种植面积和提高单产，而目前东北地区玉米种植面积增加的潜力越来越小，因而总产量的增加必须依赖单产的提高。然而，由于长期以来东北地区掠夺式的经营，土壤质量下降，且化学肥料的大量施用不仅导致产量增加的边际效应不断减小，还引发了农业环境面源污染等一系列资源环境问题。在全球气候变化的大背景下，影响玉米生产的气象灾害更加频繁，玉米生产的不稳定性和产量年际波动性增大，导致生产成本和投资将大幅提高，资源环境和粮食生产可持续面临严峻挑战。因此，如何实现玉米产量与资源利用效率协同提高，增强农田抵御自然灾害的缓冲性能乃是当前研究的热点问题之一。深入剖析东北春玉米高产高效的关键限制因子与突破途径，开展关键技术创新与模式集成，实现产量和资源利用效率逐步提高，不仅有利于充分挖掘东北春玉米生产潜力，进一步提高肥料效率，同时也有利于促进农民增产增收、巩固粮食可持续生产，保障国家粮食安全。

1.1.2　合理增加种植密度是提高玉米单产的关键途径

玉米是产量增加潜力最大的作物之一（Sangoi et al.，2002），相对于小麦、水稻等 C3 作物，玉米是 C4 植物，因此具有更大的高光效增产潜力，国内外报道的玉米高产纪录都是在高种植密度下取得的，进一步提高玉米单产必然依赖于种植密度的提高（Duvick，2005）。由于玉米品种的改良，紧凑型品种的大量应用为玉米密植增产奠定了基础。前人研究表明，玉米籽粒产量的形成大部分来自于开花后的干物质积累，实现玉米高产需保证生育中后期具有光合效率高、功能期较长的高产群体，并且在增加开花期营养器官干物质积累量和花后营养器官干物质转运量的同时，应进一步促进花后营养器官干物质向籽粒的转移（郑友军等，2013）。玉米产量是单株效应和群体效应相互协调的结果，在一定种植密度内，产量随种植密度的增加而增加，但当群体效应对产量的影响小于单株效应时则表现为减产（张明，2015）。而密度过高往往会导致植株倒伏和早衰问题，限制产量进一步增加。前人试验表明，通过秸秆还田、有机无机配施等培肥地力方式及深松、翻耕等不同耕作方式等可以改善土壤结构和功能，协调冠层耕层结构，有利于高产稳产。虽然我们在高产栽培技术上取得了较大进展，但我国玉米高产水平与美国等发达国家仍有较大差距，东北春玉米增产潜力巨大。

1.1.3　高产与资源高效协同是玉米可持续生产的必然选择

化学肥料的施用不仅可以增加作物产量，而且可以改变土壤的理化性质。近年来，玉米的产量不断提高，化肥的用量也不断增加。但随着肥料施用量的增加，肥料的利用效率却在不断下降。由于受产量的驱动，在东北春玉米产区，肥料特别是氮肥的施用量往往偏高，且生产中一次性施肥比例增加，容易造成玉米生育前期肥料过剩而后期脱肥的现象。肥料的不合理施用，不仅不利于作物高产，而且降低了肥料的利用效率。并且生产中的过量施肥还会造成地下水硝酸盐超标、温室气体排放增加及土壤酸化等生态环境问题（Ju et al.，2009；Guo et al.，2010；Liu et al.，2013）。近些年，由于环境问题越来越明显，对作物生产方面的关注和研究也在不断深入。研究表明，通过有机无机配施、优化施肥量、合理氮肥运筹、改变肥料施用方式等措施可以提高肥料利用效率。但目前关于东北地区春玉米资源高效利用的研究仍相对较少，需继续加强相关研究。

综上所述，我国对东北春玉米高产和资源高效利用的研究均取得了一定进展，但在作物高产和资源高效协同方面的理论和技术研究相对薄弱。因此，必须加强玉米高产高效的综合研究，以期尽早破解作物高产和资源高效协同的科学难题。

1.2　研　究　目　标

以东北地区为研究区域，针对玉米高产高效的关键限制因素，挖掘春玉米产量提升与资源增效的潜力，提出玉米大面积增产增效的技术方向；揭示密植群体生育进程与区域水热动态的协调机制与调控途径，提出适宜不同气候生态区的品种、密度及播期等配套栽培技术配置方案；明确密植高产群体的地上地下互作效应及其调控途径和机制，形成密植高产高效玉米群体抗倒防衰栽培技术模式；阐明密植高产高效春玉米耕层水热特征，提出耕层土壤的蓄水增碳机制及其调控途径；开展东北春玉米密植增产增效的耕作栽培模式集成、区域验证与推广示范，为东北春玉米大面积增产、水肥热等资源增效的目标提供理论依据和技术支撑，促进农业绿色发展。

1.3　研　究　内　容

1.3.1　东北春玉米密植高产与水热高效的关键限制因子及其变化趋势

明确各限制因子的互作效应对春玉米产量和资源生产效率的影响过程与机制，阐明不同区域春玉米增产与增效的潜力，制定适宜不同区域春玉米密植高产与水热高效的品种类型、密度和播期的配置方案，并完成区域验证与优化。

1.3.2　东北春玉米密植高产群体倒伏、早衰的主要类型及其成因

阐明密植高产群体倒伏、早衰的生理、生态机制；提出春玉米密植高产高效群体的抗倒防衰耕作栽培调控途径，阐明密植群体抗倒防衰的调控机制，形成密植高产高效群体抗倒防衰的耕作栽培模式，并完成模式的集成优化与区域验证。

1.3.3　耕层土壤水热动态与耕层碳氮的调控方式

明确不同气候生态区种植模式（连作、轮作等）和土壤耕作措施（旋耕、免耕、深松等）对耕层土壤水热和碳氮总量及质量的综合影响；明确不同培肥途径（化肥、有机肥及秸秆还田等）对耕层土壤水热动态和碳氮总量与质量的综合效应，阐明耕作措施对耕层水热动态和碳氮质量的调控机制，提出密植高产高效耕层的蓄水增碳耕作模式，并完成耕作模式的集成优化和区域验证。

1.3.4　东北春玉米高产高效协同模式集成与区域验证

在东北不同的气候生态区，建立模式集成与区域验证的综合试验基地及高水平共性试验研究平台，完成春玉米密植高产与水肥热等高效栽培技术的评价与筛选；提出春玉米密植高产与水肥热等高效的耕作栽培集成模式，完成模式的集成优化与区域验证，形成适宜不同生态区春玉米增产、水热资源增效的栽培模式和技术规程。

1.4　研　究　方　案

1.4.1　东北玉米增产增效潜力分析

收集《中国统计年鉴》《全国农产品收益汇编》等统计数据资料，查阅有关东北玉米产量与资源利用效率的文献，分析东北地区现有气象观测站点长时间、短时序气象资料，采用数据挖掘与建模的方法，明确东北玉米产量与资源利用提升的潜力。

1.4.2　东北春玉米增产增效关键限制因子

采用田间考察与问卷调研的方法，在东北不同生态类型区选择典型样点开展玉米种

植密度、品种选用、耕层厚度、倒伏早衰类型等生产调研，结合农户问卷调查与专家访谈，明确东北不同生态类型区玉米高产高效的关键限制因子，提出玉米密植高产高效的耕作栽培调控途径。

1.4.3 密植玉米生育进程与区域水热动态联网试验

依据我国东北春玉米种植区不同区域的光、温、水、土壤条件和生产水平的变化梯度，布置试验站点，在当地的主要种植模式下，设置不同种植密度和播种期，进行大区对比试验。全面了解不同区域的水、热、土壤条件和生产技术下密植高产玉米群体的生长发育过程、物质生产水平及产量构成等指标，通过水热生产潜力、高产潜力和现实生产力的对比研究，揭示密植春玉米生育进程与区域水热动态的协调机制，研究以品种、密度和播期等配套栽培措施为调控途径的区域性资源优化配置方案，为同时实现春玉米高产与资源高效的目标提供理论依据和技术途径。

1.4.4 东北不同年代玉米品种对密植与氮素利用效率的响应

以东北三省20世纪70年代 [①] 以来各个年代大面积推广应用的代表性玉米单交种为试验材料，试验采取裂—裂区设计，3次重复，设置4个密度处理（30 000 株/hm²、52 500 株/hm²、75 000 株/hm² 和 97 500 株/hm²）及4个氮肥处理（0kg/hm²、150kg/hm²、300kg/hm² 和 450kg/hm²），试验以密度为主区，氮肥处理为裂区，品种为再裂区。通过比较不同密度与施肥处理，分析不同年代玉米主栽品种生产力、植株形态、氮肥效率及抗逆性演变特征，以及对种植密度和氮肥水平的响应特征，为耐密高产及资源高效的品种选育与耕作栽培措施调控提供参考依据。

1.4.5 东北春玉米密植群体抗倒防衰栽培调控途径与机制

采用区域调研、大田试验和室内试验相结合的方法，在东北典型生态区，设置不同种植密度、品种、化学调控等试验。通过大田试验与辅助室内试验，并结合区域调研，监测作物系统地上、地下的生理、生态特征及土壤特征。在明确密植高产群体倒伏和早衰类型及其成因的基础上，探讨倒伏、早衰的群体生态与个体生理原因；从抗倒防衰、提高资源（光、温、水、养分）利用率和提高产量的角度入手，探讨实现抗倒防衰高产高效的调控途径；在激素生理和生态生理水平上，进一步明确密植高产群体抗倒防衰的调控机制；建立东北地区春玉米密植群体抗倒防衰耕作栽培模式，并进行模式集成优化与区域验证。

1.4.6 耕层土壤蓄水增碳的耕作调控途径与机制

根据东北气候生态和生产水平及耕作习惯等特征，设立不同的种植方式（垄作、平作垄管、平作）、耕作处理（深松、耕翻、免耕、常规耕作）、施肥方式（不施肥、化肥、化肥＋有机肥、化肥＋秸秆）、种植模式（玉米连作、玉米—大豆轮作、大豆连作）等的区域综合试验，并结合区域生产调研监测，原位监测土壤水热动态、碳氮总量与质量

---

① 为方便表述，后文中出现的 1960s、1970s、1980s、1990s、2000s 分别表示20世纪60年代、20世纪70年代、20世纪80年代、20世纪90年代、21世纪头10年。

及其剖面分布特征，分析不同区域耕层质量下降原因及其关键过程，以及不同耕作措施对土壤蓄水能力和碳氮动态的调控效应及其作用机制。

1.4.7　东北春玉米大面积高产高效的协调模式及其区域验证

　　结合东北不同气候生态区的特征，进行春玉米高产高效品种配置与增密抗倒技术途径、耕层土壤水热动态及密度配置效果、高产土壤耕层地力培育理论与技术途径的集成研究。在吉林公主岭、辽宁铁岭及黑龙江哈尔滨建立高产高效试验研究平台，开展不同栽培模式定位试验（再高产高效、再高产、高产高效、农户模式），探讨高产与高效的突破理论与技术途径；在现有研究成果基础上，构建东北不同生态类型区玉米高产高效栽培模式，在 3 ～ 5 个典型区域各建立 30 ～ 50 亩（1 亩 ≈ 666.7m^2，后文同）模式验证试验区，设置两个处理（高产高效模式与农户模式），进行模式集成与区域验证研究。

参 考 文 献

徐志宇，宋振伟，邓艾兴，等 . 2013. 近 30 年我国主要粮食作物生产的驱动因素及空间格局变化研究 . 南京农业大学学报，36(1): 79-86.

张明 . 2015. 种植密度对东北春玉米穗分化和籽粒发育的影响 . 中国农业科学院硕士学位论文 .

赵久然，王荣焕 . 2013. 中国玉米生产发展历程、存在问题及对策 . 中国农业科技导报，15(3): 1-6.

郑友军，张斌，浦军，等 . 2013. 春玉米高产栽培下 (≥ 15 000kg/hm^2) 光合和物质积累转运特性 . 西北农业学报，22(1): 54-59.

Duvick D N. 2005. The contribution of breeding to yield advances in maize (*Zea mays* L.)//Duvick D N, Sparks L. Advances in Agronomy. San Diego, CA: Academic Press.

FAO. 2014. FAOSTAT. http: //faostat3.fao.org/faostat-gateway/go/to/home/E [2014-01-21].

Guo J H, Liu X J, Zhang Y, et al. 2010. Significant acidification in major Chinese croplands. Science, 327: 1008-1010.

Ju X T, Xing G X, Chen X P, et al. 2009. Reducing environmental risk by improving N management in intensive Chinese agricultural systems. Proceedings of the National Academy of Sciences, 106: 3041-3046.

Liu X, Zhang Y, Han W, et al. 2013. Enhanced nitrogen deposition over China. Nature, 494: 459-462.

Sangoi L, Gracietti M A, Rampazzo C, et al. 2002. Response of Brazilian maize hybrids from different eras to changes in plant density. Field Crops Research, 79: 39-51.

第2章 东北春玉米高产高效潜力及其关键限制因子

2.1 东北春玉米高产高效潜力

2.1.1 东北春玉米生产情况

东北地区的玉米播种面积与总产量分别占全国的33%和35%以上。2005～2009年黑龙江、吉林、辽宁及蒙东的玉米年平均播种面积分别为323.3万hm^2、286.3万hm^2、189.2万hm^2、149.0万hm^2，年平均总产量分别为1490.0万t、1895.5万t、1118.8万t、909.8万t，平均单产则分别为4609kg/hm^2、6621kg/hm^2、5913kg/hm^2、6106kg/hm^2，除黑龙江外，其他省（自治区）单产均高于全国平均水平的5508kg/hm^2（表2-1）。

表2-1 东北地区分省区春玉米生产情况（2005～2009年平均值）

省区	播种面积（万hm^2）	总产量（万t）	单产（kg/hm^2）
黑龙江	323.3	1490.0	4609
吉林	286.3	1895.5	6621
辽宁	189.2	1118.8	5913
蒙东	149.0	909.8	6106
合计	947.8	5414.1	

从地区尺度来看，东北春玉米种植区主要分布在黑龙江南部、吉林中西部、辽宁南部及蒙东的东南部地区，主要包括铁岭、绥化、哈尔滨、长春、齐齐哈尔、四平等地，年播种面积均超过50万hm^2；其次则为松原、吉林、沈阳、大庆等，年播种面积均在30万hm^2以上（表2-2）。玉米总产量与播种面积的区域分布呈相同的趋势，铁岭、绥化、哈尔滨、长春及四平年总产量在500万t以上，围绕上述盟市周边的地区总产量次之（表2-2）。玉米单产则以四平最高，达到了10 059kg/hm^2，其次为松原、辽源、铁岭、哈尔滨等，单产均在8000kg/hm^2以上，单产较低地区主要分布在北部与东部，包括丹东、本溪、黑河、白山、大兴安岭等，单产低于5000kg/hm^2（表2-2）。总体来看，东北春玉米种植区域以吉林中东部为核心向四周扩散，而北部地区无论播种面积、总产量还是单产水平均为最低。

表2-2 东北地区分地市春玉米生产情况（2005～2009年平均值）

省区	地市	播种面积（万hm^2）	总产量（万t）	单产（kg/hm^2）
黑龙江	哈尔滨	78.5	644.1	8 208
	齐齐哈尔	72.8	394.7	5 421
	鸡西	8.3	57.9	7 019
	鹤岗	4.5	24.0	5 296
	双鸭山	11.4	87.4	7 677

续表

省区	地市	播种面积（万 hm² ）	总产量（万 t ）	单产（kg/hm² ）
黑龙江	大庆	31.7	217.4	6 853
	伊春	2.3	13.0	5 544
	佳木斯	18.7	123.4	6 603
	七台河	4.4	27.1	6 138
	牡丹江	14.2	101.2	7 118
	黑河	2.5	11.8	4 727
	绥化	78.7	601.0	7 639
	大兴安岭	0.1	0.4	4 409
吉林	长春	76.8	607.5	7 908
	吉林	32.7	238.9	7 303
	四平	52.7	530.1	10 059
	辽源	11.9	104.7	8 771
	通化	13.0	99.9	7 693
	白山	2.3	10.8	4 661
	松原	48.0	436.7	9 101
	白城	25.7	147.1	5 725
	延边	7.1	39.8	5 587
辽宁	沈阳	32.2	224.5	6 969
	大连	18.4	111.5	6 059
	鞍山	16.0	103.2	6 468
	抚顺	6.7	39.1	5 865
	本溪	3.5	17.3	4 945
	丹东	9.8	48.6	4 945
	锦州	27.9	159.6	5 718
	营口	4.5	25.9	5 712
	阜新	20.7	136.2	6 591
	辽阳	7.9	48.8	6 150
	盘锦	1.4	7.0	5 186
	铁岭	85.1	703.9	8 273
	朝阳	21.3	114.9	5 405
	葫芦岛	12.7	73.6	5 776
蒙东	呼伦贝尔	—	134.2	—
	兴安	—	136.2	—
	通辽	—	374.8	—
	赤峰	—	212.5	—
	锡林郭勒	—	3.8	—

注：表中"—"表示内蒙古东部地区缺失所辖地市播种面积和单产数据

2.1.2 东北春玉米单产变化趋势

2.1.2.1 大田水平平均单产

利用《中国统计年鉴》资料对 1981～2010 年东北地区春玉米单产统计数据进行分析，这 30 年来东北地区玉米单产总体呈在波动中上升的趋势。黑龙江近 30 年来玉米的平均产量为 4215kg/hm²，其中，20 世纪 80 年代、20 世纪 90 年代和 21 世纪头 10 年的平均产量分别为 3147kg/hm²、4952.5kg/hm² 和 4545kg/hm²［图 2-1(a)］；吉林平均产量为 5840kg/hm²，其中，20 世纪 80 年代、20 世纪 90 年代和 21 世纪头 10 年的平均产量分别为 5033kg/hm²、6173kg/hm² 和 6314kg/hm²［图 2-1(b)］；辽宁平均产量为 5487kg/hm²，其中，20 世纪 80 年代、20 世纪 90 年代和 21 世纪头 10 年的平均产量分别为 4908kg/hm²、5580kg/hm² 和 5974kg/hm²［图 2-1(c)］；蒙东平均产量为 4888kg/hm²，其中，20 世纪 80 年代、20 世纪 90 年代和 21 世纪头 10 年的平均产量分别为 3470kg/hm²、5516kg/hm² 和 5677kg/hm²［图 2-1(d)］。从图 2-1 还可以看出，虽然东北玉米的单产总体上是呈增加的趋势，但其最高单产均出现在 20 世纪 90 年代，如黑龙江为 1994 年的 5928kg/hm²，吉林为 1998 年的 7949kg/hm²，辽宁为 1993 年的 6776kg/hm²，蒙东为 1996 年的 6733kg/hm²。这可能与近年来气候异常波动、灾害性气象频发有关，也可能与种植玉米的比较效益较低、农民的田间管理愈加粗放有关。

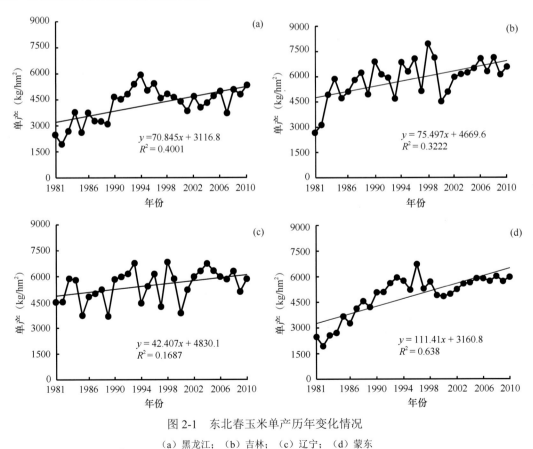

图 2-1 东北春玉米单产历年变化情况

（a）黑龙江；（b）吉林；（c）辽宁；（d）蒙东

2.1.2.2　区试平均产量

玉米品种区试产量是在试验田条件下的产量水平，本研究收集了黑龙江与辽宁 1983～2007 年、吉林与蒙东 2005～2007 年的品种区试平均产量数据（图 2-2 和图 2-3）。由图 2-2 可以看出，黑龙江与辽宁 1983～2007 年的品种区试平均产量分别为 8106kg/hm² 和 9063kg/hm²，为与吉林及蒙东产量进行比较，计算了黑龙江与辽宁两省 2005～2007 年平均产量，分别为 8859kg/hm² 和 9535kg/hm²，而吉林和蒙东 2005～2007 年品种区试平均产量则分别为 9992kg/hm² 和 10 063kg/hm²。

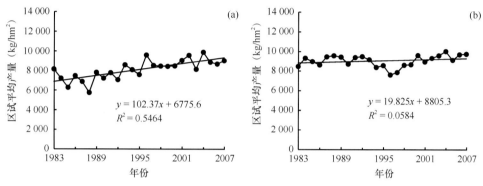

图 2-2　1983～2007 年黑龙江与辽宁品种区试平均产量

（a）黑龙江；（b）辽宁

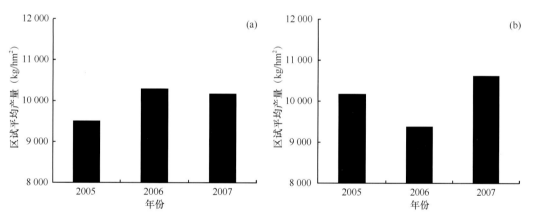

图 2-3　2005～2007 年吉林与蒙东品种区试平均产量

（a）吉林；（b）蒙东

2.1.2.3　高产纪录产量

近年来随着国家对粮食安全问题的重视程度越来越高，一批粮食作物高产理论与技术创新项目相继启动，如科技部的粮食丰产工程及农业部的高产创建工程等。这些项目的实施，带动了东北地区春玉米小面积单产水平不断提高，高产纪录被不断刷新（表 2-3）。其中，黑龙江春玉米单产纪录为 13 928kg/hm²，于 2007 年在宝清县八五二农场创造；吉林则于 2007 年在桦甸市金沙乡创造了单产 17 468kg/hm² 的纪录；辽宁连续两年（2006 年和 2007 年）实现了单产超过 18 000kg/hm² 的纪录；而蒙东春玉米 2008 年的单产纪录为 18 758kg/hm²。

上述高产纪录均比大田产量水平高出 2～3 倍,这也说明东北春玉米单产提升具备很大潜力。

表 2-3　东北地区春玉米高产纪录

省区	年份	地点	面积（hm²）	品种	单产（kg/hm²）
黑龙江	2007	宝清县八五二农场	45.67	绥玉 6	13 928
吉林	2007	桦甸市金沙乡	0.69	先玉 335	17 468
吉林	2008	桦甸市金沙乡	6.93	先玉 335	16 952
辽宁	2006	建平县太平庄乡	0.33	辽单 565	18 174
辽宁	2007	建平县黑水镇	0.5	辽单 565	18 140
蒙东	2007	赤峰市松山区	0.53	内单 314	17 582
蒙东	2008	赤峰市松山区	0.33	KX3564	18 758

2.1.3　东北春玉米增产潜力

明确玉米增产潜力,首先要明确不同水平下玉米产量差的情况。本研究采用联合国粮食及农业组织的产量差定义,将区域尺度下的产量定义为 4 个层次:①光温产量,指在一定的光、温条件下,其他环境因素(水分、二氧化碳、养分等)和作物群体因素处于最适宜状态,作物利用当地的光、温资源的潜在生产力;②最高纪录产量,指当地实际大田条件下,所能获得的玉米最高产量;③区试产量,指在试验田条件下的品种区域试验产量;④大田产量,指农民实际生产中能够获得的产量,一般从历年统计年鉴中获取。光温产量的计算包括光合作用温度分段线性拟合式、光合作用温度二次曲线拟合式、界限温度间隔日数代数式等。本研究中光温产量潜力(Y_2)采用温度分段线性拟合式进行计算,公式如下:

$$Y_2=Y_1·F(T)$$

式中,Y_1 为光合产量潜力,$F(T)$ 为温度函数。其中,Y_1 计算公式如下:

$$Y_1=K·\varOmega·\varepsilon·\varphi·(1-\alpha)·(1-\beta)·(1-\rho)·(1-\gamma)·(1-\omega)·(1-\eta)^{-1}·(1-\xi)^{-1}·s·q^{-1}·F(L)·\Sigma Q_j$$

式中,K 为叶面积订正系数,取值 10 000;$\varOmega$ 为作物光合固定 CO_2 能力的比例,取值 1.00;ε 为光合辐射占总辐射的比例,取值 0.49;φ 为光合作用量子效率,取值 0.224;α 为植物群体反射率,取值 0.08;β 为植物繁茂群体透射率,取值 0.06;ρ 为非光合器官截获辐射比例,取值 0.10;γ 为超过光饱和点的光的比例,取值 0.01;ω 为呼吸消耗占光合产物比例,取值 0.30;η 为成熟谷物含水率,取值 0.15;ξ 为植物无机灰分含量比例,取值 0.08;s 为作物经济系数,取值 0.40,q 为单位干物质所含热量(kJ/kg),取值 17.2;$F(L)$ 为叶面积时间变化动态订正函数,取值 0.58;Q_j 为各月太阳辐射量(MJ/m²)。上述参数取值均来自于马树庆等(2008)的研究结果。

$F(T)$ 计算公式如下:

$$F(T)=[(T-T_1)·(T_2-T)^B]/[(T_0-T_1)·(T_2-T_0)^B],\quad B=(T_2-T_0)/(T_0-T_1)$$

式中,T 是某一时段的平均气温,T_1、T_2 和 T_0 分别是该时段内某作物生长发育的下限温度、上限温度和产量形成的最适温度,三基点温度取值来自于马树庆等(2008)研究结果。

依据上述公式,计算了黑龙江、吉林、辽宁及蒙东的光温产量潜力。最高纪录产量分别为 4 省(自治区)在大田条件下的最高产量(表 2-3)。区试产量和大田产量数据分别来源于 4 省(自治区)的试验田品种试验产量及近年的《中国统计年鉴》。为便于比较，光温产量、区试产量及大田产量采用 2005 ～ 2007 年的各省（自治区）数据平均值，其结果见图 2-4。由图可见，黑龙江、吉林、辽宁及蒙东的光温产量分别为 30 561kg/hm²、30 854kg/hm²、35 492kg/hm² 和 38 910kg/hm²，最高纪录产量与光温产量之间的差距分别为 16 634kg/hm²、13 384kg/hm²、17 318kg/hm² 和 20 152kg/hm²，最高纪录产量分别占光温产量的 45.6%、56.6%、51.2% 和 48.2%；区试产量与光温产量之间的差距分别为 21 702kg/hm²、20 861kg/hm²、25 957kg/hm² 和 28 847kg/hm²，区试产量分别占光温产量的 29.0%、32.4%、26.9% 和 25.9%，而大田产量与光温产量之间的差距分别为 26 098kg/hm²、24 231kg/hm²、29 435kg/hm² 和 33 063kg/hm²，大田产量仅分别为光温产量的 14.6%、21.5%、17.1% 和 15.0%。

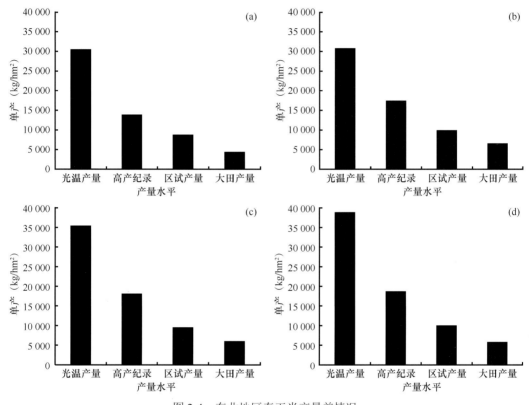

图 2-4　东北地区春玉米产量差情况

（a）黑龙江；（b）吉林；（c）辽宁；（d）蒙东

在分析玉米产量差的基础上，我们对东北玉米的增产潜力进行了计算。本研究中将大田产量与区试产量之间的差距定义为增产潜力一，大田产量与最高纪录产量间的差距定义为增产潜力二，而大田产量与光温产量之间的差距定义为增产潜力三。由表 2-4 可以看出，东北玉米增产潜力一为 3370 ～ 4397kg/hm²，增产幅度为 50.9% ～ 98.5%，其中尤以黑龙江省的增产潜力最高；增产潜力二为 9465 ～ 12 911kg/hm²，增产幅度为 163.8% ～ 220.8%，其中以蒙东的增产潜力最大；而增产潜力三则为 24 231 ～ 33 063kg/hm²，增产幅度为 365.9% ～ 584.8%，尤以蒙东的增产潜力最大。

表 2-4　东北地区不同省（区）玉米增产潜力分析（李少昆等，2010）

省（自治区）	增产潜力一		增产潜力二		增产潜力三	
	增产量 （kg/hm²）	增产幅度 （%）	增产量 （kg/hm²）	增产幅度 （%）	增产量 （kg/hm²）	增产幅度 （%）
黑龙江	4 397	98.5	9 465	212.1	26 098	584.8
吉林	3 370	50.9	10 846	163.8	24 231	365.9
辽宁	3 478	57.4	12 117	200.1	29 435	486.0
蒙东	4 216	72.1	12 911	220.8	33 063	565.5

2.1.4　东北春玉米肥料效率提升潜力

2.1.4.1　东北三省肥料投入历年变化

在作物生产中，随着产量的日益提高，肥料施用量也在迅速增加，目前中国的化肥施用量已经居于世界首位，达到年投入 5200 万 t 以上。东北三省（黑龙江、吉林、辽宁）的化肥总施用量也呈现出逐年递增的趋势，2010 年达到 537.8 万 t，比 1995 年增加了 71.7%，其中，黑龙江施用量 214.9 万 t、吉林施用量 182.8 万 t、辽宁施用量 140.1 万 t，分别比 1995 年增加了 97.3%、85.6% 和 35.9%（图 2-5）。

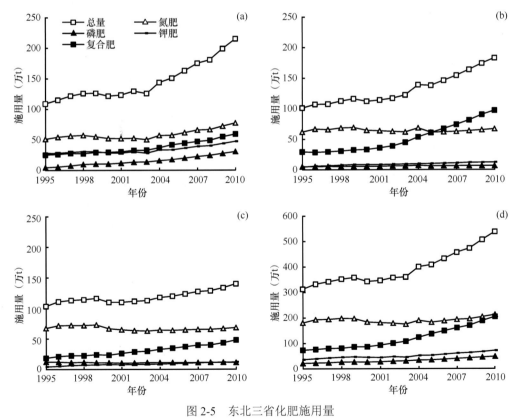

图 2-5　东北三省化肥施用量

（a）黑龙江；（b）吉林；（c）辽宁；（d）东北三省总计

从化肥种类来看，氮肥施用量除黑龙江表现为增加的趋势外，吉林和辽宁的氮肥施用量均无显著增加，甚至略有降低。从磷肥施用量来看，黑龙江增加迅速，2010 年施用量比

1995 年增加了近 5.7 倍；吉林次之，近 16 年增加了 32.6%；而辽宁磷肥施用则逐年降低。钾肥施用量增加比较迅速，黑龙江、吉林、辽宁近 16 年分别增加了 172.0%、165.0% 和 71.4%。而复合肥是东北地区施用量增加最快的肥料，2010 年在黑龙江、吉林和辽宁的复合肥施用量分别达到了 59.4 万 t、97.1 万 t 和 48.1 万 t，分别比 1995 年增加了 132.7%、228.0% 和 157.1%。总体来看，2010 年东北三省的氮、磷、钾和复合肥施用量分别为 212.6 万 t、48.8 万 t、71.8 万 t 和 204.5 万 t，分别比 1995 年增加了 17.8%、121.0%、95.7% 和 177.1%。

2.1.4.2 东北三省玉米肥料投入与利用效率变化

在粮食生产化肥投入量总体增加的背景下，东北玉米生产的化肥投入也呈现出增加的趋势。根据《全国农产品收益汇编》数据，东北三省（黑龙江、吉林和辽宁）玉米生产的化肥施用量在 2010 年达到了 305.0 万 t，比 1995 年增加 66.8%，其中黑龙江、吉林和辽宁三省总施肥量分别为 117.3 万 t、115.3 万 t 和 72.4 万 t，比 1995 年分别增加了 109.5%、36.3% 和 71.4%（图 2-6）。而与化肥投入量不断增加相对应的则是玉米的肥料利用效率呈降低的趋势（图 2-6）。2006 ～ 2010 年黑龙江、吉林和辽宁的肥料利用效率平均值分别为 20.1kg/kg、18.6kg/kg 和 17.6kg/kg，分别比 2001 ～ 2005 年平均值降低了 0.8%、13.3% 和 21.1%。

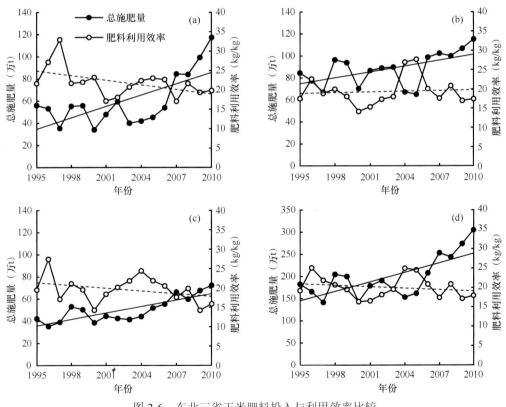

图 2-6 东北三省玉米肥料投入与利用效率比较

（a）黑龙江；（b）吉林；（c）辽宁；（d）东北三省总计

作为化肥中用量最大的氮肥，近年来也呈增加的趋势（图 2-7）。其中，黑龙江省玉米氮肥用量从 2004 年的 26.3 万 t 增加到 2010 年的 65.3 万 t，增幅达 148.3%；而吉林则从 40.9 万 t 增加到 57.9 万 t，增幅为 41.6%；辽宁则从 28.7 万 t 增加到 39.7 万 t，增幅为

38.3%。总体来看，东北三省的氮肥用量在 2010 年达到了 162.9 万 t，增幅约为 70%。随着氮肥用量增加，东北玉米氮肥利用效率则呈降低趋势，其中尤以辽宁下降幅度最大，2004 ～ 2010 年氮肥利用效率降低 23.0%；其次为吉林，降幅为 21.8%。总体来看，2004 ～ 2010 年黑龙江、吉林、辽宁的氮肥利用效率分别为 34.62kg/kg、34.84kg/kg 和 28.98kg/kg，三省平均值则为 33.13kg/kg。

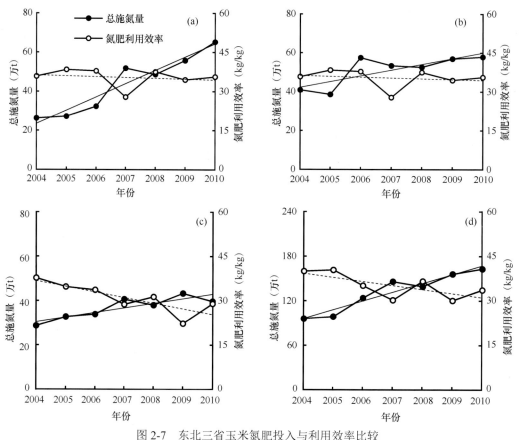

图 2-7　东北三省玉米氮肥投入与利用效率比较

（a）黑龙江；（b）吉林；（c）辽宁；（d）东北三省总计

2.1.4.3　东北三省玉米肥料利用效率提高潜力

化肥的使用有利于促进东北玉米产量的大幅提高。然而，随着化肥的大量应用，肥料利用效率低下的问题日益突出。目前，东北地区玉米化肥利用效率与氮肥利用效率多年平均值分别为 20.5kg/kg 和 33.1kg/kg 左右，与世界发达国家的利用效率存在较大差距。特别是氮肥利用效率，在世界发达国家目前已经达到 70.0kg/kg，是我国东北地区的平均水平的 2.1 倍左右。目前东北地区玉米肥料利用效率低的原因主要有以下几个方面：一是肥料施用不合理，据高强等（2010）的春玉米施肥现状调查，东北地区合理施肥量为 276 ～ 414kg/hm²，其中氮肥合理用量为 160 ～ 240kg/hm²，而氮肥施用量合理的农户仅占 38.9%，氮肥施用过量和施用不足分别占 30.4% 和 30.6%。不合理的氮肥施用量会导致肥料利用效率降低。二是肥料运筹方式不合理，当前东北地区玉米种植多采用"一炮轰"式施肥方法，即在播种玉米前一次性将所有肥料施入，后期则不再施肥，据统计，东北地区玉米采用一次性施肥方法的农田占玉米总播种面积的 55% 以上，这导致玉米生育后期脱肥现象严重，影响化肥利用效率的提高。三是有机肥用量不断降低，据调查，东北地区玉米种植中施用有机肥的农户比例不足 6%，同时有机肥用量也在不断减少，如目前吉林省有机肥平均用量为 3600kg/hm²，仅为 20 世纪 90 年代的 27%。

　　为探索玉米肥料利用效率提高的潜力，众多学者开展了大量的田间试验。借助现有的田间试验数据和区域生产数据，对东北玉米肥料利用效率的提高潜力进行了估算。由表 2-5 可见，从东北三省不同地区高产高效种植模式下的玉米肥料利用效率来看，黑龙江双城与鹤岗试验点的肥料利用效率和氮肥利用效率分别为 24.8 ～ 30.5kg/kg 和 53.5 ～ 58.2kg/kg，吉林公主岭与梨树试验点则分别为 30.6 ～ 31.0kg/kg 和 51.1 ～ 54.8kg/kg，辽宁台安和沈阳试验点分别为 21.8 ～ 22.0kg/kg 和 40.1 ～ 46.5kg/kg。由此可见，东北三省玉米的平均肥料利用效率（表 2-6）与高产高效模式相比存在较大提升空间。其中，黑龙江玉米总的肥料与氮肥利用效率分别可提高 19.4% ～ 46.8% 和 51.8% ～ 65.1%，吉林分别可提高 50.4% ～ 52.4% 和 37.4% ～ 47.3%，辽宁省则可分别提高 15.5% ～ 16.5% 和 30.9% ～ 51.7%。

表 2-5　东北三省高产高效种植模式下的玉米肥料利用效率

地点	化肥用量（kg/hm²）	氮肥用量（kg/hm²）	产量（kg/hm²）	肥料利用效率（kg/kg）	氮肥利用效率（kg/kg）
黑龙江双城	352.5	185.0	10 743	30.5	58.1
黑龙江鹤岗[a]	419.8	194.9	10 427	24.8	53.5
吉林公主岭	352.5	201.0	10 916	31.0	54.3
吉林梨树[a]	334.0	200.0	10 214	30.6	51.1
辽宁台安	475.0	225.0	10 458	22.0	46.5
辽宁沈阳[a]	441.5	240.0	9 613	21.8	40.1

a 数据来源：韩志勇，2011

表 2-6　东北三省区域水平下的玉米肥料利用效率

区域	化肥用量（kg/hm²）	氮肥用量（kg/hm²）	产量（kg/hm²）	肥料利用效率（kg/kg）	氮肥利用效率（kg/kg）
黑龙江	226.1	133.2	4696	20.8	35.3
吉林	322.5	176.4	6562	20.3	37.2
辽宁	319.3	196.7	6028	18.9	30.6
东北三省平均	289.3	168.8	5702	19.7	33.8

数据来源：《全国农产品收益汇编》2004 ～ 2010 年平均值

2.1.5　密植是实现东北玉米高产高效协同提高的主要途径

　　玉米的生产是一个种群的过程，密度是影响产量的关键因素，而肥料则是玉米个体生长发育的保证。相关研究表明，在一定的种植密度范围内，玉米产量随密度的增加而增加，与此同时，高密度处理具备较高的肥料利用效率（王宏庭等，2009）。美国作为世界玉米大国，在玉米品种更替、农田栽培耕作管理技术方面的发展历程值得中国学习。回顾美国玉米单产提升过程，籽粒产量从 20 世纪 40 年代的约 2500kg/hm² 增加至 21 世纪头 10 年的 9247kg/hm²，以每 10 年 1100kg/hm² 左右的速度增加，因此这 70 年来美国玉米单产提高了将近 3 倍 [图 2-8(a)]。而玉米种植密度也与单产提升呈现出相同的趋势，即从 20 世纪 40 年代的低于 3.0 万株 /hm²，提高到 21 世纪头 10 年的大约 8.0 万株 /hm²，表现为每 10 年种植密度增加约 1.0 万株 /hm² [图 2-8(b)]。从肥料投入来看，自 20 世纪 60 年代以来，世界上的工业化国家开始广泛使用化肥来增加作物产量，化肥用量从 1962 年的 20kg/hm²，增加到 1992 年的 105kg/hm²，这 30 年来肥料用量增加了近 5 倍。而对于美国玉米生产，氮肥的投入经历了一个先增加后减少的过程，1960 年美国玉米生产中氮肥投入量约为 58kg/hm²，随后一直增加，到 1985 年氮肥投入量达到了 157kg/hm² 的最高水平，而之后氮肥投入开始下降，目前基本维持在 145 ～ 150kg/hm² 的投入水平，氮肥利用效率也从 20 世纪 80 年代的 49.0kg/kg 提高到 21 世纪头 10 年的约 62.0kg/kg（Daberkow et al.，2000）。美国玉米生产发展历程给我们的启示在于，提高单产必须要通过逐渐增加种植密度，同时改进栽培管理措施，实现籽粒产量与肥料利用效率的协同提高。

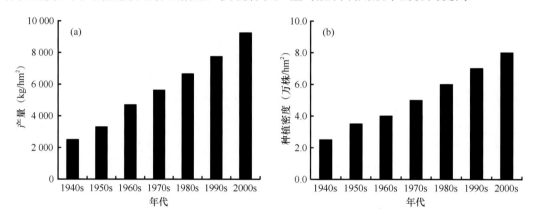

图 2-8　美国玉米不同年代产量与种植密度变化趋势（FAO，2015；Duvick，2005）

（a）产量；（b）种植密度

事实上，我国的玉米生产也在沿着逐步增加种植密度的方向发展。谢振江等（2009）的研究表明，20 世纪 80 年代至 21 世纪头 10 年中国玉米杂交种在高密度条件下产量显著高于低密度条件，中国玉米杂交种通过增加密度对产量的贡献率达 56.5%（图 2-9），未来我国的玉米育种与栽培耕作调整方向应是继续强化和完善高密度育种技术路线，依靠早熟、耐密、出籽率高、秃顶度小的目标不断提高玉米单产。

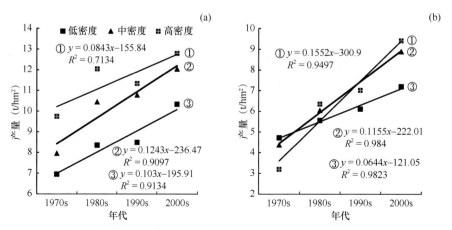

图 2-9　我国不同年代玉米品种的籽粒产量对种植密度的响应

（a）新疆试验点；（b）北京试验点

2.2　影响东北春玉米增产增效的关键限制因子

2.2.1　东北春玉米生产情况调查

东北春玉米无论种植面积还是产量均占我国玉米生产的 1/3 以上，保证东北玉米种植持续高产高效有利于保障我国粮食安全。而明确东北玉米生产中的关键问题，阐明其关键限制因素，并根据生产问题提出耕作栽培调控途径，是实现东北玉米大面积增产增效的前提。为此，我们收集了东北地区 72 个气象站点近 30 年的逐日气象资料［图 2-10(a)］，采用统一设计的农户调研、生产调查和专家咨询等方式，在东北不同生态类型区选择了 136 个样点，进行春玉米种植密度、耕层厚度、养分投入、倒伏早衰类型、农田管理等方面的调研［图 2-10(b)］，基于历史数据挖掘和生产调研，对东北玉米生产中存在的主要问题进行了分析。

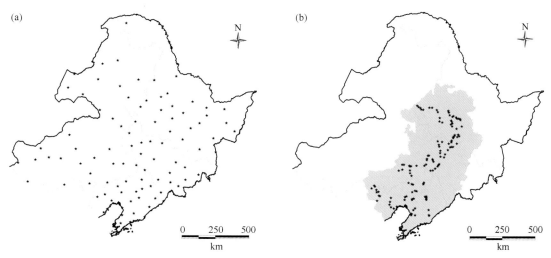

图 2-10　东北地区气象站点（a）与调研点（b）分布

2.2.2　东北春玉米增产增效关键限制因子

2.2.2.1　区域水热因子的影响

如图 2-11 所示，1965 ～ 2008 年东北三省的气候变暖趋势明显，玉米生育期的最高温度、最低温度与平均温度近几十年均呈上升的趋势，总体来看，平均温度、最低温度和最高温度分别以每 10 年 0.34℃、0.44℃和 0.26℃的幅度上升。从降水量变化来看，玉米全生育期内的降水量虽然呈下降的趋势，但这种趋势并未达到显著水平。温度的升高有利于增加春玉米生育期间的温度积累和使生育期延长，从而达到增产的目标。

然而，与气候变暖相应的气候变率增加则不利于玉米生长发育。以吉林省四平市的气候变化为例（图 2-12），在玉米播种—出苗阶段的 5 月上旬，虽然近 50 年的平均温度、最低温度和最高温度呈上升的趋势，但最低温度的变异系数达 0.24，显著高于平均温度和最高温度的 0.13 和 0.10，这表明在从玉米播种到出苗期间的低温冷害出现频率增加，不利于玉米的出苗。而从生育期间降水天数来看，近 50 年来呈降低的趋势，这说明出现干旱与强降水的概率增加，由此导致的旱涝灾害增加同样不利于玉米生长发育。

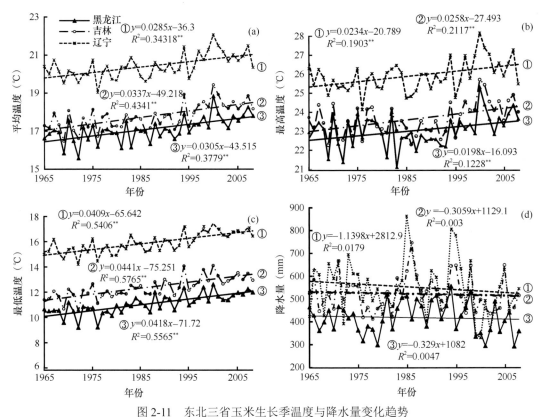

图 2-11　东北三省玉米生长季温度与降水量变化趋势

（a）平均温度，（b）最高温度，（c）最低温度，（d）降水量；** 表示极显著相关（$P < 0.01$），下同

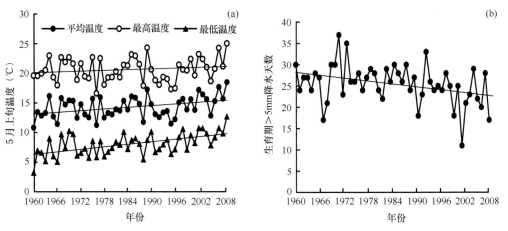

图 2-12　吉林省四平市 5 月上旬温度与全生育期降水天数变化趋势

（a）温度；（b）降水天数

相关研究表明，东北三省玉米产量与 5 月和 9 月的最低温度呈显著正相关关系，即随 5 月和 9 月最低温度升高，玉米产量同样呈增加的趋势（图 2-13 和图 2-14）。其中，5 月最低温度每提高 1℃，黑龙江、吉林和辽宁的玉米产量可分别增加 231kg/hm²、275kg/hm² 和 341kg/hm²，东北三省平均可提高 303kg/hm²，而 9 月最低温度每提高 1℃，黑龙江、吉林和辽宁的玉米产量可分别增加 195kg/hm²、217kg/hm² 和 344kg/hm²，东北三省平均则可提高 284kg/hm²。

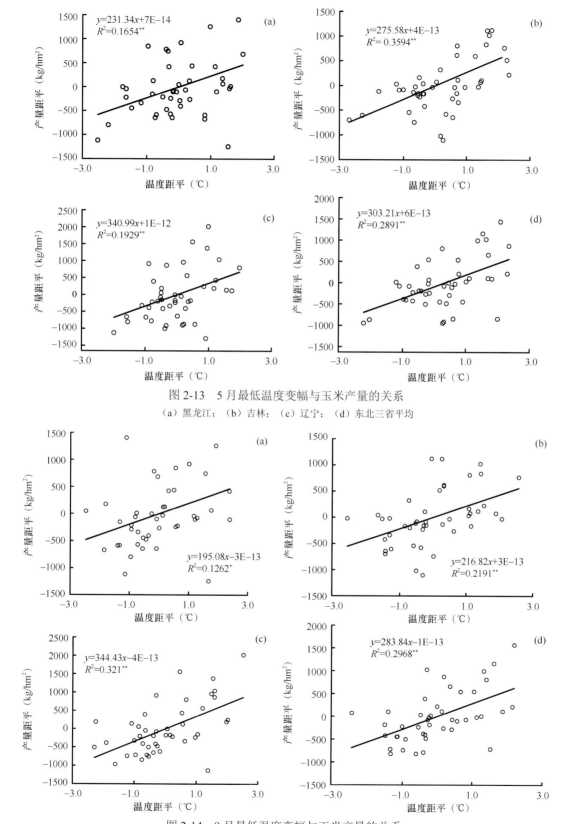

图 2-13　5 月最低温度变幅与玉米产量的关系
（a）黑龙江；（b）吉林；（c）辽宁；（d）东北三省平均

图 2-14　9 月最低温度变幅与玉米产量的关系
（a）黑龙江；（b）吉林；（c）辽宁；（d）东北三省平均；* 表示显著相关（$P < 0.05$），下同

　　由此可见，气候变暖虽然对东北玉米生产存在正效应，但气候变率的增加，特别是最低温度变幅增大和旱涝天气的增加，导致区域水热与玉米生育进程不协调，是影响玉米高产稳产的关键限制因子之一。

2.2.2.2　耕层土壤因子影响

　　长期以来，东北地区的种植制度与耕作方式发生了很大的变化。由于大豆的种植面积逐年减少，玉米—大豆轮作模式规模逐年减小，目前基本以玉米的持续连作为主，此外化肥的大量施用导致农家肥、有机肥的施用比例降低，加之机械化作业的大面积应用，造成农田耕层质量恶化，如耕层变浅、土壤结构退化、养分流失严重、有机质含量下降等。图 2-15 为东北三省的耕层厚度情况，由图可以看出，农田耕层厚度普遍较低，黑龙江、吉林、辽宁的平均厚度仅分别为 14.3cm、13.2cm 和 12.2cm，与合理的耕层厚度 35cm 差距较大。

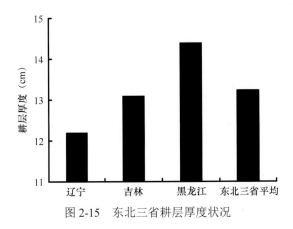

图 2-15　东北三省耕层厚度状况

　　此外，农田耕层结构也呈现恶化的趋势（图 2-16）。调研发现，东北三省耕层土壤容重平均为 1.47g/cm³ 左右，而合理的耕层土壤容重一般为 1.2g/cm³ 左右。此外，2009 年的土壤总孔隙度仅为 52%，与开垦初期的 67% 相比，降低了 15 个百分点。

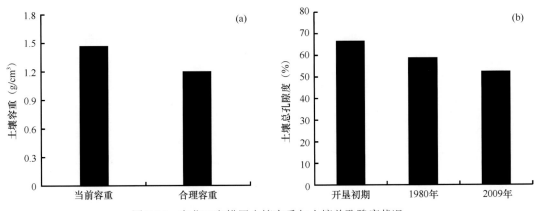

图 2-16　东北三省耕层土壤容重与土壤总孔隙度状况

（a）土壤容重；（b）土壤总孔隙度

土壤有机质状况变化同样不容乐观。随着开垦年限的增加，土壤有机质含量下降迅速，从开垦初期的平均 33g/kg 下降到 2009 年的 18g/kg 左右（图 2-17）。

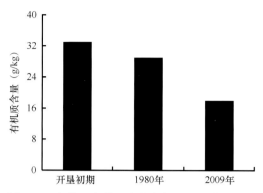

图 2-17　东北三省耕层土壤有机质含量变化状况

综上所述，由于长期的玉米连作加之不合理的耕作栽培制度，导致耕层质量变差，土壤水肥供应不足，限制了玉米的持续高产高效。

2.2.2.3　现有品种特性影响

虽然采用紧凑型玉米品种、提高种植密度是未来玉米高产高效的发展方向，东北地区玉米生产也在沿着这一方向发展，但由于大面积采用的品种耐密性差及没有配套的耕作栽培技术，目前的耐密种植还存在很多问题。图 2-18 为近年来东北玉米品种的种植情况与育种、栽培研究人员的推荐密度情况。从图 2-18 可以看出，不同品种获得高产的密度与育种、栽培研究人员推荐的种植密度并不相符，也就是说，现有品种的密植栽培潜力没有被很好地挖掘，导致玉米的产量潜力还没有被充分挖掘。

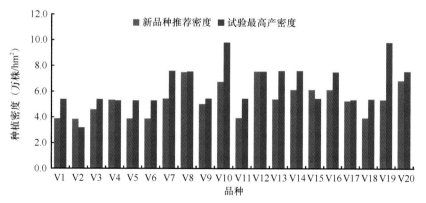

图 2-18　东北三省不同玉米品种最高产量密度与推荐密度

配套的栽培技术不到位也限制了玉米产量的进一步提升。从图 2-19 和图 2-20 来看，东北三省玉米播种密度并不低，达 4.4 万～ 5.3 万株 /hm²。但由于种植方式不合理，导致实际成苗密度偏低，各地区通常为 4.0 万～ 4.6 万株 /hm²，成苗率仅为 84.9%～ 86.6%。而且成苗后由于管理不善，空秆率也维持在较高水平。

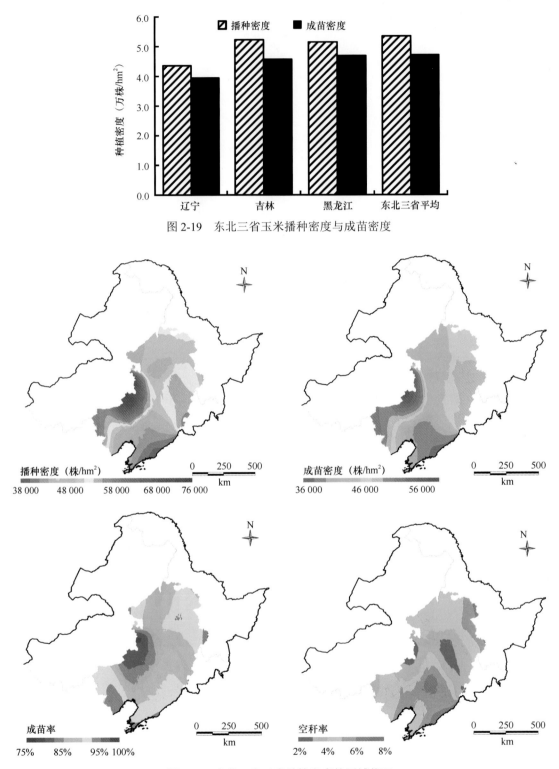

图 2-19　东北三省玉米播种密度与成苗密度

图 2-20　东北三省玉米种植密度的区域状况

在玉米生育中后期，种植密度增加后也容易导致大面积的倒伏早衰。在公主岭的调查表明，现有的品种种植密度超过 4.95 万株 /hm² 后，倒伏率大幅度增加，特别是遇到大风天气，倒伏率可达 80% 以上（图 2-21）。而玉米生育后期，由于密度过大、养分供应不足、田间郁闭现象严重，易发生早衰。

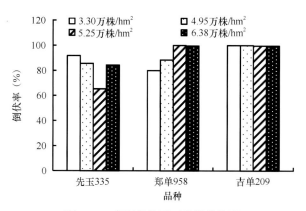

图 2-21　高密条件下玉米倒伏情况

2.2.2.4　耕作栽培因子的影响

采用合理的耕作栽培措施可以协调土壤中的水、肥、气、热之间的关系，创造适宜作物生长发育的环境，是保证作物持续高产、稳产的关键措施之一。然而，长期以来东北地区春玉米种植中一般采用春季整地、旋耕、起垄的耕作方式，在养分管理上，多采用春季一次性施肥方式。由此造成春季播种期水分散失严重，玉米出苗困难，出苗后遭遇低温天气幼苗易遭冷害（图 2-22）；生育中期遇旱涝天气，土壤保墒排涝能力弱（图 2-23），后期养分供应不足，玉米易脱肥早衰，遇大风天气倒伏增加（图 2-24）。

综上所述，根据田间调研与数据挖掘，东北地区春玉米高产高效的关键限制因子在于密植条件下品种类型与区域水热特性、密植群体与耕层水热特性、密植群体与品种耐密性等关系不协调，特别是配套耕作栽培技术的不合理加重了上述因素对玉米高产高效的制约。

图 2-22　播种—出苗期农田状况

左图：2012 年拍摄于吉林公主岭；右图：2009 年拍摄于黑龙江双城

图 2-23　玉米生育中期农田状况

左图：2009 年拍摄于吉林公主岭；右图：2010 年拍摄于黑龙江双城

图 2-24　玉米生育后期农田状况

左图：2010 年拍摄于吉林公主岭；右图：2010 年拍摄于辽宁台安

2.2.3　东北春玉米高产高效关键因子的综合影响

　　事实上，东北春玉米高产高效的关键限制因子并非单独作用，而往往是多个因子共同作用，并且东北春玉米生态区跨度较大，春玉米生产气候、土壤、管理方式等条件迥异，因而限制春玉米增产增效的限制因子在不同区域间存在明显差异。为此，我们在东北不同生态类型区 136 个地点开展了调研活动，通过组织当地专家、典型农户，发放统一调查问卷，对关键限制因子及其影响程度进行了分类与排序。

　　调查问卷主要包括了以下几方面内容：①农业气候，包括温度、降水、无霜期等；②土壤条件，包括耕层厚度、耕层结构、土壤肥力等；③作物因素，包括品种类型、抗倒衰能力、抗病虫草害能力等；④配套管理技术，包括栽培技术、施肥技术、耕作技术等。再根据专家访谈，赋予不同限制因子不同的权重系数，调研结果如图 2-25 和图 2-26 所示。

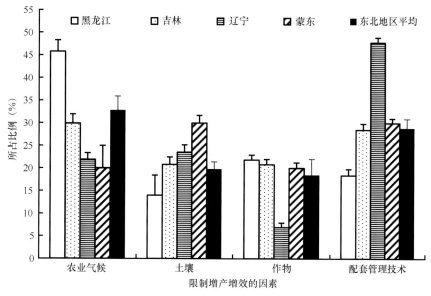

图 2-25 东北地区限制春玉米增产增效的主要因素及其权重分析

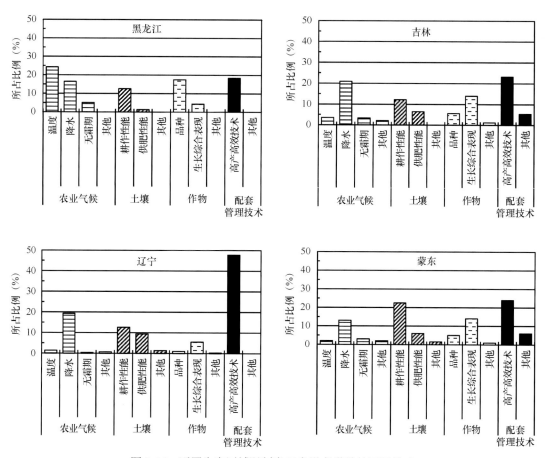

图 2-26 不同生产区域限制春玉米增产增效的因子排序

由图 2-25 和图 2-26 可以看出，黑龙江单产较低，农业气候是限制高产高效的最大因素，限制程度超过 45%，其中生长期温度与降水不足（春、伏旱）因素分别占 53% 和 36%；配套高产高效管理技术限制程度达 19%，土壤耕层浅障碍所占比例远高于供肥能力不足障碍，约占 12.6%；此外，春玉米在该区域的增产增效约 18.4% 源于现有品种增产潜力有限。

吉林产量最高，农业气候（无霜期短、生长期积温不足、春低温危害和伏涝）及配套管理技术（栽培、施肥和耕作技术落后）是影响春玉米产量继续增加的较大限制因子，分别占 30% 和 28.5%，土壤生产条件（土壤贫瘠、保肥性差、耕层浅）和作物综合表现（区域高产品种缺乏、倒伏严重、早衰）限制均占 20% 以上；与黑龙江不同之处在于，吉林农业气候限制 70% 源于降水问题；土壤耕性下降与供肥能力不足分别占土壤生产限制的 40.8% 和 21.4%；作物的生长表现比品种问题更多地限制玉米高产。

辽宁的玉米生产占到东北地区产量的 18% 以上，该区域配套高产高效管理技术（栽培、耕作与施肥技术）的缺失是主要限制因子，限制程度高达 47.8%，农业气候（伏涝）和土壤问题限制分别约占 22% 和 23%，作物生产（倒伏、品种）限制达 8%；降水问题是最主要的农业气候问题，而土壤耕层浅与供肥性差也是辽宁的主要土壤问题。

东北中部灌区主要为蒙东通辽区域，限制玉米增产的主要因素是土壤生产条件（耕层浅）和配套管理技术（栽培、施肥技术落后），分别约占 30%，而农业气候（季节性干旱严重）与作物生产条件分别占 20% 左右，耕作问题、高产高效管理技术缺失、降水问题和作物生长的综合表现问题是具体的主要问题。

基于区域玉米生产对总产量的贡献大小，综合分析区域限制因子发现，农业气候仍是东北地区玉米增产增效的主要限制因子，限制程度达 33%，配套高产高效管理技术缺失限制达到 26%，而土壤与作物问题分别占到了 20% 和 18.5%；农业气候限制主要为降水与温度问题，但降水影响更大；耕作造成的问题是土壤生产障碍的主要问题；而品种与生长综合表现问题约各占到作物生产的 50%，是作物生产中必须考虑的问题。

2.3　东北春玉米大面积增产增效技术方向

2.3.1　黑龙江关键限制因子突破方向

针对生长期积温不足、耕层浅、现有品种增产潜力有限、区域高产品种缺乏、栽培和耕作技术限制等主要限制因子，为实现本区域增产 15%、增效 10% ～ 20% 的春玉米大面积高产高效生产，在适时早播、土壤深松、耕作栽培技术等方面应加大技术创新和改进。其中，针对耕层浅这一限制因素，通过隔年深松、深翻等耕作技术的革新，可使粮食产量提高约 10%，为本区域玉米增产增效生产贡献 35%。基于以上研究结果，提出本区域高产高效技术规程，经过两年来的生产实践证明，本研究中针对限制本区域玉米高产高效的因子的认识准确，所采取的技术措施具有针对性，这也是实现本区域增产增效目标的重要基础与技术保障。

2.3.2　吉林关键限制因子突破方向

针对吉林东部湿润区、中部半湿润区、西部半干旱区春玉米生产中的主要限制因子，为实现各区域增产 15%、增效 10% ～ 20% 的春玉米大面积高产高效生产，应针对东部湿润区低温冷害严重、土壤肥力水平低、收获密度偏低、病虫害严重，中部半湿润区收获密度偏低、倒伏早衰严重、季节性干旱、耕地质量下降、病虫害严重，西部半干旱区季节性干旱、收获密度偏低、土壤肥力水平低、倒伏早衰严重、病虫害严重等主要限制因素进行重点突破。具体解决措施及途径如下。

2.3.2.1　东部湿润区

针对该生产区低温冷害严重的问题，通过选择抗逆品种，采用前期增温促早熟的技术措施，可在 80% 的程度上解决该问题，为该区域的玉米生产确保增产 15%、增效 10% ～ 20% 的目标贡献 30%；针对土壤肥力水平低，可通过增施有机物料，深松打破犁底层，根据作物需求平衡施肥等技术措施，可基本解决该问题，为该区域的玉米生产确保增产增效的目标贡献 30%；针对收获密度偏低，可通过选择适宜品种、提高播种密度与播种质量等技术措施，基本解决该问题，为该区域的玉米生产确保增产增效的目标贡献 25%；针对病虫害严重，通过选择抗性品种，适时进行药剂防控，可基本上解决该问题，为该区域的玉米生产确保增产增效的目标贡献 15%。

2.3.2.2　中部半湿润区

针对该生产区收获密度偏低的问题，通过选择适宜品种，提高播种密度和播种质量的方法，可基本上解决该问题，为该区域的玉米生产确保增产 15%、增效 10% ～ 20% 的目标贡献 30%；针对倒伏早衰严重等现象，通过选择抗逆品种、化学防控、防病、深松等技术措施，可解决该地区 80% 的玉米倒伏早衰情况，为该区域的玉米生产确保增产增效目标贡献 30%；针对季节性干旱，采用夏季深松蓄水、秋季整地保墒的技术措施，可基本上解决该问题，为该区域的玉米生产确保增产增效目标贡献 15%；针对耕地质量下降，通过增施有机物料、深松打破犁底层的技术措施，经过 3 ～ 5 年可基本解决该问题，为该区域的玉米生产确保增产增效的目标贡献 15%；针对病虫害严重，通过选择抗性品种，适时进行药剂防控，可基本上解决该问题，为该区域的玉米生产确保增产增效的目标贡献 10%。

2.3.2.3　西部半干旱区

针对该生产区季节性干旱的问题，通过夏季深松蓄水、秋整地保墒和节水灌溉等技术措施，可基本解决该问题，为该区域的玉米生产确保增产 15%、增效 10% ～ 20% 的目标贡献 30%；针对收获密度偏低，可通过选择适宜品种、提高播种密度与播种质量等技术措施，基本解决该问题，为该区域的玉米生产确保增产增效的目标贡献 25%；针对土壤肥力水平低的问题，可通过增施有机物料、深松打破犁底层、根据作物需求平衡施肥等技术措施，基本解决该问题，为该区域的玉米生产确保增产增效的目标贡献 20%；针对倒伏早衰严重等现象，通过选择抗逆品种、化控、防病、深松等技术措施，可基本解决该问题，为该区域的玉米生产确保增产增效的目标贡献 15%；针对病虫害严重的问题，通过选择抗性品种，适时进行药剂防控，可基本上解决该问题，为该区域的玉米生产确保增产增效的目标贡献 10%。

2.3.3　辽宁关键限制因子突破方向

针对栽培、耕作、施肥技术及耕层浅等主要限制因子，为实现区域增产 15%、增效

10% ～ 20% 的春玉米大面积高产高效生产，在密植条件下，通过合理配置田间结构、科学运筹养分，缓解群体内个体间竞争的矛盾等方面有创新。其中，针对耕层浅等导致土壤需水保墒能力减弱、倒伏加重、营养不协调等限制因素，通过施肥、栽培及土壤耕作技术的改进，使粮食产量提高约 25%，该技术的提出为区域玉米增产增效贡献 80% 以上。

参 考 文 献

高强, 冯国忠, 王志刚. 2010. 东北地区春玉米施肥现状调查. 中国农学通报, 26(14): 229-231.

韩志勇. 2011. 吉林地区春玉米高产高效最佳养分管理技术研究. 吉林农业大学硕士学位论文.

马树庆, 王琪, 罗新兰. 2008. 基于分期播种的气候变化对东北地区玉米 (*Zea mays*) 生长发育和产量的影响. 生态学报, 28(5): 2131-2139.

王宏庭, 王斌, 赵萍萍, 等. 2009. 种植方式、密度、施肥量对玉米产量和肥料利用率的影响. 玉米科学, 17(5): 104-107.

谢振江, 李明顺, 徐家舜, 等. 2009. 遗传改良对中国华北不同年代玉米单交种产量的贡献. 中国农业科学, 42(3): 781-789.

Daberkow S, Taylor H, Huang W Y. 2000. Agricultural Resources and Environmental Indicators: Nutrient use and Management. Rep. No. AH722. Washington, DC: USDA/ERS.

Duvick D N. 2005. The contribution of breeding to yield advances in maize (*Zea mays* L.) // Duvick D N, Sparks L. Advances in Agronomy. San Diego, CA: Academic Press.

FAO. 2015. http://www.fao.org/economic/ess/countrystat/en/[2016-12-10].

第3章　东北春玉米品种生产力与资源效率演变特征及其对技术的响应

20 世纪 50 年代以来，玉米单位面积产量增长迅速。许多国家对本国不同年代玉米的演变特征进行了大量研究，其中以美国、巴西、阿根廷等国家的研究报道较为详尽。我国在品种演变特征方面也有一些相关研究报道，基本明确了不同年代玉米品种，尤其是杂交种的形态、生产力、生理等变化特征，为玉米品种改良和栽培技术改进提供了重要的理论与技术指导。与国外研究结果相比，我国玉米品种特征与国外品种存在明显差异。我国玉米种植区域广泛，由东北至西南 13 个省（自治区、直辖市）均有种植。玉米是东北的第一大作物，种植面积占全国的 1/3 以上，商品玉米占全国的 60% 以上，出口量几乎占全国的 100%。目前我国已有的关于玉米品种演变的研究报道中，对夏玉米的研究较多，对春玉米的研究相对较少。东北三省是我国玉米优势产区，其温、光、水等条件不同于我国夏玉米产区，该区域玉米种质资源也不同于夏玉米，因此，阐明东北三省不同年代玉米品种生产力对密度和氮肥的响应及其发展趋势，不仅有利于东北三省粮食持续增产，对东北玉米品种改良和耕作栽培技术创新也具有重要的理论与技术指导意义。

本研究以东北三省 20 世纪 70 年代以来各个年代大面积推广应用的代表性玉米单交种为试验材料。试验采取裂—裂区设计，3 次重复。2009 年设置 3 个密度处理（30 000 株 /hm^2、52 500 株 /hm^2、75 000 株 /hm^2）和 3 个氮肥处理（0kg/hm^2、150kg/hm^2、300kg/hm^2），2010 年根据 2009 年试验结果，增加 1 个密度（97 500 株 /hm^2）和 1 个氮处理（450kg/hm^2）。试验以密度为主区，氮肥处理为裂区，品种为再裂区。每个小区 5 行，行长 4m，小区面积 13m^2。

3.1　东北春玉米品种生产力与资源效率演变特征及趋势

3.1.1　东北春玉米品种植株形态的演变特征及趋势

两年试验结果表明，不同年代品种主要形态性状存在显著差异（表 3-1）。2009 年试验结果中株高和穗位低于 2010 年的试验结果，2009 年的叶面积大于 2010 年。综合两年试验结果，20 世纪 90 年代和 21 世纪头 10 年品种的株高、穗位，以及穗位与株高的比值均显著高于 20 世纪 80 年代以前的品种。不同年代间株高与穗位的增长幅度不同，20 世纪 80 年代品种较 70 年代品种株高和穗位分别增加 1.99% 和 4.25%，90 年代品种较 80 年代品种株高和穗位分别增加 8.25% 和 11.9%，21 世纪头 10 年品种较 20 世纪 90 年代品种株高降低 0.95%，而穗位增加 1.2%。以上结果说明，在 20 世纪 70 年代到 21 世纪头 10 年，90 年代品种株高、穗位增幅最大，进入 21 世纪以后，株高基本没有变化，穗位略有上升。东北春玉米品种改良 40 年间，株高和穗位分别提高 9.37% 和 18.05%，分别以 5.5cm/10 年和 4.5cm/10 年的速度上升。穗位与株高的比值随年代推进有上升的趋势，说明玉米植株重心有上移趋势。单株叶面积与棒三叶面积随年代推进有增加的趋势。20世纪80年代以后品种的叶面积显著大于70年代品种，80年代品种较70年代品种单株叶面积和棒三叶面积分别增加13.94%和9.85%，90年代品种较80年代品种分别下降1.66%和2.24%，21世纪头10年品种较20世纪90年代品种分别增加6.25%和1.48%。与20世纪70年代的老品种相比，21世纪头10年品种的单株叶面积与棒三叶面积增加19.13%和8.86%，上升速率分别为307cm²/10年和47cm²/10年。说明现代品种比过去的老品种更繁茂，但棒三叶面积在单株叶面积中所占的比例呈下降趋势。植株基部节间长度与抗倒伏性能相关，本研究结果表明，不同年代品种植株第一节间长与第二节间长演变趋势不同，20世纪80年代品种较70年代品种第一节间长下降0.55%，第二节间长增加1.14%；90年代品种较80年代品种第一节间长和第二节间长分别增加3.96%和6.23%；21世纪头10年品种较20世纪90年代品种第一节间长和第二节间长分别下降3.95%和4.16%。以上结果说明，21世纪头10年选育的玉米品种比过去品种具有更大的营养个体，光合绿叶面积增加，有利于生产更多的光合产物，植株个体重心有上移趋势，有可能增加倒伏风险，但植株基部节间长度有缩短趋势，该性状有利于抗倒伏。

表 3-1　不同年代玉米品种植株形态性状（2009 年和 2010 年）

试验年度	品种年代	株高（cm）	穗位（cm）	穗位/株高	单株叶面积（cm²）	棒三叶面积（cm²）	棒三叶面积/单株叶面积	第一节间长（cm）	第二节间长（cm）
2009	1970s	226C	92C	0.41B	6400C	2167C	0.34A	7.06A	—
	1980s	235B	99B	0.42B	7944B	2496A	0.31B	6.84A	—
	1990s	262A	113A	0.43A	7836B	2464AB	0.31B	6.99A	—
	2000s	257A	113A	0.44A	8367A	2429B	0.29C	6.52A	—
2010	1970s	259B	113C	0.44C	6533C	2010B	0.31A	5.48B	11.42B
	1980s	259B	114C	0.44C	6778B	2101A	0.31A	5.59AB	11.55B
	1990s	272A	125B	0.46B	6645BC	2034B	0.31A	5.91A	12.27A
	2000s	272A	128A	0.47A	7025A	2123A	0.30B	5.84AB	11.76AB

注：同一列不同大写字母表示在 0.01 水平差异显著；此表和表 3-4、表 3-5 中的"—"均表示未测定"第二节间长"

3.1.2　东北春玉米品种生产力演变特征及趋势

随着年代推进品种更替，东北春玉米品种的群体和个体的生物产量与籽粒产量均呈显著递增趋势（图3-1）。20世纪80年代品种群体生物产量和群体籽粒产量分别较70年代品种提高21.09%和19.66%，90年代品种较80年代品种分别提高9.36%和15.26%，21世纪头10年品种较20世纪90年代品种分别提高了9.07%和5.06%，在20世纪70年代到21世纪头10年，东北春玉米品种群体生物产量和群体籽粒产量分别以2168.5kg/（hm²·10年）和936kg/（hm²·10年）的速度递增。20世纪80年代品种单株生物产量和单株籽粒产量较70年代品种分别提高20.44%和21.19%，90年代较80年代品种分别提高11.33%和11.90%，21世纪头10年品种较20世纪90年代品种分别提高 11.26% 和 4.44%，在 20 世纪 70 年代到 21 世纪头 10 年，东北春玉米品种单株生物产量和单株籽粒产量分别以 43.95g/（株·10 年）和 17.86g/（株·10 年）的速度递增。

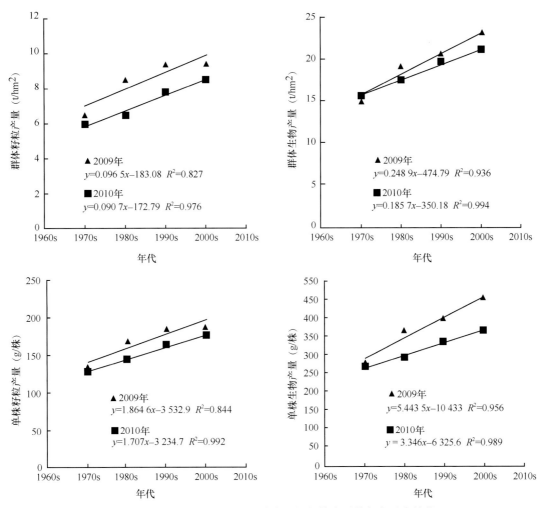

图 3-1　不同年代玉米品种生物产量与籽粒产量的年代演变趋势

比较不同年代群体籽粒产量和单株籽粒产量的增幅发现，20 世纪 80 年代的品种较 70 年代单株籽粒产量增幅（21.19%）大于群体籽粒产量增幅（19.66%），说明 80 年代品种改良更注重单株生产潜力改进。90 年代品种群体生产力和单株生产力较 80 年代的增幅分别为 15.26% 和 11.90%，说明进入 90 年代以后，东北春玉米育种充分重视了依靠群体增产的育种理念，育种者注重了群体生产力的改进。21 世纪头 10 年品种群体生产力和单株生产力较 20 世纪 90 年代增幅分别为 5.06% 和 4.44%，群体产量增幅与单株产量增幅相当，单株产量和群体产量同步提高。

两年试验结果显示，不同年代品种千粒重随年代推进呈显著增加趋势，不同年代间品种收获指数差异不显著（表 3-2）。千粒重的递增趋势在不同年代间存在差异，80 年代品种较 70 年代品种千粒重增加 11.35%，90 年代品种较 80 年代品种增加 11.18%，21 世纪头 10 年品种较 20 世纪 90 年代品种增加 4.19%；在 20 世纪 70 年代至 21 世纪头 10 年，东北春玉米品种千粒重平均以 19.55g/10 年的速度递增。两年试验结果穗粒数和出籽率的变化趋势不同，2009 年试验中穗粒数随年代推进呈显著上升趋势，2010 年各年代品种穗粒数差异不显著。出籽率的变化年代间没有规律性。以上结果说明穗粒数增加和千粒重提高是玉米单株产量提高的主要原因。

表 3-2　不同年代玉米品种的产量性状（2009 年和 2010 年）

试验年度	品种年代	穗粒数	千粒重（g）	出籽率（%）	收获指数（%）
2009	1970s	542D	250.71D	83.67A	49.77A
	1980s	593C	291.11C	80.56B	50.76A
	1990s	618B	322.25B	83.07A	50.66A
	2000s	632A	335.05A	79.22C	49.06A
2010	1970s	518A	296.93D	84.96A	44.87A
	1980s	525A	316.51C	83.37B	43.74A
	1990s	515A	353.41B	83.98B	45.01A
	2000s	527A	368.97A	84.86A	45.12A

注：同一列不同大写字母表示在 0.01 水平差异显著

3.1.3　东北春玉米品种氮肥效率演变特征及趋势

20 世纪 70 年代至 21 世纪头 10 年，氮肥偏生产力呈极显著递增趋势（图 3-2），平均以 3.28kg/（kg·10 年）的速度递增。但不同年代间增长幅度存在差异。20 世纪 80 年代较 70 年代提高 20.39%，20 世纪 90 年代较 80 年代提高 15.95%，21 世纪头 10 年较 20 世纪 90 年代提高 3.94%，可见，品种改良过程中氮肥偏生产力在 20 世纪 80 年代和 90 年代得到了显著提升。各年代间氮肥农学效率也存在极显著差异，其中 20 世纪 90 年代品种氮肥农学效率最高，平均达 8.78 kg/kg，分别比 70 年代、80 年代及 21 世纪头 10 年高 99%、28% 和 22%，说明 20 世纪 90 年代品种施肥增产效果最明显，80 年代和 21 世纪头 10 年品种次之；20 世纪 80 年代和 21 世纪头 10 年品种氮肥农学效率虽没有显著差异，但二者在不同施氮水平下的产量存在显著的差异，21 世纪头 10 年品种较其他年代品种耐瘠薄，在不施氮的情况下也有较好的产量，增施氮肥增产效果不明显，属于耐低氮高效类型，20 世纪 80 年代品种则属于喜高氮高效型，20 世纪 70 年代至 21 世纪头 10 年，东北春玉米品种氮肥农学效率平均增幅为 0.70kg/（kg·10 年）。随年代推进，尤其是 20 世纪 90 年代以后，氮肥吸收利用率呈显著递增趋势，21 世纪头 10 年品种氮肥吸收利用率最高，达 36.18%，20 世纪 70 年代至 21 世纪头 10 年，氮肥吸收利用率平均以每 10 年 2.5 个百分点的速度递增。各年代间氮肥生理利用率存在极显著差异，其中 20 世纪 90 年代品种氮肥生理利用率最高，达 39.76kg/kg，分别比 70 年代、80 年代及 21 世纪头 10 年品种提高 50%、11.81% 和 20.78%。以上结果说明，东北三省玉米品种更替后，产量与氮肥效率得到了显著提高。

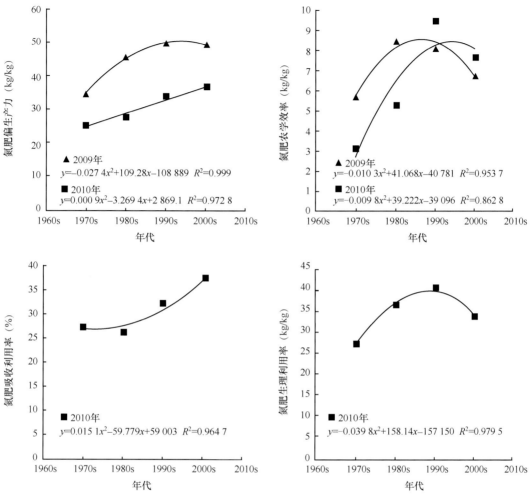

图 3-2　不同年代玉米品种氮肥效率的年代演变趋势

2009 年没有测定试验材料的氮肥吸收利用率和氮肥生理利用率

　　表 3-3 显示，玉米苗期氮素含量随年代推进呈显著增加的趋势，说明现代品种苗期具有较强的氮素吸收能力。花期各器官氮素含量年代间无显著变化趋势。不同年代品种成熟期籽粒氮含量随品种更替表现为明显的下降趋势，20 世纪 70 年代至 21 世纪头 10 年平均每 10 年下降 0.05 个百分点；成熟期茎氮含量随年代推进呈下降趋势，其中 20 世纪 70 年代和 80 年代品种茎氮含量最高，显著高于 21 世纪头 10 年品种；成熟期叶氮含量随年代推进呈显著递增趋势，20 世纪 70 年代至 21 世纪头 10 年平均每 10 年提高 0.04 个百分点；氮收获指数随年代推进呈显著下降趋势，20 世纪 70 年代至 21 世纪头 10 年平均每 10 年下降 0.91 个百分点。

表 3-3　不同年代玉米品种不同器官氮素含量

品种年代	苗期氮含量（%）	花期茎氮含量(%)	花期叶氮含量(%)	成熟期籽粒氮含量（%）	成熟期茎氮含量（%）	成熟期叶氮含量（%）	氮收获指数（%）
1970s	2.85B	1.17A	2.43A	1.60A	0.68AB	1.41C	64.02A
1980s	2.78C	1.18A	2.50A	1.55B	0.73A	1.46BC	60.88C
1990s	2.88B	1.01B	2.53A	1.40C	0.65BC	1.48B	62.04B
2000s	2.90A	1.04B	2.47A	1.39C	0.61C	1.55A	60.38C

注：同一列不同大写字母表示在 0.01 水平差异显著

3.1.4　东北春玉米品种抗逆性演变特征及趋势

倒伏与空秆是影响玉米生产力的两个重要限制因素。东北春玉米品种演进过程中，生产力与氮肥效率得到明显提高，这与品种抗逆性得到改进有很大关系。随着年代推进，玉米品种抗倒性显著增强，倒伏率以每年 0.51 个百分点的速度下降，空秆率以每年 0.31 个百分点的速度下降（图 3-3）。

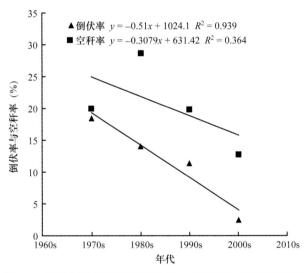

图 3-3　不同年代玉米品种倒伏率与空秆率的年代演变趋势

3.1.5　讨论

玉米品种演进过程中，植株的形态性状发生了较大的变化。Russell（1991）及 Duvick 和 Cassman（1999）的研究表明，美国玉米品种随着年代的推进株高没有明显变化，但穗位高有降低趋势，下降速度为 3cm/10 年，穗位的变化比株高的变化更为明显。谢振江等（2009）研究表明，我国 20 世纪 70 年代至 21 世纪头 10 年玉米杂交种的株高、穗位变化不显著，到 21 世纪头 10 年品种株高、穗位发生了显著变化，表现出不规律性。本研究结果表明，东北春玉米品种更替过程中，20 世纪 70 年代至 21 世纪头 10 年，玉米品种株高、穗位呈上升趋势，进入 21 世纪头 10 年以后，株高基本没有变化，但穗位略有上升，东北春玉米品种改良 40 年间，株高和穗位分别提高 9.37% 和 18.05%，分别以

5.5cm/10 年和 4.5cm/10 年的速度上升。可见，东北春玉米品种的形态演变特征不同于国外品种，也不同于国内其他地区品种。关于叶面积的变化，加拿大的研究结果表明，现代品种叶面积指数大于老品种，而美国研究结果表明，不同年代品种叶面积指数没有明显变化。本研究结果表明，东北春玉米品种单株叶面积随年代推进呈现增加趋势，由此可见，由于各国学者所用试验材料不同，其研究结果也各异，因而对品种演进过程中叶面积指数的变化尚无一致结论。

关于不同年代玉米品种产量的演变特征，国内外开展了大量的研究，阿根廷（1979 ～ 1998 年）玉米产量增益 107kg/(hm²·年)，巴西（1963 ～ 1993 年）玉米产量增益 123kg/(hm²·年)，美国（1930 ～ 2001 年）玉米产量增益 77kg/(hm²·年)，我国（1970 ～ 2000 年）玉米产量增益 84 ～ 124kg/(hm²·年)。这些研究得出基本一致的结论：随着年代推进与品种更替，玉米产量逐年增加。本研究结果表明，东北春玉米 20 世纪 70 年代至 21 世纪头 10 年玉米产量提高 44%，平均增益 93.6kg/(hm²·年)，对比国外产量增益，东北三省玉米品种改良的增产潜力巨大。国外诸多研究结果还表明，现代品种与老品种相比单株生产力没有明显差异，而本研究结果不同。东北三省品种更替过程中，单位面积产量大幅度提高的同时，单株生产力也明显提高，与 20 世纪 70 年代品种相比，现代品种单株产量提高了 41%，平均增益 17.86g/10 年。可见，东北春玉米品种单株产量演变特征与国外明显不同，这可能与东北三省玉米育种策略相关。东北三省育种过程中充分注重提高单株生产潜力，以选育稀植大穗型品种为主导方向，而国外育种者更注重品种对逆境的适应及对资源投入的积极响应，倾向于密植型。

氮素作为作物生长和产量形成的重要营养元素，在农业生产中施用量快速递增，而氮肥利用效率却呈现下降趋势。国内外学者围绕氮肥利用开展了广泛的研究，Carlone 和 Russell（1987）比较了 20 世纪 60 ～ 80 年代品种对增施氮肥的响应，结果表明，20 世纪 80 年代品种比 70 年代和 60 年代品种对增施氮肥有更好的响应。Tollenaar 和 Wu（1999）认为现代品种比老品种具有更强的养分吸收能力。本研究结果表明，东北春玉米品种演替过程中，氮肥效率明显提高，21 世纪头 10 年品种的氮肥偏生产力与吸收利用率明显高于其他年代品种，但氮肥农学利用率和氮肥生理利用率是 20 世纪 90 年代品种最高。分析其中原因可发现，21 世纪头 10 年品种在低氮（0kg/hm²）水平下也有较强的氮素利用能力，说明现代品种更耐瘠薄。根据现有国内外研究结果，有关不同年代品种对氮素的反应机制仍需要进一步研究。

在玉米品种演进过程中，抗逆性的提高是品种增产的一个重要因素。倒伏和空秆是逆境下出现的结果，因此，对倒伏抗性和空秆抗性的评价与外界环境有很大的关系，如果没有雨和风的综合作用，或种植密度较低时，则倒伏抗性很难判断，因为在适宜环境下，抗倒与不抗倒的品种的不倒伏率都在 95% 以上。而空秆率既与品种基因型有关，又与外界环境有关，如与氮素水平、种植密度、花期降水情况有密切关系。因此，关于倒伏与空秆的研究需要人为设置一定的逆境。本研究中设置了不施肥与 97 500 株 /hm² 密度的逆境压力，研究结果表明，20 世纪 70 年代至 21 世纪头 10 年，东北春玉米抗倒伏能力显著提升，空秆率明显下降，与美国研究结果一致，即美国现代品种比过去的老品种对根倒有更好的抗性。但也有研究表明，某些年代品种抗倒伏性并未表现出随年代推进而增强。如美国 20 世纪 30 ～ 70 年代，玉米抗倒伏性提高，而到了 20 世纪 80 年代，与过去相比，抗倒伏性则没有明显改进，而且，有研究显示，不倒伏率达到 95% 时，似乎不再提高。因此，从整体趋势来看，抗倒伏性得到改善，但这种进步是渐停渐进的。

3.2　东北春玉米品种植株形态对种植密度和氮肥的响应

3.2.1　东北春玉米品种植株形态对种植密度的响应

不同农艺性状对密度的响应趋势不同（表 3-4）。随着密度增加，各年代品种株高变化不明显；穗位随密度增加呈显著上升趋势，密度每增加 10 000 株 /hm²，20 世纪 70 年代、80 年代、90 年代和 21 世纪头 10 年品种的穗位分别上升 1.76cm、1.45cm、1.67cm 和 2.74cm，说明 21 世纪头 10 年品种穗位对密度的响应更敏感。随种植密度增加，各年代品种穗位与株高的比值呈显著上升趋势，说明随种植密度增加，玉米植株的重心上移，增加了倒伏的风险。随种植密度增加，各年代品种单株叶面积、棒三叶面积呈显著下降趋势。结果显示，密度每增加 10 000 株 /hm²，20 世纪 70 年代、80 年代、90 年代和 21 世纪头 10 年品种的单株叶面积分别下降 267cm²、355cm²、200cm² 和 227cm²，棒三叶面积分别下降 50cm²、41cm²、52cm² 和 62cm²，说明 20 世纪 70 年代和 80 年代品种单株叶面积对密度的响应更积极，而 20 世纪 90 年代和 21 世纪头 10 年品种棒三叶面积对密度的响应更敏感。20 世纪 80 年代和 90 年代品种第一节间长对种植密度的变化不响应，第二节间长随种植密度增加呈伸长趋势；20 世纪 70 年代和 21 世纪头 10 年品种第一节间长在密度超过 75 000 株 /hm² 后，节间有变短趋势，而第二节间长对密度变化不响应。

表 3-4　不同年代玉米品种植株形态性状对密度的响应（2009 年和 2010 年）

试验年度	品种年代	密度（株 / hm²）	株高（cm）	穗位（cm）	穗位 / 株高	单株叶面积(cm²)	棒三叶面积（cm²）	棒三叶面积 / 单株叶面积	第一节间长（cm）	第二节间长（cm）
2009	1970s	30 000	223a	89b	0.40b	6 988a	2 264a	0.32b	6.62b	—
		52 500	229a	94a	0.41ab	6 483b	2 179b	0.34ab	6.68b	—
		75 000	226a	94a	0.42a	5 730c	2 060c	0.36a	7.87a	—
	1980s	30 000	233a	95b	0.41b	8 278a	2 567a	0.31b	6.61a	—
		52 500	239a	102a	0.43a	8 071a	2 554a	0.32a	6.90a	—
		75 000	235a	99ab	0.42a	7 483b	2 368b	0.32a	7.02a	—
	1990s	30 000	260a	110b	0.42a	8 134a	2 553a	0.31a	6.62a	—
		52 500	262a	112ab	0.43a	7 943a	2 497a	0.31a	7.05a	—
		75 000	264a	116a	0.44a	7 431b	2 341b	0.32a	7.28a	—
	2000s	30 000	252a	107c	0.42a	8 928a	2 591a	0.29a	6.47a	—
		52 500	260a	113b	0.43b	8 164b	2 386b	0.29a	6.50a	—
		75 000	259a	119a	0.46a	8 010b	2 311c	0.29a	6.60a	—

试验年度	品种年代	密度（株 / hm²）	株高（cm）	穗位（cm）	穗位 / 株高	单株叶面积(cm²)	棒三叶面积（cm²）	棒三叶面积 / 单株叶面积	第一节间长（cm）	第二节间长（cm）
2010	1970s	30 000	257b	104c	0.40c	7 482a	2 194a	0.29c	5.74a	11.21a
		52 500	259ab	111b	0.43b	6 684b	2 056b	0.31b	5.63ab	11.20a
		75 000	265a	120a	0.45a	6 246c	1 972c	0.32a	5.80a	11.94a
		97 500	255b	119a	0.47a	5 722d	1 819d	0.32a	4.74b	11.32a
	1980s	30 000	259a	107c	0.41c	7 585a	2 247a	0.30c	5.59a	10.91b
		52 500	262a	111b	0.42c	7 095b	2 125b	0.30c	5.87a	11.52ab
		75 000	261a	117a	0.45b	6 484c	2 051c	0.32b	5.89a	11.98a
		97 500	255a	120a	0.47a	5 949d	1 983d	0.33a	5.02a	11.80ab
	1990s	30 000	271ab	115c	0.42c	7 412a	2 225a	0.30b	6.30a	11.70b
		52 500	276a	125b	0.45b	7 005b	2 090b	0.30b	5.80a	11.91b
		75 000	277a	132a	0.48a	6 363c	1 990c	0.31a	6.12a	13.15a
		97 500	266b	128ab	0.48a	5 802d	1 830d	0.32a	5.44a	12.31ab
	2000s	30 000	270a	117c	0.43c	7 932a	2 308a	0.29b	6.37a	11.53a
		52 500	276a	127b	0.46b	7 216b	2 228b	0.31a	5.96ab	11.43a
		75 000	273a	133a	0.49a	6 737c	2 059c	0.31a	5.80ab	11.84a
		97 500	272a	136a	0.50a	6 216d	1 898d	0.31a	5.25b	12.25a

注：同一列不同小写字母表示同一年代内不同密度间在 0.05 水平差异显著

3.2.2　东北春玉米品种植株形态对氮肥的响应

表 3-5 显示，随氮肥用量增加，各年代品种株高、穗位、单株叶面积和棒三叶面积呈显著增加趋势。氮肥用量每增加 100kg/hm²，20 世纪 70 年代、80 年代、90 年代和 21 世纪头 10 年品种的株高分别提高 5.45cm、5.53cm、4.63cm 和 6.77cm，穗位分别提高 2.87cm、2.73cm、3.44cm 和 3.97cm，可见现代品种株高、穗位对氮肥响应更敏感；20 世纪 70 年代、80 年代和 90 年代品种穗位与株高的比值对施氮水平的变化没有响应，说明这 3 个年代品种株高与穗位同比增长，21 世纪头 10 年品种穗位与株高的比值随密度增加呈显著增加趋势，说明 21 世纪头 10 年品种随施氮量增加，穗位增幅大于株高增幅，有促进植株重心上移的趋势。氮肥用量每增加 100kg/hm²，20 世纪 70 年代、80 年代、90 年代和 21 世纪头 10 年品种单株叶面积分别增加 271cm²、228cm²、355cm² 和 319cm²，棒三叶面积分别增加 68cm²、56cm²、63cm² 和 49cm²，可见 20 世纪 90 年代和 21 世纪头 10 年品种叶面积对氮肥的响应更积极。不同年代品种第一节间长对氮肥用量变化没有响应，20 世纪 80 年代品种第二节间长随施氮量增加呈显著增长趋势，20 世纪 70 年代、90 年代和 21 世纪头 10 年品种第二节间长对氮肥用量变化未产生响应。

表 3-5　不同年代玉米品种植株形态性状对氮肥的响应（2009 年和 2010 年）

试验年度	品种年代	氮肥（kg/hm²）	株高（cm）	穗位（cm）	穗位/株高	单株叶面积(cm²)	棒三叶面积(cm²)	棒三叶面积/单株叶面积	第一节间长（cm）	第二节间长（cm）
2009	1970s	0	214b	88b	0.41a	5790b	2022c	0.35a	6.64a	—
		150	230a	92ab	0.40a	6543a	2162b	0.33b	7.37a	—
		300	233a	97a	0.42a	6868a	2318a	0.34b	7.16a	—
	1980s	0	225b	93b	0.41a	7401b	2407b	0.33a	6.20b	—
		150	240a	100a	0.42a	8125a	2466b	0.30b	6.94ab	—
		300	241a	103a	0.43a	8306a	2617a	0.32b	7.39a	—
	1990s	0	253b	106b	0.42a	7027b	2328b	0.33a	6.52b	—
		150	267a	116a	0.43a	8081a	2456b	0.30b	7.44a	—
		300	266a	117a	0.44a	8401a	2608a	0.31b	7.00a	—
	2000s	0	245c	104b	0.42a	7531c	2284c	0.30a	6.12b	—
		150	258b	116a	0.45a	8597b	2466b	0.29b	7.20a	—
		300	268a	118a	0.44a	8973a	2537a	0.28b	6.24b	—
2010	1970s	0	247c	106c	0.43a	6136b	1922b	0.31a	5.75a	11.30a
		150	258b	112b	0.43a	6372b	1974b	0.31a	5.53a	11.42a
		300	264a	117a	0.44a	6680a	2068a	0.31a	5.08a	11.31a
		450	268a	118a	0.44a	6945a	2077a	0.30a	5.55a	11.65a
	1980s	0	241b	107c	0.44a	6331b	2006d	0.32a	5.75a	11.26b
		150	262a	113b	0.43a	6825a	2072c	0.30a	5.30a	11.07b
		300	267a	118a	0.44a	6881a	2135b	0.31a	5.65a	12.26a
		450	268a	116ab	0.43a	7076a	2193a	0.31a	5.67a	11.63ab
	1990s	0	256c	115b	0.45a	5969d	1943c	0.33a	5.79a	11.95a
		150	275b	126a	0.46a	6619c	2047b	0.31b	5.80a	12.56a
		300	280a	129a	0.46a	6844b	2043b	0.30b	5.95a	12.22a
		450	279a	130a	0.47a	7149a	2103a	0.29b	6.10a	12.34a
	2000s	0	256c	118c	0.46b	6610c	2094b	0.32a	5.72a	11.36a
		150	272b	128b	0.47b	6968b	2117ab	0.30b	5.82a	11.95a
		300	279a	135a	0.48a	7214ab	2125ab	0.29b	6.04a	11.94a
		450	283a	132b	0.47b	7310a	2156a	0.29b	5.80a	11.79a

注：同一列不同小写字母表示同一年代内不同氮肥水平间在 0.05 水平差异显著

3.2.3　讨论

　　玉米是禾谷类作物中产量最易受密度影响的作物，理论与实践均已证明，增加群体密度是玉米增产的有效措施之一。群体种植密度提高，使得个体间对光、热、水、肥竞争增加，影响个体的营养生长和生殖生长，给玉米带来很多负面影响，如使倒伏率增加、空秆率增大、秃尖增长、株高和穗位提高、籽粒容重和千粒重下降等。此外，相关研究还表明，春玉米群体密度增加过程中平均叶面积指数逐渐增加，平均净同化率和收获指数则相应减小；有效穗数逐步提高，单穗粒数和千粒重相应降低。关于不同年代品种对密度的响应比较一致的结论是：现代品种比过去的老品种更耐高密度。Sangoi 等（2002）的研究表明，巴西不同年代品种随种植密度提高，叶片长度显著降低，单株叶面积明显减小，株高和穗位高度显著增加，雄穗明显变小。本研究结果表明，东北春玉米品种演替过程中，各年代品种随种植密度增加，株高变化不明显，而穗位显著增加，植株重心显著上移，这种上移趋势，现代品种表现得更为明显，植株重心上移将增加倒伏的风险，因此，今后育种过程中应注重对穗位的选择，从形态上降低倒伏的风险；随着密度的增加，各年代品种单株叶面积显著下降，但棒三叶面积所占单株叶面积的比例随种植密度增加明显提高，说明随种植密度增加，玉米最重要的功能叶片的下降幅度低于全株叶面积的下降。现代品种比老品种具有更大的单株叶面积，但现代品种棒三叶所占的比例却小于老品种，说明品种演替过程中，棒三叶面积的增长幅度小于全株叶面积增幅，今后品种选育就应注重提高棒三叶面积比例，以增加功能叶片光合能力。

玉米冠层的结构与功能受品种、气候、栽培措施等多种因素影响。其中，氮肥施用量是影响冠层结构特征与光合特性的因素之一。随着氮肥用量的提高，茎叶夹角、株高、叶面积指数和叶面积持续期均增大，叶片衰老延缓。本研究结果表明，不同年代品种玉米植株形态指标对氮肥的响应趋势基本一致，均表现为随氮肥水平提高呈增加趋势。穗位与株高比值未随施氮量变化而改变，表明随施氮量增加，株高与穗位同比增长。氮肥水平增加促进单株叶面积增长，叶面积增加有利于光合生产，但同时必须注意叶面积过大所造成的相互郁蔽会影响田间通风透光，造成营养生长过旺，增加倒伏风险。

3.3　东北春玉米品种生产力对种植密度和氮肥的响应

3.3.1　东北春玉米品种生产力对种植密度的响应

2009 年籽粒产量各年代品种均表现为随种植密度增加而增加［图 3-4(a)］。2010 年群体籽粒产量随密度的增加逐步上升，上升到一定程度后，群体籽粒产量随密度增加而下降，呈抛物线形变化［图 3-4(c)］。与国外研究结果不同的是，在各个种植密度下均表现为现代品种群体籽粒产量高于老品种［图 3-4(a) 和 (c)］。

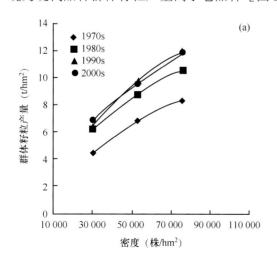
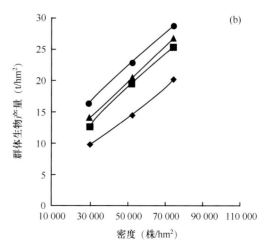

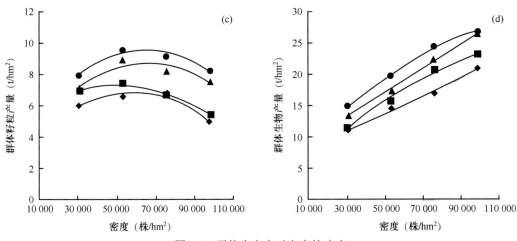

图 3-4　群体生产力对密度的响应

(a) 2009 年群体籽粒产量；(b) 2009 年群体生物产量；(c) 2010 年群体籽粒产量；(d) 2010 年群体生物产量

　　两年试验结果显示，在 30 000 株 /hm² 种植密度下 20 世纪 80 年代和 90 年代品种籽粒产量相当，随着种植密度加大，两个年代品种籽粒产量的差距逐渐拉开。通过两年试验结果，可将 4 个年代品种对密度的响应划分为两组，20 世纪 70 年代和 80 年代品种为一组，属于不耐密型；20 世纪 90 年代和 21 世纪头 10 年品种为一组，品种耐密性相对加强。以上结果说明东北春玉米进入 20 世纪 90 年代以后，品种的耐密性才得到加强。通过 2010 年田间试验结果拟合方程，分别估算 20 世纪 70 年代、80 年代、90 年代和 21 世纪头 10 年品种获得最高产量的理论密度，其估计值分别为 58 190 株 /hm²、49 571 株 /hm²、65 210 株 /hm² 和 64 673 株 /hm²，这些趋势值明显大于各年代实际生产中的种植密度 30 000～52 500 株 /hm²。20 世纪 70 年代至 21 世纪头 10 年品种群体最高产量的理论密度增幅为 1750 株 /（hm²·10 年），说明东北春玉米品种更替过程中，品种的耐密性得到一定程度的改进。但与生产实际中高产种植密度相比，仍有很大的改良潜力。

　　群体生物产量两年试验结果一致，生物产量随种植密度增加呈现明显的上升趋势，20 世纪 80 年代以后的品种生物产量对密度的响应增幅大于 20 世纪 70 年代品种，说明品种更替过程中，籽粒产量的提高是基于生物量的增加而发生的［图 3-4(b) 和 (d)］。

　　图 3-5 显示，单株生产力对密度的响应趋势不同于群体生产力对密度的响应。各个年代玉米品种单株生产力均随种植密度升高呈显著下降趋势。平均两年试验结果，种植密度从 30 000 株 /hm² 增加到 75 000 株 /hm²，20 世纪 70 年代、80 年代、90 年代和 21 世纪头 10 年品种单株籽粒产量分别下降 34%、29%、33% 和 34%，单株生物产量分别下降 31%、24%、31% 和 31%。可见，在 30 000～75 000 株 /hm² 范围内，20 世纪 80 年代品种单株生产力对密度的响应最弱。2010 年试验结果分析，种植密度从 30 000 株 /hm² 增加到 97 500 株 /hm²，20 世纪 70 年代、80 年代、90 年代和 21 世纪头 10 年品种单株籽粒产量分别下降 50%、45%、46% 和 52%，单株生物产量分别下降 43%、35%、40% 和 44%。

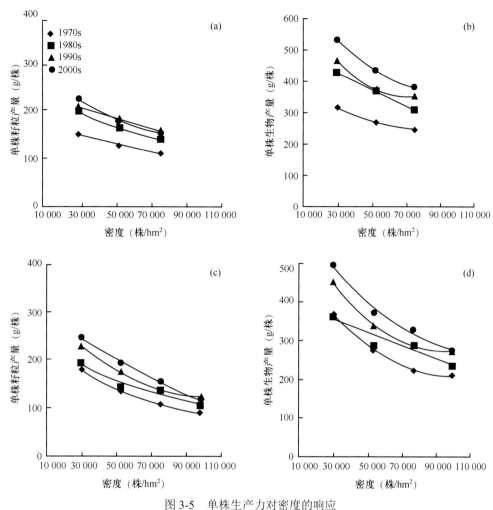

图 3-5 单株生产力对密度的响应

（a）2009 年单株籽粒产量；（b）2009 年单株生物产量；（c）2010 年单株籽粒产量；（d）2010 年单株生物产量

两年试验比较不同年代品种单株生产力对密度的响应程度结果表明，种植密度每增加 10 000 株 /hm²，20 世纪 70 年代、80 年代、90 年代和 21 世纪头 10 年品种单株籽粒产量分别下降 11.29g、12.71g、13.71g 和 17.30g，与 30 000 株 /hm² 密度下单株籽粒产量相比，下降率分别为 6.73%、6.44%、6.22% 和 7.32%。种植密度每增加 10 000 株 /hm²，20 世纪 70 年代、80 年代、90 年代和 21 世纪头 10 年品种单株生物产量分别下降 19.55g、21.77g、25.98g 和 32.56g，与 30 000 株 /hm² 密度下单株生物产量相比，下降率分别为 5.64%、5.46%、5.67% 和 6.35%。以上结果表明，21 世纪头 10 年品种单株生产力对密度的响应更敏感，这主要是因为 21 世纪头 10 年品种单株生产力基数较大。

3.3.2 东北春玉米品种产量构成因素对种植密度的响应

各年代玉米品种随种植密度增加，穗粒数、千粒重和收获指数均表现为显著下降趋势（表 3-6）。出籽率对密度的响应在不同年度间表现不同，20 世纪 80 年代和 90 年代品种出籽率在 2009 年对密度变化未产生响应，2010 年表现为呈随密度增加而下降的趋势；其他各年代品种出籽率在两个年度间均表现为不受密度影响。

表 3-6　不同年代玉米品种产量构成因素对密度的响应（2009 年和 2010 年）

试验年度	品种年代	密度（株/hm²）	穗粒数	千粒重（g）	出籽率（%）	收获指数（%）
2009	1970s	30 000	585a	264.66a	83.67a	49.52ab
		52 500	549b	253.78a	83.67a	51.80a
		75 000	494c	233.69b	83.67a	47.98b
	1980s	30 000	652a	302.75a	80.00a	49.95a
		52 500	578b	288.51b	80.67a	51.66a
		75 000	549c	282.06b	81.00a	50.65a
	1990s	30 000	653a	333.75a	82.44a	50.51a
		52 500	626b	320.55b	83.11a	50.25a
		75 000	574c	312.43b	83.67a	51.21a
	2000s	30 000	694a	350.21a	79.11a	48.92a
		52 500	608b	326.07b	78.56a	48.94a
		75 000	595b	328.86b	80.00a	49.30a
2010	1970s	30 000	601a	329.12a	85.64a	47.31a
		52 500	523b	295.65b	84.98a	46.00ab
		75 000	496c	290.31b	84.48a	43.83bc
		97 500	452d	272.61c	84.76a	42.36c
	1980s	30 000	617a	356.97a	84.01a	46.39a
		52 500	542b	317.10b	83.58a	43.44b
		75 000	476c	302.70bc	83.84a	42.39b
		97 500	466d	289.30c	82.05b	42.74b
	1990s	30 000	605a	393.34a	84.85a	49.10a
		52 500	497b	364.77b	83.59ab	47.23ab
		75 000	507b	329.36c	84.20ab	41.55c
		97 500	453c	326.18c	83.26b	42.15c
	2000s	30 000	611a	417.46a	84.88a	46.69a
		52 500	545b	366.22b	85.46a	45.98a
		75 000	502c	361.19b	84.93a	45.81a
		97 500	449d	331.02c	84.17a	42.01b

注：同一列不同小写字母表示同一年代内不同密度水平间在 0.05 水平差异显著

　　综合两年试验比较不同年代品种产量构成因素对密度的实际响应，结果表明，种植密度每增加 10 000 株/hm²，20 世纪 70 年代、80 年代、90 年代和 21 世纪头 10 年品种穗粒数分别下降 21 粒、23 粒、19 粒和 23 粒，与 30 000 株/hm² 密度下穗粒数相比，下降率分别为 3.48%、3.62%、2.98% 和 3.51%；千粒重分别下降 7.33g、7.13g、7.64g 和 8.23g，下降率分别为 2.48%、2.11%、2.05% 和 2.08%，以上结果说明，各年代品种穗粒数和千粒重对密度的响应程度大致相同。种植密度每增加 10 000 株 /hm²，收获指数分别下降 0.55 个百分点、0.19 个百分点、0.51 个百分点和 0.28 个百分点，下降率分别为 1.15%、0.41%、1.04% 和 0.59%，说明 20 世纪 80 年代和 21 世纪头 10 年品种收获指数对密度的响应较为迟钝。

3.3.3　东北春玉米品种生产力对氮肥的响应

图 3-6（a）和（b）显示，施氮量为 0 ～ 300kg/hm²，随施氮量增加各年代品种群体籽粒产量和群体生物产量均呈上升趋势；而施氮量为 0 ～ 450kg/hm²，对氮肥的响应则均表现为随氮肥用量增加，群体籽粒产量和群体生物产量逐步上升到某一最大值，然后下降［图 3-6(c) 和 (d)］。在不施肥的情况下，21 世纪头 10 年品种的籽粒产量和生物产量优势明显高于其他各年代品种，说明 21 世纪头 10 年品种比其他年代品种更耐瘠薄。与不施氮肥相比，施氮 150kg/hm² 可使 20 世纪 70 年代、80 年代、90 年代和 21 世纪头 10 年品种籽粒产量分别提高 15.20%、19.37%、26.54% 和 19.29%，生物产量分别提高 15.67%、15.82%、22.95% 和 17.28%，对于 20 世纪 70 年代品种，增施 150kg/hm² 氮肥对生物产量和经济产量的增产效应相当，而对于 20 世纪 80 年代、90 年代和 21 世纪头 10 年品种，增施 150kg/hm² 氮肥对经济产量的增产效应明显高于对生物产量的增产效应，说明在 150kg/hm² 施氮水平下，20 世纪 80 年代、90 年代和 21 世纪头 10 年品种施肥的经济效应更高。同时可见，增施氮肥对 20 世纪头 10 年品种增产效果最显著，其次是 20 世纪 80 年代和 90 年代品种，70 年代品种对氮肥的响应最弱。

施氮量由 150kg/hm² 增加到 300kg/hm²，20 世纪 70 年代、80 年代、90 年代和 21 世纪头 10 年品种籽粒产量分别提高 7.07%、2.74%、6.65% 和 1.78%，生物产量分别提高 11.14%、12.66%、1.87% 和 0.02%，各年代品种增产效应均降低，其中以 21 世纪头 10 年和 20 世纪 80 年代品种增产幅度最低。比较同年代品种生物产量与籽粒产量的增幅发现，20 世纪 70 年代和 80 年代品种生物产量的增幅高于籽粒产量，说明进一步增施氮肥，更多地促进了营养体物质积累，而 20 世纪 90 年代和 21 世纪头 10 年品种籽粒产量增产幅度大于生物产量，说明这两个年代品种增施氮肥后更多促进籽粒干物质生产。

施氮量由 300kg/hm² 增加到 450kg/hm²，20 世纪 70 年代和 90 年代品种籽粒产量分别下降 6.8% 和 2.85%，20 世纪 80 年代和 21 世纪头 10 年品种籽粒产量分别提高 3.81% 和 0.16%；生物产量的变化为 20 世纪 70 年代、90 年代和 21 世纪头 10 年品种分别增加 6.74%、5.23% 和 8.67%，20 世纪 80 年代品种下降 2.34%。说明施氮量超过 300kg/hm² 以后，对于 20 世纪 70 年代、90 年代和 21 世纪头 10 年品种过多的氮素投入只是促进了玉米营养体生长，并不利于籽粒产量形成。比较同一年代品种在 150 ～ 450kg/hm² 氮肥范围内的群体籽粒产量，发现 21 世纪头 10 年品种在 150kg/hm²、300kg/hm² 和 450kg/hm² 氮肥水平下产量差异不显著，说明现代品种过多施氮并不增产。通过拟合方程分别估算了 20 世纪 70 年代、80 年代、90 年代和 21 世纪头 10 年品种获得最高产量的施氮水平，依次为 283kg/hm²、365kg/hm²、332kg/hm² 和 331kg/hm²，可见，20 世纪 80 年代品种适宜高肥水。将理论最佳施氮量与当前东北三省玉米平均施氮水平 350 ～ 400kg/hm² 相比，对于当前品种目前的施氮水平是过量的。

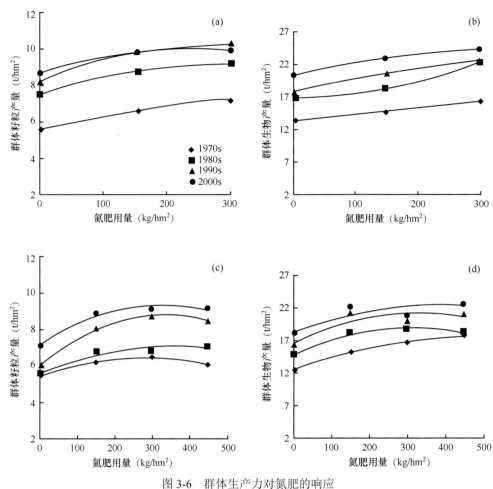

图 3-6　群体生产力对氮肥的响应

（a）2009 年群体籽粒产量；（b）2009 年群体生物产量；（c）2010 年群体籽粒产量；（d）2010 年群体生物产量

两年试验结果显示，在每个施氮水平下现代品种单株籽粒产量和生物产量均高于老品种，施氮与不施氮处理间差异显著，各年代品种单株籽粒产量在施氮 150kg/hm² 和 300kg/hm² 之间差异不显著（图 3-7）。与不施氮相比，施氮 150kg/hm² 条件下，20 世纪 70 年代、80 年代、90 年代和 21 世纪头 10 年品种单株籽粒产量分别增加 16.81%、18.75%、16.42% 和 15.89%，单株生物产量分别增加 18.22%、16.86%、18.93% 和 15.30%。施氮量由 150kg/hm² 增加到 300kg/hm²，20 世纪 70 年代、80 年代、90 年代品种单株籽粒产量分别增加 4.88%、2.66% 和 0.01%，21 世纪头 10 年品种减产 0.91%；20 世纪 70 年代、80 年代、90 年代品种单株生物产量分别增加 7.54%、6.52% 和 5.55%，21 世纪头 10 年品种减产 0.58%；施氮量由 300kg/hm² 增加到 450kg/hm²，20 世纪 70 年代、80 年代、90 年代和 21 世纪头 10 年品种单株籽粒产量分别增加 3.39%、5.08%、7.75% 和 1.30%；单株生物产量分别增加 8.12%、3.52%、0.94% 和 5.65%。以上结果说明，各年代品种单株生产力对施氮 150kg/hm² 的响应趋势基本一致，进一步增施氮肥各年代品种响应出现差异，21 世纪头 10 年品种单株生产力对进一步增施氮肥增产效应不明显，甚至减产。

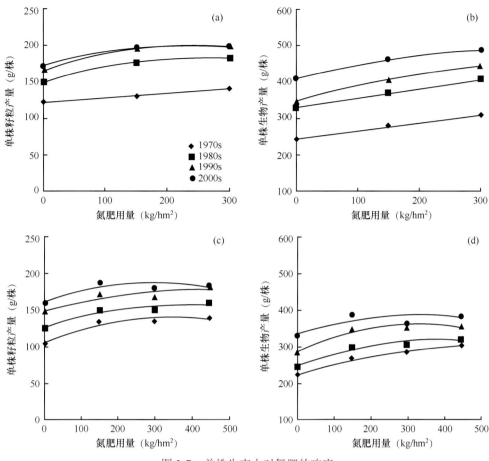

图 3-7 单株生产力对氮肥的响应

（a）2009 年单株籽粒产量；（b）2009 年单株生物产量；（c）2010 年单株籽粒产量；（d）2010 年单株生物产量

3.3.4 东北春玉米品种产量构成因素对氮肥的响应

　　各年代玉米品种随施氮水平增加，穗粒数、千粒重呈现显著增加趋势，氮肥用量对收获指数和出籽率无显著影响（表 3-7）。综合两年试验比较不同年代品种产量构成因素对氮肥的实际响应，结果表明，氮肥用量每增加 100kg/hm²，20 世纪 70 年代、80 年代、90 年代和 21 世纪头 10 年品种穗粒数分别增加 10 粒、4 粒、5 粒和 13 粒，与不施氮条件下穗粒数相比，增长率分别为 2.05%、0.75%、0.85% 和 2.39%；千粒重分别增加 6.32g、5.75g、9.67g 和 5.43g，增长率分别为 2.56%、1.99%、3.08% 和 1.60%，以上结果说明，增施氮肥 20 世纪 70 年代品种穗粒数和粒重同步增长，80 年代和 90 年代品种优先增加粒重，21 世纪头 10 年品种优先增加粒数。

表 3-7 不同年代玉米品种产量构成因素对氮肥水平的响应（2009 年和 2010 年）

试验年度	品种年代	氮肥（kg/hm²）	穗粒数	千粒重（g）	出籽率（%）	收获指数（%）
2009	1970s	0	519b	235.97c	83.67a	50.45a
		150	551a	251.10b	83.67a	50.16a
		300	558a	265.06a	83.67a	48.70a

续表

试验年度	品种年代	氮肥（kg/hm²）	穗粒数	千粒重（g）	出籽率（%）	收获指数（%）
2009	1980s	0	570b	280.53b	80.89a	51.98a
		150	611a	296.43a	80.56a	50.18a
		300	598a	296.36a	80.22a	50.11a
	1990s	0	599b	303.89c	83.11a	51.38a
		150	624a	324.53b	83.11a	49.93a
		300	629a	338.32a	83.00a	50.66a
	2000s	0	600b	325.08b	80.00a	50.71a
		150	649a	339.72a	78.44b	48.05b
		300	649a	340.34a	79.22ab	48.40ab
2010	1970s	0	492b	292.17ab	85.18a	43.89a
		150	521a	289.92b	84.79a	45.96a
		300	530a	303.11a	85.99a	44.55a
		450	528a	302.49a	83.90b	45.09a
	1980s	0	527ab	297.50c	83.76a	44.81a
		150	508b	322.08ab	83.00a	41.95b
		300	544a	315.78b	83.49a	42.28b
		450	522ab	330.70a	83.22a	45.92a
	1990s	0	510ab	330.53c	84.29a	45.31ab
		150	531a	352.13b	84.17a	44.93ab
		300	498b	365.65a	83.87a	43.42b
		450	522a	365.34a	83.57a	46.36a
	2000s	0	497b	353.30c	84.19a	45.84ab
		150	526a	371.56b	84.58a	46.53a
		300	540a	367.52b	85.27a	43.87b
		450	545a	383.50a	85.41a	44.26b

注：同一列不同小写字母表示同一年代内不同氮肥水平间在 0.05 水平差异显著

3.3.5 讨论

理论与实践均已证明，增加群体密度是玉米增产的有效途径。美国玉米种植密度在 20 世纪 30 ～ 80 年代平均每年增长 1000 株 /hm²，增加密度对产量的贡献大约占 21%。玉米产量提高主要得益于品种抗逆性增强和资源利用效率提高，抗逆性中最突出的表现就是对高密度的耐性。玉米品种对高密度的耐受力增强，使得玉米得以提高种植密度，从而获得更高产量。相关研究表明，20 世纪 30 ～ 90 年代美国玉米品种单株生产潜力并没有明显变化，在低密度下，现代品种并没有产量优势，其优势主要体现为对逆境的抗性。在本研究设计的 4 个种植密度下，东北三省现代品种群体产量均显著高于老品种，20 世纪 70 年代至 21 世纪头 10 年品种获得最高产量的理想密度分别为 58 190 株 /hm²、49 571 株 /hm²、

65 210 株 /hm² 和 64 673 株 /hm²，而巴西 20 世纪 70 ～ 90 年代品种的最佳密度估计值分别为 71 000 株 /hm²、79 000 株 /hm² 和 85 000 株 /hm²；美国玉米种植密度在 20 世纪 80 年代达到 60 000 株 /hm²，90 年代以后上升到 80 000 株 /hm²。可见，与美国等国家相比，东北春玉米品种耐密性远低于国外水平，这说明东北春玉米品种耐密性尚有很大的改良空间。作物高产潜力通常从提高单株生产潜力、作物对逆境的抵抗能力和作物资源高效利用 3 个方面来实现，今后东北春玉米品种选育应充分重视品种逆境选择和资源高效利用这两个方面，以选育出耐密性更强的品种，来满足密植增产对品种的要求。本研究结果显示，东北春玉米 21 世纪头 10 年品种实现高产的理论密度为 64 673 株 /hm²，远低于目前东北高产创建实践中 82 500 株 /hm² 的密度水平，且产量水平也不如实践中的高产水平。因此，通过耕作栽培技术的创新，可以提高现有品种的耐密性，实现密植高产高效的目标。

　　氮素作为作物生长和产量形成的重要营养元素，在农业生产中施用量快速增加，而氮肥利用效率却呈现下降趋势。国内外学者围绕氮肥利用开展了广泛的研究，Carlone 和 Russell（1987）比较了 20 世纪 60 ～ 80 年代品种对增施氮肥的响应，结果表明，20 世纪 80 年代品种比 70 年代和 60 年代品种对增施氮肥有更好的响应。Tollenaar 和 Wu（1999）认为现代品种比老品种具有更强的养分吸收能力。本研究结果显示，21 世纪头 10 年品种比其他年代品种更耐瘠薄，但增施氮肥其产量增幅不明显。由此表明，就目前东北春玉米品种而言，氮肥的增产潜力有限，这反而说明高产高效的协调空间较大。本研究结果表明，氮肥和密度存在显著的互作效应，东北三省 20 世纪 70 年代至 21 世纪头 10 年玉米施氮量显著增加，而种植密度增幅缓慢，最终导致氮肥增效并不明显。本研究分别估算了 20 世纪 70 年代至 21 世纪头 10 年品种获得最高产量的施氮水平，21 世纪头 10 年品种在 331kg/hm² 施氮水平下获得高产，该施肥水平明显低于当前玉米高产栽培施氮量（350 ～ 400kg/hm²）。因此，就东北三省目前玉米生产水平，可以通过减少氮肥施用量来实现高产高效的协调发展，或者稳定氮肥用量，增加种植密度。此外，受能源、资源等因素限制，化肥价格急剧攀升，养分高效型作物品种在作物生产中的意义越来越重大，选育氮高效型品种也越来越受关注，Carlone 和 Russell（1987）指出，在较高氮水平下选育的品种往往喜好高肥水条件，不耐瘠薄。欧美国家育种者注重在逆境，如高密度、低肥水等条件下选育品种，因此品种具有更好的抗逆性和资源利用效率。以往东北三省育种习惯倾向于在较高肥水条件下选育稀植大穗型品种，本研究中 20 世纪 80 年代和 90 年代品种比 21 世纪头 10 年品种更喜肥水。今后东北春玉米品种选育应更加注重提高逆境选择压力。对比国外育种经验，东北春玉米资源利用效率的改良空间很大，通过调整育种策略，有望选育出资源高效型品种服务于生产。

3.4　东北春玉米品种氮肥效率对种植密度和氮肥的响应

3.4.1　东北春玉米品种氮肥效率对种植密度的响应

　　2009 年试验结果表明，各年代品种氮肥偏生产力对密度的响应趋势一致，均随种植密度增加呈现出上升趋势（表 3-8）。氮肥农学效率也随种植密度增加呈增长趋势，但不同年代品种对密度的响应程度不同，20 世纪 70 年代品种对密度响应最积极，21 世纪头 10 年品种对密度响应相对迟缓。

表 3-8　不同年代品种氮肥偏生产力（PFP）、氮肥农学效率（NAE）对密度的响应（2009 年）

品种年代	PFP（kg/kg）			NAE（kg/kg）		
	30 000 株 /hm²	52 500 株 /hm²	75 000 株 /hm²	30 000 株 /hm²	52 500 株 /hm²	75 000 株 /hm²
1970s	15.45c	23.86b	29.79a	1.58b	2.81ab	6.96a
1980s	20.79c	31.45b	38.06a	2.04b	6.47ab	8.42a
1990s	22.14c	34.87b	42.04a	2.65a	5.83a	7.75a
2000s	23.49c	33.39b	41.44a	2.16a	4.59a	6.78a

注：同一行不同小写字母表示同一年代内不同密度间在 0.05 水平差异显著

2010 年的试验结果表明，在 30 000 ～ 97 500 株 /hm² 密度范围内，现代品种氮肥偏生产力最高（表 3-9）。种植密度从 30 000 株 /hm² 增加到 52 500 株 /hm²，20 世纪 70 年代、80 年代、90 年代和 21 世纪头 10 年品种氮肥偏生产力分别增加 6.70%、8.18%、21.61% 和 18.81%，20 世纪 90 年代和 21 世纪头 10 年品种增密氮肥增效明显；密度由 52 500 株 /hm² 增至 75 000 株 /hm²，20 世纪 70 年代品种氮肥偏生产力增加 4.03%，20 世纪 80 年代、90 年代和 21 世纪头 10 年品种氮肥偏生产力分别下降 8.56%、3.86% 和 0.84%；密度由 75 000 株 /hm² 增至 97 500 株 /hm²，各年代品种氮肥偏生产力分别下降 24.37%、21.25%、12.58% 和 9.97%；通过拟合方程分析，各年代品种氮肥偏生力获得最大值时的理想密度分别为 57 898 株 /hm²、52 114 株 /hm²、63 994 株 /hm² 和 66 294 株 /hm²。

表 3-9　不同年代品种氮肥利用效率对密度的响应（2010 年）

品种年代	氮肥偏生产力（PFP）（kg/kg）				氮肥农学效率（NAE）（kg/kg）			
	30 000 株 /hm²	52 500 株 /hm²	75 000 株 /hm²	97 500 株 /hm²	30 000 株 /hm²	52 500 株 /hm²	75 000 株 /hm²	97 500 株 /hm²
1970s	18.77b	20.03ab	20.84a	15.76c	1.79a	3.35a	2.40a	1.86a
1980s	21.57b	23.33a	21.33b	16.80c	3.24a	5.10a	4.77a	2.78a
1990s	23.03b	28.00a	26.92a	23.53b	6.59b	6.90b	9.83a	5.03b
2000s	24.90c	29.58a	29.33a	26.41b	4.58a	6.16a	6.52a	5.77a

品种年代	氮肥吸收利用率（NRE）（%）				氮肥生理利用率（NPE）（kg/kg）			
	30 000 株 /hm²	52 500 株 /hm²	75 000 株 /hm²	97 500 株 /hm²	30 000 株 /hm²	52 500 株 /hm²	75 000 株 /hm²	97 500 株 /hm²
1970s	11.56b	14.73b	22.89a	29.32a	17.44b	38.31a	14.98b	8.76b
1980s	15.59b	16.14b	19.55b	24.48a	29.29a	29.85a	31.60a	15.95a
1990s	10.58c	19.40b	27.66a	35.47a	43.75a	20.74bc	37.17ab	17.61c
2000s	15.13c	32.61ab	34.55a	26.25b	29.46a	23.48a	20.60a	25.24a

注：同一行不同小写字母表示同一年代内不同密度间在 0.05 水平差异显著

在 30 000 ～ 97 500 株 /hm² 密度范围内，20 世纪 90 年代品种氮肥农学效率最高，其次是 21 世纪头 10 年和 20 世纪 80 年代品种，20 世纪 70 年代品种最低（表 3-9）。种植密度从 30 000 株 /hm² 增加到 52 500 株 /hm²，20 世纪 70 年代、80 年代、90 年代和 21 世纪头 10 年品种氮肥农学效率分别增加 87.23%、57.14%、4.68% 和 34.53%，20 世纪 70 年代和 80 年代品种增密氮肥增产效果明显；密度由 52 500 株 /hm² 增至 75 000 株 /hm²，20 世纪 70 年代和 80 年代品种氮肥农学效率分别下降 28.20% 和 6.36%，20 世纪 90 年代和 21 世纪头 10 年品种氮肥农学效率继续增加，分别增长 42.49% 和 5.83%；密度由 75 000 株 /hm² 增至 97 500 株 /hm²，各年代品种氮肥农学效率分别下降 22.56%、41.77%、48.81% 和 11.45%；通过拟合方程分析，各年代品种氮肥农学效率获得最大值时的理想密度分别为 62 216 株 /hm²、61 729 株 /hm²、71 357 株 /hm² 和 62 223 株 /hm²。

表 3-9 还显示，不同年代品种氮肥吸收利用率随密度变化趋势不同，20 世纪 70～90 年代品种随密度增加表现显著递增趋势，21 世纪头 10 年品种则表现为先升后降的变化趋势。在 30 000 株 /hm² 下，20 世纪 80 年代和 21 世纪头 10 年品种氮肥吸收利用率最高，在 52 500～75 000 株 /hm² 范围内，21 世纪头 10 年品种氮肥吸收利用率最高。种植密度从 30 000 株 /hm² 增加到 52 500 株 /hm²，20 世纪 70 年代至 21 世纪头 10 年品种吸收利用率分别增加 27.42%、3.53%、83.36%、116%；密度由 52 500 株 /hm² 增至 75 000 株 /hm²，20 世纪 70 年代至 21 世纪头 10 年品种氮肥吸收利用率分别增加 55.4%、21.13%、42.58% 和 5.95%；密度由 75 000 株 /hm² 增至 97 500 株 /hm²，20 世纪 70 年代、80 年代和 90 年代品种氮肥吸收利用率分别增加 28.09%、25.22%、28.24%，21 世纪头 10 年品种氮肥吸收利用率下降 24.02%。不同年代品种氮肥生理利用率随密度变化趋势不同，20 世纪 70 年代和 80 年代品种随密度增加呈先升后降的变化趋势，20 世纪 90 年代品种则表现为先降后升而后再下降的变化趋势，而 21 世纪头 10 年品种表现为先降后升的趋势。70 年代品种在 52 500 株 /hm² 密度下氮肥生理利用率最高；80 年代品种在 75 000 株 /hm² 密度下氮肥生理利用率最高；90 年代和 21 世纪头 10 年品种氮肥生理利用率在 30 000 株 /hm² 下最高。种植密度从 30 000 株 /hm² 增加到 52 500 株 /hm²，20 世纪 70 年代和 80 年代品种氮肥生理利用率分别增加 120% 和 1.91%，20 世纪 90 年代和 21 世纪头 10 年品种氮肥生理利用率分别下降 52.59% 和 20.30%；密度由 52 500 株 /hm² 增至 75 000 株 /hm²，20 世纪 70 年代和 21 世纪头 10 年品种氮肥生理利用率分别下降 60.90% 和 12.27%，20 世纪 80 年代和 90 年代品种分别增加 5.86% 和 79.22%；密度由 75 000 株 /hm² 增至 97 500 株 /hm²，20 世纪 70 年代、80 年代和 90 年代品种氮肥生理利用率分别下降 41.52%、49.53% 和 52.62%，21 世纪头 10 年品种氮肥生理利用率增加 22.52%。

3.4.2　东北春玉米品种各器官氮素含量对种植密度的响应

表 3-10 显示，各年代品种花期茎、叶氮含量和成熟期籽粒氮含量随密度的变化趋势不同，成熟期茎、叶氮含量不随密度变化而改变，氮收获指数随密度增加呈现下降趋势。

表 3-10　不同年代玉米品种各器官氮素含量和氮收获指数对密度的响应

品种年代	密度（株 /hm²）	花期茎氮含量（%）	花期叶氮含量（%）	成熟期籽粒氮含量（%）	成熟期茎氮含量（%）	成熟期叶氮含量（%）	氮收获指数（%）
1970s	30 000	1.20a	2.63a	1.61a	0.64a	1.43a	67.65a
	52 500	1.20a	2.40ab	1.59a	0.68a	1.38a	64.41b
	75 000	1.07b	2.28b	1.60a	0.73a	1.40a	62.66b
	97 500	1.21a	2.42b	1.59a	0.69a	1.44a	61.06b
1980s	30 000	1.19ab	2.47a	1.55a	0.68a	1.50a	67.11a
	52 500	1.18ab	2.54a	1.56a	0.75a	1.42a	57.34b
	75 000	1.11b	2.49a	1.56a	0.69a	1.42a	60.18b
	97 500	1.24a	2.51a	1.55a	0.78a	1.49a	58.49b

续表

品种年代	密度（株/hm²）	花期茎氮含量（%）	花期叶氮含量（%）	成熟期籽粒氮含量（%）	成熟期茎氮含量（%）	成熟期叶氮含量（%）	氮收获指数（%）
1990s	30 000	1.08a	2.59a	1.37ab	0.57a	1.49a	67.69a
	52 500	1.03ab	2.55a	1.41ab	0.71a	1.45a	63.14b
	75 000	0.96b	2.49a	1.36b	0.67a	1.49a	59.24c
	97 500	0.97b	2.47a	1.44a	0.64a	1.48a	58.11c
2000s	30 000	1.06a	2.57a	1.34a	0.59a	1.55a	64.45a
	52 500	1.05a	2.50ab	1.37ab	0.62a	1.52a	61.46ab
	75 000	0.99a	2.31b	1.37ab	0.59a	1.51a	61.36b
	97 500	1.04a	2.48ab	1.43a	0.62a	1.59a	54.28c

注：同一列不同小写字母表示同一年代内不同密度水平间在 0.05 水平差异显著

20 世纪 70 年代品种花期茎氮含量在 75 000 株/hm² 密度下最低，与另外 3 个密度下的茎氮含量差异显著；20 世纪 80 年代品种也在 75 000 株/hm² 密度下茎氮含量最低，但与 30 000 株/hm² 和 52 500 株/hm² 差异不显著，97 500 株/hm² 密度下茎氮含量最高，但与 30 000 株/hm² 和 52 500 株/hm² 差异也不显著；20 世纪 90 年代品种花期氮含量随密度增加呈显著降低趋势，密度每增加 10 000 株/hm²，茎氮含量平均以 0.02 个百分点的速度下降；21 世纪头 10 年品种茎氮含量不因密度变化而改变。

20 世纪 70 年代品种花期叶氮含量随密度增加呈下降趋势，密度每增加 10 000 株/hm²，叶氮含量平均以 0.03 个百分点的速度下降；20 世纪 80 年代和 90 年代品种叶氮含量不因密度变化而改变；21 世纪头 10 年品种叶氮含量随密度增加呈先降后升的变化趋势，75 000 株/hm² 时氮含量最低。

20 世纪 70 年代和 80 年代品种籽粒氮含量不随密度变化而改变；20 世纪 90 年代品种籽粒氮含量在 75 000 株/hm² 时最低，显著低于 97 500 株/hm²，与另外两个密度差异不显著；21 世纪头 10 年品种籽粒氮含量随密度提高呈增加趋势，每增加 10 000 株/hm²，籽粒氮含量平均以 0.012 个百分点的速度上升。

各年代品种氮收获指数随密度增加呈现下降趋势。种植密度从 30 000 株/hm² 增加到 52 500 株/hm²，20 世纪 70 年代、80 年代、90 年代和 21 世纪头 10 年品种氮收获指数分别下降 4.79%、14.56%、6.72% 和 4.64%；种植密度从 52 500 株/hm² 增加到 75 000 株/hm²，20 世纪 70 年代、90 年代和 21 世纪头 10 年品种氮收获指数分别下降 2.72%、7.97% 和 0.16%，20 世纪 80 年代品种氮收获指数增加 4.95%；种植密度从 75 000 株/hm² 增加到 97 500 株/hm²，20 世纪 70 年代、80 年代、90 年代和 21 世纪头 10 年品种氮收获指数分别下降 2.55%、2.81%、1.94% 和 11.54%。

3.4.3　东北春玉米品种氮肥效率对氮肥的响应

氮肥偏生产力随施氮量增加呈显著下降趋势，在每个施氮水平下，都表现为现代品种氮肥偏生产力高于老品种［图 3-8(a)］。氮肥施用量由 150kg/hm² 增至 300kg/hm²，20 世纪 70 年代、80 年代、90 年代和 21 世纪头 10 年品种氮肥偏生产力分别下降 47.10%、49.80%、45.64% 和 48.79%；氮肥施用量由 300kg/hm² 增至 450kg/hm²，20 世纪 70 年代、80 年代、90 年代和 21 世纪头 10 年品种氮肥偏生产力分别下降 37.87%、30.81%、35.22% 和 33.23%。

氮肥农学效率随施氮量增加呈显著下降趋势，在每个施氮水平下，都表现为 20 世纪 90 年代品种最高，其次是 21 世纪头 10 年品种，20 世纪 70 年代品种最低 [图 3-8(b)]。氮肥施用量由 150kg/hm² 增至 300kg/hm²，20 世纪 70 年代、80 年代、90 年代和 21 世纪头 10 年品种氮肥农学效率分别下降 24.37%、48.94%、32.87% 和 37.63%；氮肥施用量由 300kg/hm² 增至 450kg/hm²，20 世纪 70 年代、80 年代、90 年代和 21 世纪头 10 年品种氮肥农学效率分别下降 61.32%、19.87%、39.37% 和 35.52%。

氮肥吸收利用率随施氮量增加呈显著下降趋势，在每个施氮水平下，都表现为 21 世纪头 10 年品种氮肥吸收利用率最高 [图 3-8(c)]。氮肥施用量由 150kg/hm² 增至 300kg/hm²，20 世纪 70 年代、80 年代、90 年代和 21 世纪头 10 年品种氮肥吸收利用率分别下降 44.12%、26.82%、41.67% 和 35.28%；氮肥施用量由 300kg/hm² 增至 450kg/hm²，20 世纪 70 年代、80 年代、90 年代和 21 世纪头 10 年品种氮肥吸收利用率分别下降 5.48%、29.64%、19.76% 和 30.18%。

不同年代品种氮肥生理利用率对氮肥的响应趋势不同 [图 3-8(d)]。氮肥施用量由 150kg/hm² 增至 300kg/hm²，20 世纪 70 年代和 21 世纪头 10 年品种氮肥生理利用率分别下降 21.27% 和 39.62%，20 世纪 80 年代和 90 年代品种氮肥生理利用率分别提高 9.75% 和 12.55%；氮肥施用量由 300kg/hm² 增至 450kg/hm²，20 世纪 70 年代、80 年代和 90 年代品种氮肥生理利用率分别下降 46.34%、42.05% 和 50.76%，21 世纪头 10 年品种增加 87.24%。

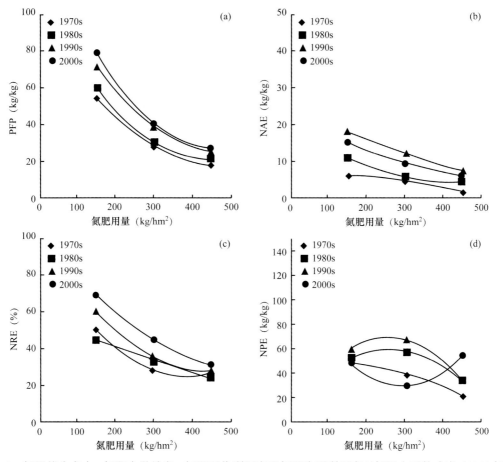

图 3-8 氮肥偏生产力、氮肥农学效率、氮肥吸收利用率和氮肥生理利用率对氮肥水平的响应（2010 年）

（a）氮肥偏生产力；（b）氮肥农学效率；（c）氮肥吸收利用率；（d）氮肥生理利用率

3.4.4 东北春玉米品种各器官氮素含量对氮肥的响应

表 3-11 显示，各年代品种花期茎、叶氮含量和成熟期籽粒氮含量随氮肥水平提高呈现显著增加趋势。成熟期茎、叶氮含量和氮收获指数对氮肥水平的响应各年代品种表现不同。

表 3-11　不同年代玉米品种各器官氮素含量和氮收获指数对氮肥的响应

品种年代	施氮量（kg/hm²）	花期茎氮含量（%）	花期叶氮含量（%）	成熟期籽粒氮含量（%）	成熟期茎氮含量（%）	成熟期叶氮含量（%）	氮收获指数（%）
1970s	0	0.99c	2.31b	1.55b	0.64a	1.39a	64.67a
	150	1.15b	2.36b	1.58b	0.71a	1.42a	64.01a
	300	1.23a	2.47ab	1.59ab	0.67a	1.41a	64.20a
	450	1.31a	2.58a	1.64a	0.71a	1.44a	63.19a
1980s	0	1.00c	2.37b	1.46c	0.66b	1.46a	60.20b
	150	1.15b	2.48b	1.54b	0.72a	1.44a	59.55b
	300	1.25a	2.49b	1.60ab	0.82a	1.47a	59.21b
	450	1.32a	2.66a	1.63a	0.72b	1.46a	64.55a
1990s	0	0.84c	2.43b	1.32b	0.62a	1.48ab	60.39c
	150	1.00b	2.49ab	1.40a	0.62a	1.43b	63.40a
	300	1.10a	2.61a	1.44a	0.67a	1.48ab	61.48bc
	450	1.09a	2.57ab	1.42a	0.67a	1.51a	62.91ab
2000s	0	0.88c	2.35b	1.27c	0.55c	1.50b	60.95ab
	150	1.03b	2.43ab	1.37c	0.57bc	1.50b	62.25a
	300	1.11a	2.56a	1.44a	0.67a	1.57ab	60.43b
	450	1.13a	2.53a	1.43a	0.64ab	1.59a	57.91c

注：同一列不同小写字母表示同一年代内不同氮肥水平间在 0.05 水平差异显著

氮肥用量由 0kg/hm² 增加至 150kg/hm²，20 世纪 70 年代、80 年代、90 年代和 21 世纪头 10 年品种花期茎氮含量分别提高 16.16%、15.00%、19.05% 和 17.05%；氮肥用量由 150kg/hm² 增加至 300kg/hm²，各年代品种花期茎氮含量分别提高 6.96%、8.70%、10.00% 和 7.77%；氮肥用量由 300kg/hm² 增加至 450kg/hm²，20 世纪 70 年代、80 年代和 21 世纪头 10 年品种花期茎氮含量分别提高 6.50%、5.60% 和 1.80%，20 世纪 90 年代品种下降 0.91%。

氮肥用量由 0kg/hm² 增加至 150kg/hm²，20 世纪 70 年代、80 年代、90 年代和 21 世纪头 10 年品种花期叶氮含量分别提高 2.16%、4.64%、2.47% 和 3.40%；氮肥用量由 150kg/hm² 增加至 300kg/hm²，各年代品种花期叶氮含量分别提高 4.66%、0.40%、4.82% 和 5.34%；氮肥用量由 300kg/hm² 增加至 450kg/hm²，20 世纪 70 年代和 80 年代品种花期叶氮含量分别提高 4.45% 和 6.83%，20 世纪 90 年代和 21 世纪头 10 年品种分别下降 1.53% 和 1.17%。

氮肥用量由 0kg/hm² 增加至 150kg/hm²，20 世纪 70 年代、80 年代、90 年代和 21 世纪头 10 年品种成熟期籽粒氮含量分别提高 1.94%、5.48%、6.06% 和 7.87%；氮肥用量由 150kg/hm² 增加至 300kg/hm²，各年代品种籽粒氮含量分别提高 0.63%、3.90%、2.86% 和 5.11%；氮肥用量由 300kg/hm² 增加至 450kg/hm²，20 世纪 70 年代和 80 年代品种籽粒氮含量分别提高 3.14% 和 1.88%，20 世纪 90 年代和 21 世纪头 10 年品种分别下降 1.39% 和 0.69%。

20世纪70年代和90年代品种成熟期茎氮含量未受氮肥水平影响，20世纪80年代品种在施氮300kg/hm² 时茎氮含量显著高于其他3个处理，其他3个处理间差异不显著；21世纪头10年品种成熟期茎氮含量随施氮量提高而呈先升后降趋势，氮肥用量由0kg/hm² 增加至150kg/hm²，茎氮含量提高3.63%，氮肥用量由150kg/hm² 增加至300kg/hm²，茎氮含量提高17.54%，氮肥用量由300kg/hm² 增加至450kg/hm²，茎氮含量降低4.48%。

20世纪70年代和80年代品种成熟期叶氮含量未随氮肥水平变化而改变；20世纪90年代品种成熟期叶氮含量对氮肥响应呈先降后升趋势，21世纪头10年品种施氮量分别为0kg/hm²、150kg/hm² 和300kg/hm² 时其叶片含量差异不显著，施氮量增至450kg/hm² 时叶片氮含量比0kg/hm² 和150kg/hm² 时显著增加。

20世纪70年代品种氮收获指数未因氮肥水平改变而发生显著变化，20世纪80年代品种在0～300kg/hm² 施氮水平范围内氮收获指数差异不显著，在施氮量450kg/hm² 时氮收获最高，显著高于其他氮肥水平处理。20世纪90年代品种在150kg/hm² 和450kg/hm² 施肥水平时氮收获指数最高，显著高于不施氮处理。21世纪头10年品种氮肥用量由0kg/hm² 增加至150kg/hm²，氮收获指数提高2.13%，氮肥用量由150kg/hm² 增加至300kg/hm²，氮收获指数下降2.92%，氮肥用量由300kg/hm² 增加至450kg/hm²，氮收获指数下降4.17%。

3.4.5 讨论

40年来，全世界粮食产量翻了一番，氮肥用量增长7倍，全世界谷类作物平均氮素利用率（NUE）仅为33%。提高作物对低氮胁迫的抗性，同时提高作物对氮素的积极响应一直是作物生产学科研究的一个重点。

理论与实践均已证明，增加群体密度是玉米增产的有效途径。美国玉米种植密度增加对产量的贡献大约占21%。随着种植密度增加，玉米对氮素的需求量也相应增加，因此，增施氮肥对玉米密植增产有效。氮肥效率受种植密度、施氮水平及施氮时期等因素互作影响。在高密度条件下，氮素代谢较为旺盛，氮运转率较高，削弱了营养器官的光合活性，从而限制碳水化合物对茎及籽粒的供给，最终影响产量和氮素利用率的提高。在品种演替过程中，不同年代品种对氮素的吸收、同化和转运存在差异。就氮素积累而言，21世纪头10年品种对密度的响应迟钝于其他年代品种，这正是21世纪头10年品种在较高密度下具有较高氮肥吸收利用率的原因。本研究中，氮肥与密度互作效应显著，氮肥效率随密度增加呈现抛物线形变化趋势，最高效率值出现在50 000～75 000株/hm² 范围内，现代品种最高氮效率的种植密度高于老品种，说明东北三省品种改良过程中，氮效率与耐密性同步提高。当前东北三省玉米种植密度为45 000～50 000株/hm²，远低于本研究中最高氮效率所对应的密度，因此，东北三省玉米高产高效生产必须提高种植密度。而种植密度的提高需要有耐密性品种和密植栽培技术相配套。选育耐密性品种需要较长的周期，就当前品种而言，可以采取适当的栽培措施，如化学调控等手段适度增密，建立密植健康群体，从而实现密植增产增效。

化肥对作物的增产效应遵循养分报酬递减规律，氮肥效率最高并不与产量最高同步。本研究中，各年代玉米品种氮肥效率随施氮水平增加呈显著下降趋势，可见高产与氮高效需要进一步协调。协调途径以进一步提高品种自身氮肥利用效率为主，选育氮高效型品种也越来越受重视。当前东北三省品种选育所采用的肥水条件偏高，不利于选育氮高效品种，今后应加强低氮胁迫下选育氮高效型品种。与本研究中 21 世纪头 10 年品种获得最高产量的理想氮素水平相比，目前东北三省玉米高产栽培中 350～400kg/hm² 的氮肥用量偏高。本研究结果还表明，21 世纪头 10 年品种在施氮 150kg/hm²、300kg/hm² 和 450kg/hm² 条件下，产量增幅不明显，各年代品种在 150kg/hm² 施氮水平下氮肥效率最高。美国玉米自 20 世纪 80 年代以来，氮肥施用量基本保持在 145～150kg/hm²，产量在 11t/hm² 以上。因此，从玉米高产高效角度出发，东北三省在当前施肥水平下可以通过减少氮肥施用量进而大幅度提高氮肥效率。本研究中 20 世纪 70 年代、80 年代、90 年代和 21 世纪头 10 年品种分别在 283kg/hm²、365kg/hm²、332kg/hm² 和 331kg/hm² 施氮水平下获得最高产量。综合以上分析，东北三省玉米高产高效生产氮肥水平以 150～330kg/hm² 协调为宜。

根据前文所述，本研究主要结论如下。

（1）东北春玉米品种演替过程中，生产力、氮肥效率与抗逆性明显提高，与国外经验相比，东北春玉米品种改良潜力很大，今后应注重加大品种逆境选择压力，加强耐密品种与氮高效品种选育。

（2）各年代品种随种植密度增加，植株重心显著上移，这种上移趋势在现代品种中表现得更为明显，植株重心上移将增加倒伏的风险，因此，当前育种过程中应注重对穗位的选择。氮肥用量增加促进植株营养体生长，注意氮肥用量过多时所引起的贪青晚熟。

（3）与欧美国家相比，我国玉米品种耐密性还存在明显不足，品种耐密性改良仍有很大的潜力。东北三省现有品种增施氮肥群体产量增加效果不明显，通过增施肥料增产的潜力有限。当前生产实际中高产施肥水平明显高于品种最高产量所需要的理想氮肥水平，因此，在耕作栽培上可以通过减少氮肥用量或稳定氮肥用量增加密度，达到增产目的，在增加密度的同时注意增强植株的抗倒伏能力，最终实现玉米高产高效的协调。东北三省今后育种策略应注重提高品种逆境选择压力，选育抗逆性强的品种。

（4）东北三省在 20 世纪 70 年代至 21 世纪头 10 年的玉米品种更替过程中，籽粒产量和氮肥效率均明显提高。但与欧美国家相比，玉米品种氮肥效率改良仍有很大的潜力。当前东北三省氮肥高效利用主要受种植密度低、氮肥用量高所制约；现有品种群体产量对氮肥响应不敏感，增施氮肥增产潜力有限，生产上应适度减少氮肥用量。本研究结果显示，东北三省玉米高产高效生产种植密度以 75 000 株/hm² 为宜，氮肥水平以不超过 330kg/hm² 为限。今后育种策略中应注重提高品种逆境选择压力，选育耐密、耐瘠薄、氮高效型品种。

参 考 文 献

谢振江，李明顺，徐家舜，等 .2009. 遗传改良对中国华北不同年代玉米单交种产量的贡献 . 中国农业科学，42（3）：781-789.

张福锁，王激清，张卫峰，等 .2008. 中国主要粮食作物肥料利用现状与提高途径 . 土壤学报，45（5）：915-924.

Cardwell V B. 1982. Fifty years of Minnesota corn production: Sources of yield increase. Agronomy Journal, 74: 984-990.

Carlone M R, Russell W A. 1987. Response to plant densities and nitrogen levels for four maize cultivars from different eras of breeding. Crop Science, 27: 465-470.

Ciampitti I A, Vyn T J. 2011. A comprehensive study of plant density consequences on nitrogen uptake dynamics of maize plants from vegetative to reproductive stages. Field Crops Research, 121: 2-18.

Duvick D N, Cassman K G. 1999. Post-green revolution trends in yield potential of temperate maize in the North-central United States. Crop Science, 39: 1622-1630.

Duvick D N, Smith J S C, Cooper M. 2004. Long-term selection in a commercial hybrid maize breeding program // Janick J. Plant Breeding Reviews. New York: Wiley.

Eyherabide G H, Damilano A L. 2001. Comparison of genetic gain for grain yield of maize between the 1980s and 1990s in Argentina. Maydica, 46: 277-281.

Frei O M. 2000. Changes in yield physiology of corn as a result of breeding in northern Europe. Maydica, 45: 173-183.

Good A G, Shrawat A K, Muench D G. 2004. Can less yield more? Is reducing nutrient input into the environment compatible with maintaining crop production? Trends in Plant Science, 9: 597-605.

Luque S F, Cirilo A G, Otegui M E. 2006. Genetic gains in grain yield and related physiological attributes in Argentine maize hybrids. Field Crops Research, 95: 383-397.

Moll R H, Kamprath E J, Jackson W A. 1982. Analysis and interpretation of factors which contribute to efficiency of nitrogen utilization. Agronomy Journal, 74: 562-564.

Ollenaar M, Wu J. 1999. Yield improvement in temperate maize is attributable to greater stress tolerance. Crop Science, 39: 1597-1604.

Osaki M, Makoto L, Toshiaki T. 1995. Ontogenetic changes in the contents of ribulose-2, 5-bisphosphate carboxylase/oxygenase, phosphoenolpyruvate carboxylase, and chlorophyll in individual leaves of maize. Soil Science Plant Nutrient, 41: 285-293.

Qiao C G, Wang Y J, Guo H A, et al. 1996. A review of advances in maize production in Jilin Province during 1974-1993. Field Crops Research, 47: 65-75.

Russell W A. 1991. Genetic improvement of maize yields. Advance in Agronomy, 46: 245-298.

Sangoi L, Gracietti M A, Rampazzo C, et al. 2002. Response of Brazilian maize hybrids from different eras to changes in plant density. Field Crops Research, 79: 39-51.

Tokatlidis I S, Koutroubas S D. 2004. A review of maize hybrids' dependence on high plant populations and its implications for crop yield stability. Field Crops Research, 88: 103-114.

Tollenaar M, Lee E A. 2002. Yield potential, yield stability and stress tolerance in maize. Field Crops Research, 75: 161-169.

Tollenaar M, Wu J. 1999. Yield Improvement in temperate maize is attributable to greater stress tolerance. Crop Science, 39: 1597-1604.

Traore S B, Carlson R E, Pilcher C D, et al. 2000. Bt and non-Bt maize growth and development as affected by temperature and drought stress. Agronomy Journal, 92: 1027-1035.

Troyer A F. 1996. Breeding widely adapted, popular maize hybrids. Euphytica, 92: 163-174.

Wang T Y, Ma X L, Yu L, et al. 2011. Changes in yield and yield components of single-cross maize hybrids released in China between 1964 and 2001. Crop Science, 51: 512-525.

第4章 东北春玉米对区域水热变化的响应与适应

在气候变暖的影响研究中，由于区域热量条件的改变，气候变化使我国长期形成的农业生产格局和种植模式受到冲击。温度的升高虽然为农业生产提供了更多的热量资源，但同时也存在诸多的不利方面。如东北地区因其纬度偏高，增暖明显，降水量减少，干旱显著增加，农业生产受到较大影响，集中表现在以下3个方面：一是农业生产不稳定性增加，产量波动大；二是农业生产布局和结构将出现变动，作物种植制度可能发生较大变化；三是农业生产条件的改变，增加了农业成本和农业投资的幅度，对当地农业生产影响显著。目前，对东北地区气候变化的影响研究大多是对增温的正效应关注较多，而且就气候变化对农业生产的研究来看，也多是利用各种模式模拟不同情况下未来气候变化对作物产量的影响，对于过去农业气候资源的综合演化情况研究还不够，对空间与时间的交互研究深度也不够。同时，由于全球气候的变化，势必会引起与农业生产有关的农业气候资源在数量、质量上的时间和空间变化，加大了农业生产的不稳定性，从而使我国农业发展又面临新的考验。探究如何客观评价东北气候变暖对东北玉米生产造成的影响及气候资源的变化趋势和利用情况，分析这种变化对农业气候生产潜力造成的影响，为制定合理的农业种植制度、实现优质高产高效农业提供科学的理论依据，正是本研究的主旨所在。

4.1 东北春玉米主产区水热特征及其变化趋势

4.1.1 玉米生长季气温的时间变化特征

4.1.1.1 玉米生长季日平均温度变化

1970～2010年黑龙江、吉林、辽宁和东北三省玉米生长季日平均温度均呈上升趋势（图4-1），增温趋势极显著。黑龙江、吉林、辽宁和东北三省玉米生长季日平均温度每10年分别增加0.34℃、0.32℃、0.31℃和0.32℃；40年来平均值分别为17.5℃、18.5℃、20.6℃和18.7℃。20世纪90年代以后，日平均温度均高于40年的平均值，说明近20年来增温显著。东北三省从地理位置方面比较，平均温度从北向南递增，但是增温趋势递减，即黑龙江增温幅度最大、吉林次之、辽宁增温幅度最小。

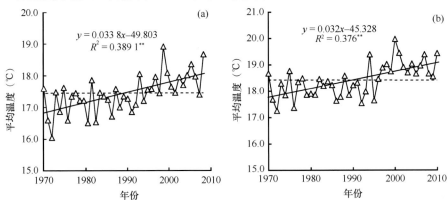

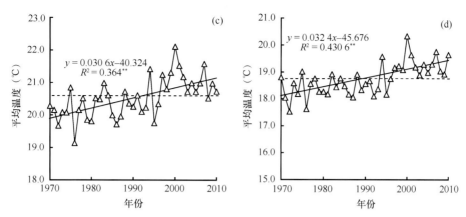

图4-1　黑龙江（a）、吉林（b）、辽宁（c）和东北三省（d）玉米生长季日平均温度年际变化（1970～2010年）

数据来源于国家气象局东北 72 个气象监测站 1970～2010 年的监测数据，下同

4.1.1.2　玉米生长季日最高温度变化

1970～2010 年黑龙江、吉林、辽宁和东北三省玉米生长季日最高温度均呈上升趋势（图4-2），增加趋势较为显著。

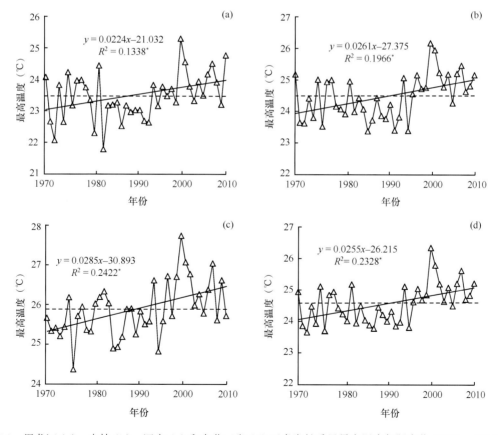

图4-2　黑龙江（a）、吉林（b）、辽宁（c）和东北三省（d）玉米生长季日最高温度年际变化（1970～2010年）

黑龙江、吉林、辽宁和东北三省玉米生长季日最高温度每 10 年分别增加 0.22℃、

0.26℃、0.28℃和0.26℃，较日平均温度增加幅度小。近40年来最高温度的平均值分别为23.5℃、24.5℃、25.8℃和24.6℃。与平均温度相似，增温明显时期是20世纪90年代以后，与平均温度变化趋势不同的是温度升高幅度从北向南递增，黑龙江增温幅度最小，吉林次之，辽宁增温幅度最大。

4.1.1.3　玉米生长季日最低温度变化

1970～2010年黑龙江、吉林、辽宁和东北三省玉米生长季日最低温度也均呈上升趋势（图4-3），增温幅度极显著。黑龙江、吉林、辽宁和东北三省玉米生长季日最低温度每10年分别增加0.46℃、0.40℃、0.40℃和0.43℃，较平均温度和最高温度高，说明东北地区增温主要是夜间增温明显，而白天增温幅度相对较小。近40年最低温度的平均值分别为11.8℃、13.1℃、15.7℃和13.4℃，20世纪90年代中期以后温度值均高于平均值。最低温度增幅从北向南增温趋势递减，黑龙江增温幅度最大，吉林次之，辽宁增温幅度最小。总体来看，1970～2010年平均温度、最高温度和最低温度均是黑龙江最低，吉林次之，辽宁最高。但增温幅度上，平均温度、最低温度以北部黑龙江增加最为明显，吉林次之，辽宁最小，而最高温度增加幅度上以最南部的辽宁增加最为明显，吉林次之，北部的黑龙江最低。增温幅度上最低温度增加最为明显，其次为平均温度，而最高温度增加幅度相对最小。

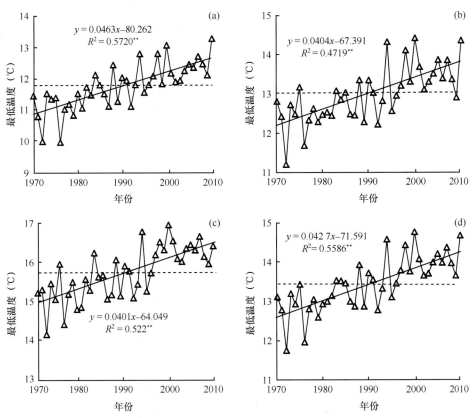

图4-3　黑龙江（a）、吉林（b）、辽宁（c）和东北三省（d）玉米生长季日最低温度年际变化（1970～2010年）

4.1.1.4　玉米生长季≥10℃活动积温变化

1970～2010年黑龙江、吉林、辽宁和东北三省玉米生长季≥10℃活动积温均呈上升趋势（图 4-4），上升趋势极显著。黑龙江、吉林、辽宁和东北三省 ≥ 10℃的活动积温每年分别增加 6.2℃、6.1℃、5.1℃和 5.8℃；近 40 年的平均值分别为 2580℃、2750℃、3130℃和 2830℃。1970 ～ 2010 年 ≥ 10℃活动积温黑龙江最低，吉林次之，辽宁最高。从北向南的增长趋势递减，黑龙江增幅最大，吉林次之，辽宁增幅最小。

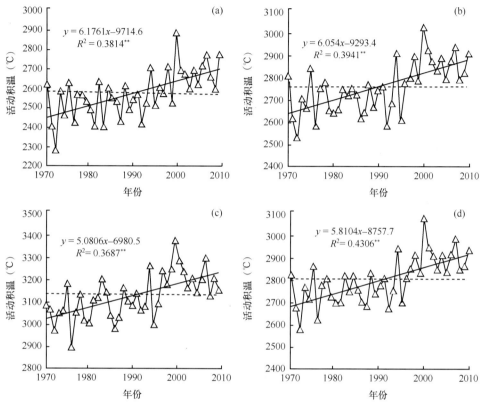

图 4-4　黑龙江（a）、吉林（b）、辽宁（c）和东北三省（d）玉米生长季 ≥ 10℃活动积温年际变化（1970 ～ 2010 年）

4.1.2　玉米生长季气温的空间变化特征

4.1.2.1　玉米生长季气温变化绝对值

东北三省玉米生长季温度变化绝对值空间分布特征见图 4-5。日平均温度在黑龙江北部和辽宁西南部增加最高，增加了 1.4℃；其次表现为，东北西部地区日平均温度增加仅次于黑龙江北部和辽宁西南，增加幅度达到 1.2℃；中部和东部增加分别大于 0.8℃和 0.6℃。仅在黑龙江最北边缘出现降温现象，但是此区域是非玉米种植区。东北地区日最高温度增温大于 0.9℃的占到区域一半，在黑龙江北部和辽宁西南增温最显著，增温幅度高于 1.3℃，黑龙江东北部、整个辽宁和吉林西南每年增温都超过 0.9℃；其他区域超过一半地区增温 0.7℃以上，黑龙江和吉林的东部日最高温度增温最低，分别为 0.3℃和 0.1℃。总体来看，最高温度主要是南部地区增加明显，中部地区和东部地区相对较小。日最低温度与日平均温度和日最高温度变化趋势都不同，整体上可分成三部分：去除黑龙江西北部边缘的非玉米种植区，大约 1/3 地区增温超过 1.5℃，包括黑龙江大部分地区和吉林西部及辽宁西南部；1/3 地区温度增加超过 0.9℃，包括黑龙江东北部、吉林南部和辽宁北部；剩下的区域增温大于1.2℃。而≥10℃的有效积温增加趋势与日平均温度增加趋势有地域的相似性。整个东北地区从东西方向上分，西部增加幅度最大，最大的区域均为黑龙江西北，其次是辽宁西南、黑龙江和吉林的西部，增加超过205℃。从西向东，增加幅度递减，每年分别增加达175℃、145℃和115℃以上。

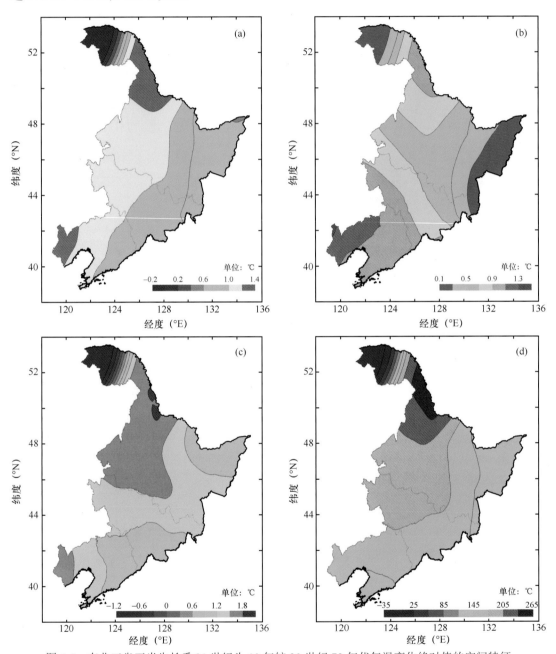

图4-5　东北三省玉米生长季21世纪头10年较20世纪70年代气温变化绝对值的空间特征

（a）日平均温度变化绝对值；（b）日最高温度变化绝对值；（c）日最低温度变化绝对值；（d）≥10℃有效积温变化绝对值

4.1.2.2　玉米生长季气温变化趋势

1970～2010年东北三省玉米生长季日平均温度、日最高温度、日最低温度、≥10℃的有效积温变化趋势的空间分布见图 4-6。

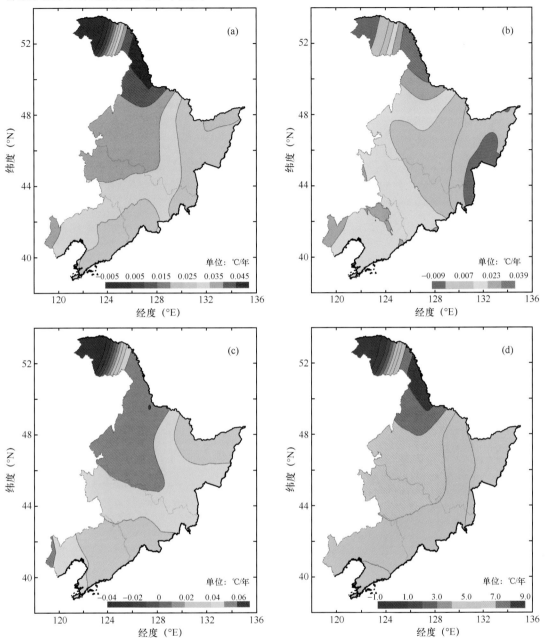

图 4-6　1970 ～ 2010 年东北三省玉米生长季气温变化趋势的空间特征

（a）日平均温度变化趋势；（b）日最高温度变化趋势；（c）日最低温度变化趋势；（d）≥10℃有效积温变化趋势

　　从东西方向分，东北地区西部，大约一半地区的日平均温度增温趋势大于 0.035℃ / 年，其中增温趋势最大的在黑龙江西北部，增温趋势达 0.04 ～ 0.05℃ / 年，其次是东北地区的西部和辽宁的西南部；再次是中部，增温趋势也高于 0.03℃ / 年；区域最东部增温趋势较低，为 0.025℃ / 年；黑龙江的东北部增温趋势最低，为 0.020℃ / 年。在黑龙江的西北部边缘地区日平均温度有下降趋势，为非玉米种植区。日最高温度，在非玉米种植区出现最大的增温趋势，因为本地区温度较低，温度稍微增加一点可以导致较大的变动趋势，但是最小的增温趋势也在非玉米种植区，即黑龙江西北部边缘地区。东北地区一半地区增温幅度大于0.024℃/年，主要分布在东北的西部。余下地区主要是中部和东北部，其增温幅度分别大于0.019℃/年和0.014℃/年。日最低温度增温趋势整体上可分成3部分：去除黑龙江西北部边缘的非玉米种植区，大约1/3地区增温趋势大于0.060℃/年，包括黑龙江和吉林西部及辽宁西南部；1/3增温趋势大于0.020℃/年，包括黑龙江东北部、吉林南部和辽宁北部；剩下的区域增温趋势大于0.050℃/年，可以看出日最低温度变化趋势上以北部趋势明显。≥10℃的有效积温增加趋势与日平均温度类似，整个东北地区从东西方向上分，西部增加最大，最高值区域均为黑龙江西北，其次是黑龙江和吉林的西部，增加趋势大于6.0℃/年。从西向东，增加趋势递减，分别大于5.0℃/年和4.0℃/年。辽宁东南增温趋势大于3.0℃/年。总体来看，1970～2010年东北三省玉米生长季气温变化趋势的空间特征是日平均温度、日最高温度、日最低温度、≥10℃的有效积温有着整体上的相似性，均是西部大于东部，北部大于南部。

4.1.3　玉米生长季日照时数的时间变化特征

1970～2010年黑龙江、吉林、辽宁和东北三省玉米生长季日照时数均呈下降趋势（图4-7），趋势上每年分别减少1.1h、1.9h、1.8h和1.6h；近40年来各区域平均值分别为1205h、1132h、1136h和1158h。日照时数以黑龙江最高，辽宁次之，吉林最低。玉米生长季日照时数减少幅度以黑龙江最小，辽宁次之，吉林减少幅度最大。

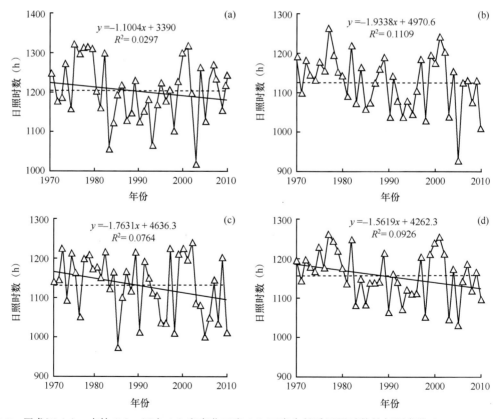

图4-7　黑龙江（a）、吉林（b）、辽宁（c）和东北三省（d）玉米生长季日照时数的年际变化（1970～2010年）

4.1.4　玉米生长季日照时数的空间分布特征

东北三省玉米生长季日照时数在 1970 ~ 2010 年的绝对值与变化趋势空间分布如图 4-8 所示。日照时数的绝对值只在极小范围内是增加的，包括黑龙江东北、西北边缘和吉林东部边缘；剩下的东北地区日照时数均减少，其中在黑龙江西南和吉林的西部日照时数下降最多，高达 110h。大部分地区日照时数下降 50 ~ 80h。日照时数的变化趋势表现相似，即只在极少地区呈增加趋势，主要在黑龙江西北和东部增加较多，每年增加 0.5h 以上，而最大增加趋势每年可达到 2.0h。大部分地区日照时数呈下降趋势，在黑龙江西南和吉林西部日照时数较少趋势最大，每年减少高达 3.5h。而对于整个东部地区，大范围的日照时数减少为 0.5 ~ 2.5h/ 年。

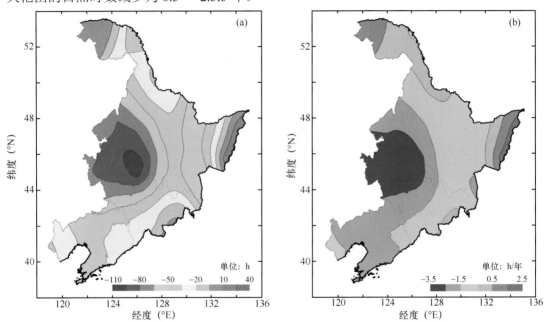

图 4-8　1970 ~ 2010 年东北三省玉米生长季日照时数的空间分布特征

（a）日照时数变化绝对值；（b）日照时数变化趋势

4.1.5　玉米生长季降水的时间变化特征

4.1.5.1　玉米生长季总降水量变化

1970 ~ 2010 年黑龙江、吉林、辽宁和东北三省玉米生长季总降水量均呈轻微下降趋势（图 4-9），每年分别下降 0.1mm、0.3mm、0.9mm 和 0.4mm；近 40 年的平均值分别为 430mm、500mm、550mm 和 490mm。总降水量以黑龙江最低，吉林次之，辽宁最高；符合水热同步的气候特征。玉米生长季总降水量黑龙江减少幅度最小，吉林次之，辽宁减少的幅度最大。

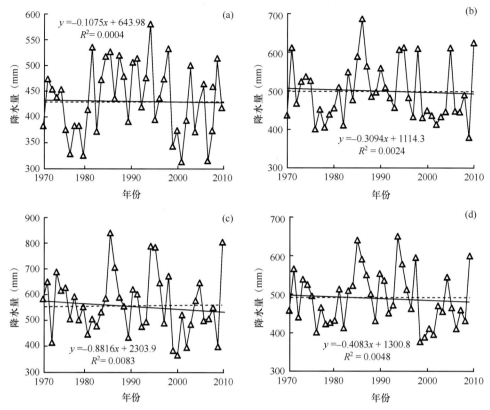

图4-9　黑龙江（a）、吉林（b）、辽宁（c）和东北三省（d）玉米生长季总降水量的年际变化（1970～2010年）

4.1.5.2　玉米生长季降水日数变化

1970～2010年东北玉米生长季降水日数变化见图4-10。黑龙江、吉林、辽宁和东北三省玉米生长季降水日数均呈下降趋势（图4-10），每10年分别减少1.8d、1.9d、2.0d和1.9d；近40年的生长季降水日数平均值分别为62.0d、62.5d、51.0d和59.0d。生长季降水日数以吉林最多，黑龙江次之，辽宁最少；玉米生长季降水日数减少幅度以黑龙江最小，吉林次之，辽宁最大。

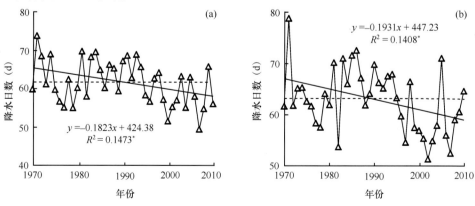

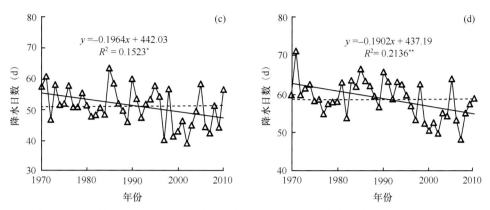

图4-10　黑龙江（a）、吉林（b）、辽宁（c）和东北三省（d）玉米生长季降水日数的年际变化（1970～2010年）

4.1.5.3　玉米生长季日降水量变化

图4-11为玉米生长季日降水量变化情况。从图中可以看出，1970～2010年黑龙江、吉林、辽宁和东北三省玉米生长季日降水量均呈上升趋势（图4-11），每10年分别增加0.18mm/d、0.19mm/d、0.21mm/d和0.19mm/d；近40年的平均值分别为7.0mm/d、7.9mm/d、10.8mm/d和8.3mm/d。日降水量以黑龙江最少，吉林次之，辽宁最多；日降水量增加的主要原因是降水量变化不大，而降水日数减少显著，可以看出东北地区强降水的天数增加，降水的集中程度也增加，这说明其与气候变暖有着密切关系。

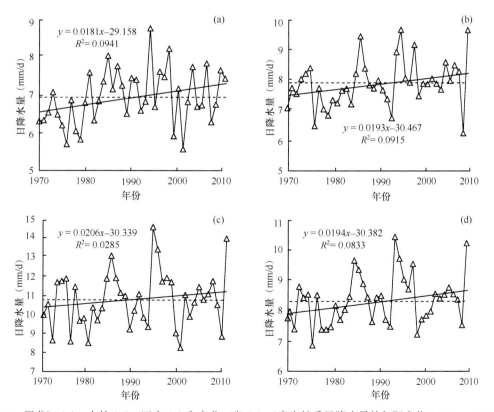

图4-11　黑龙江（a）、吉林（b）、辽宁（c）和东北三省（d）玉米生长季日降水量的年际变化（1970～2010年）

4.1.6 玉米生长季降水的空间分布特征

4.1.6.1 玉米生长季降水变化绝对值

东北三省玉米生长季总降水量、降水日数与日降水量在21世纪头10年与20世纪70年代相比的变化绝对值空间分布如图4-12所示。

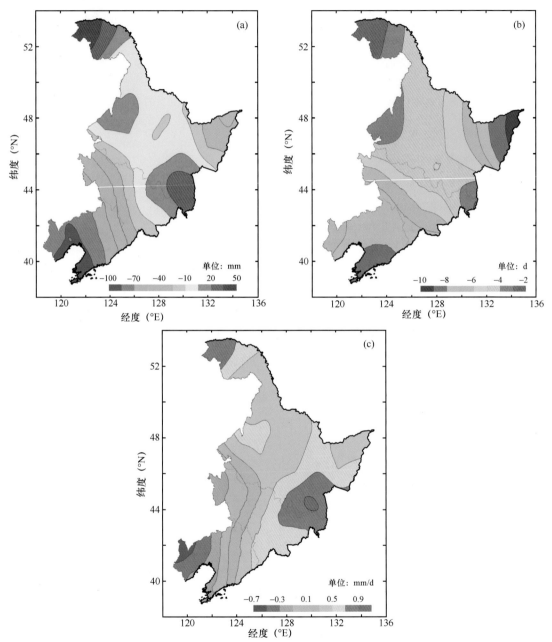

图4-12　1970～2010年东北三省玉米生长季降水变化绝对值的空间分布

（a）总降水量变化绝对值；（b）降水日数变化绝对值；（c）日降水量变化绝对值

总降水量在东北地区整体是下降的，只在黑龙江西北边缘、西部和吉林东部极少范围内是增加的，且增加值在50mm内。大部分地区的总降水量是减少的，吉林整体和黑龙江东北部减少最大，尤其是吉林南部，减少值超过 85mm。其余地区减少值在 25mm 上下波动。

降水日数变化的空间分布与总降水量的空间分布相似。但是降水日数在整个东北地区均是减少的，减少最少的地区是黑龙江西北边缘、西部和东部及吉林东部的极小范围内，且减少值为 2 ~ 4d。大部分地区减少值为 4 ~ 6d，主要是黑龙江和吉林的大部分地区，尤其是吉林南部减少最多，减少值可达 10d。

日降水量变化的空间分布与总降水量和降水日数变化的空间分布在整体上相似。在黑龙江西北边缘和东南部及吉林东部增加最多，尤其是吉林东部极小范围内增加最大值可达到 1.1mm。整个东北地区大部分日降水量增加都在 0.1mm 以上。在吉林西部和辽宁西南部日降水量出现减少，减少最大值是 0.7mm。

4.1.6.2　玉米生长季降水变化趋势

1970 ~ 2010 年东北三省玉米生长季总降水量、降水日数和日降水量变化趋势的空间分布如图 4-13 所示。

总降水量约在东北 1/3 的地区呈增加趋势，主要在黑龙江西北部、东南部和吉林东部及辽宁东北部，最大增加趋势可达到 1.0mm/ 年，最大增加趋势只在黑龙江西北边缘的非玉米种植区。中部地区的一半下降趋势在 0.5mm/ 年之内，但是在黑龙江中部也同黑龙江东北部、吉林西部和吉林东南呈现出最大的下降趋势，最大每年下降 2.0mm。降水日数在整个东北地区均呈下降趋势，下降趋势最小出现在黑龙江西部边缘，每年最大减少 0.11d。其次是黑龙江西部，每年最多减少 0.14d。东北地区大部分地区的降水日数减少 0.14 ~ 0.20d，主要是东北地区的西部，以及黑龙江东南和吉林东北。降水日数减少最大的地区是黑龙江东北部，每年最大减少 0.32d。日降水量在东北绝大部分呈增加趋势，仅在吉林最西部小范围内出现下降趋势，且下降趋势也很小，每年下降最大值是 0.006mm。而日降水量增加趋势最大的区域是黑龙江西部边缘非玉米种植区和吉林东南、辽宁东北，每年增加最大值可到达 0.039mm。其他地区每年增加值为 0.019mm 左右。

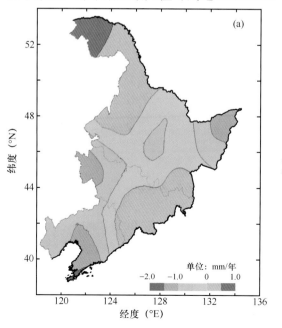
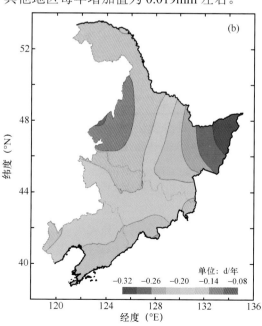

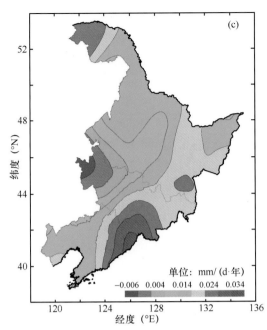

图 4-13　1970 ～ 2010 年东北三省玉米生长季降水变化趋势的空间分布

（a）总降水量变化趋势；（b）降水日数变化趋势；（c）日降水量变化趋势

4.2　东北春玉米生产潜力对区域水热变化的响应特征

4.2.1　气候生产潜力

　　光、温、水是作物进行物质生产的重要物质，如果没有适合的综合环境条件将会影响作物生产力。因此，本研究采用作物生长过程中的经验统计模型，对东北春玉米气候生产潜力的时空变化进行分析。气候生产潜力是指充分和合理利用当地的光、热、水气候资源，而其他条件（如土壤、养分、二氧化碳等）处于最适状况时单位面积土地上可能获得的最高生物学产量或农业产量。

　　从时间演变来看（图 4-14），东北春玉米气候生产潜力呈现上升趋势，上升幅度最大的为 20 世纪 90 年代，由于气候生产潜力加入了水分因子，20 世纪 70 年代降水最少，气候生产潜力出现下降，20 世纪 60 年代、70 年代、80 年代、90 年代和 21 世纪头 10 年的气候生产潜力分别为 16 442kg/hm²、16 306kg/hm²、16 671kg/hm²、17 289kg/hm² 和 16 772kg/hm²。21 世纪头 10 年出现下降主要是由于各种气候资源不协调。

　　从空间分布上来看（图 4-15），东北春玉米的气候生产潜力由南向北依次减少，最高地区为辽宁南部，最低为漠河一带，最高值可达 23 000kg/hm² 左右，而最低区只有 6000kg/hm²，南部地区差异较大。从时间上看，20 世纪 70 年代和 60 年代相比，70 年代主要是中北部地区有所减少，而 80 年代中部地区增加较明显，90 年代西部和北部增加明显，而 21 世纪头 10 年中部和北部较 20 世纪 90 年代均出现一定的下降，较 20 世纪 60 年代来说中部和西部有所增加，而南部降低。

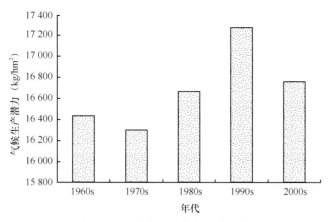

图 4-14　东北春玉米气候生产潜力

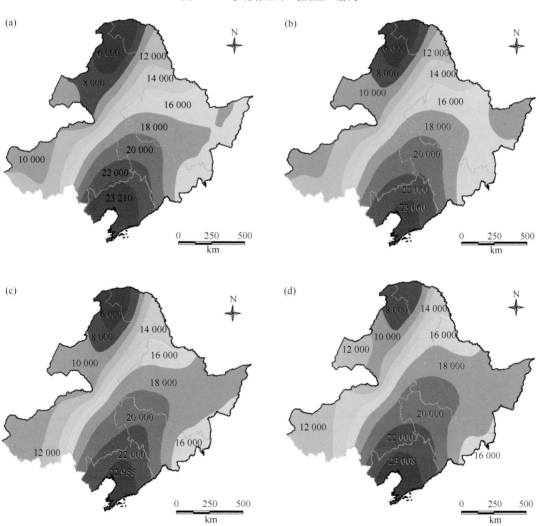

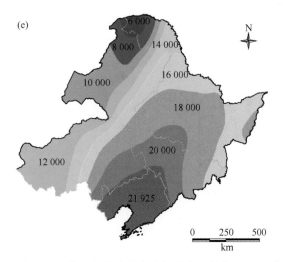

图 4-15 东北春玉米气候生产潜力空间分布（单位：kg/hm²）

（a）20 世纪 60 年代；（b）20 世纪 70 年代；（c）20 世纪 80 年代；（d）20 世纪 90 年代；（e）21 世纪头 10 年

4.2.2 各省（自治区）气候生产潜力

对 1990～2007 年平均气候资料进行分析，计算各省（区）气候生产潜力（图 4-16），发现玉米气候生产潜力最高的为辽宁省，达到 21 975kg/hm²，其次为吉林省，最低为内蒙古东部地区，气候生产潜力仅为 13 872kg/hm²。

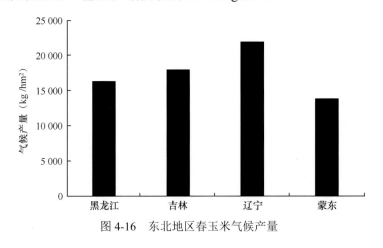

图 4-16 东北地区春玉米气候产量

4.3 东北春玉米生产对区域水热变化的适应特征

4.3.1 东北春玉米的品种变化

从春玉米产量分析来看，春玉米具有一定的环境适应能力，这种适应是在人的行为下进行的，春玉米的适应能力是建立在生长发育的一些变化过程中，为了分析春玉米自适应能力，本研究选取了辽宁和黑龙江两省不同时期的春玉米品种进行分析，其中辽宁 291 个品种，黑龙江 184 个品种，分析了玉米百粒重、生育期和产量等因素的变化,进而了解春玉米的环境适应性。百粒重方面,黑龙江省的品种在各年代差异不大,而辽宁省从 20 世纪 60 年代开始一直上升,21 世纪达到最大的 36g。而 20 世纪 60 年代只有 26g,增加了 38%(图 4-17)。从春玉米生育期长短来看(图 4-18),辽宁省春玉米品种 20 世纪 50 ~ 80 年代生育期有所缩短,而从 20 世纪 90 年代后开始增加,到 21 世纪头 10 年春玉米生育期超过 20 世纪 50 年代和 60 年代,达到 116d。黑龙江省春玉米生育期在不断延长,到 21 世纪头 10 年春玉米品种生育期达 130d,较 20 世纪 70 年代增加了 6d。黑龙江省增温最为明显,而品种生育期相对延长,说明气候变暖下,春玉米为了适应气候的变化,自身在不断调整,以适应环境的变化。从产量分析来看(图 4-19),春玉米产量在辽宁省不断上升,特别是 20 世纪 90 年代以来上升幅度较大,到 21 世纪品种平均单产达到 10 000kg/hm²,几乎为 20 世纪 50 年代的 3 倍;黑龙江产量也在不断提高,但增加的幅度相对较小。21 世纪头 10 年以来所有品种平均产量也达到 9400kg/hm²。气候变暖并未影响到春玉米品种的产量,选育的品种产量在不断提高。这正是春玉米在选种过程中不知不觉完成了自适应过程。

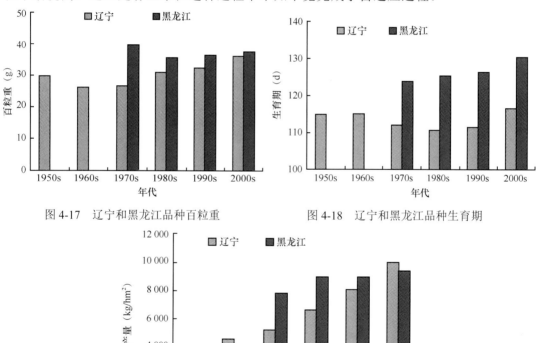

图 4-17　辽宁和黑龙江品种百粒重　　　　图 4-18　辽宁和黑龙江品种生育期

图 4-19　辽宁和黑龙江品种产量

因未收集到黑龙江省春玉米品种百粒重、生育期及产量在 20 世纪 50 年代和 60 年代的数据,故图 4-17 至图 4-19 没有体现

4.3.2　东北春玉米生育期变化

为了分析春玉米播种期、成熟期和生育期长短变化特征,从中国气象局国家气象信息中心获取 4 个省(自治区)55 个物候观测站点春玉米的播种时间和成熟时间,通过插

值分析，得出 1994 年、2000 年和 2008 年东北地区实际生产过程中春玉米播种期、成熟期及生育期日数空间分布图，如图 4-20 和图 4-21 所示。

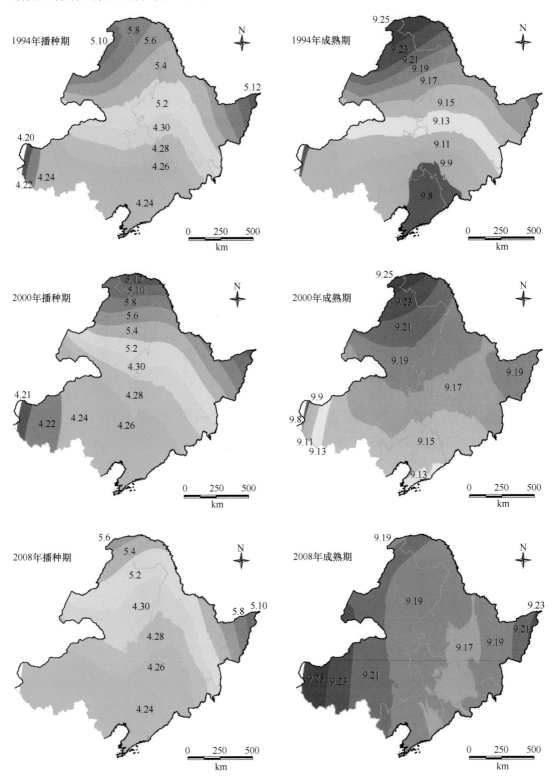

图 4-20　春玉米播种期与成熟期空间分布

从图 4-20 可知，春玉米播种期均由南向北依次推迟，去除西部和北部地区不适宜春玉米生长的地区，最早播种的地区为辽宁南部，播种期一般在 4 月 24 日～26 日；而最迟播种的地区为黑龙江北部地区，一般为 5 月 5 日～12 日。从时间上看，2008 年春玉米播种期明显较 1994 年提前，北部提前天数较多，南部变化不大，中部地区一般提前 2d 左右。从成熟期来看，3 个年度最先成熟的均为南部地区，1994 年辽宁南部春玉米成熟期为 9 月 8 日左右，最晚成熟的为北部地区，为 9 月中下旬。2000 年春玉米成熟期普遍较 1994 年推迟，特别是中部和南部地区，推迟天数达 6d 之久，而 2008 年整个中部地区由南向北均推迟到 9 月 19 日左右，较 2000 年推迟 3～5d，东部和西部推迟更多。春玉米实际生育期日数空间分布特征（图 4-21）：中部地区主要为春玉米生产区域，在这个区域明显看得出春玉米生育期在不断延长，1994 年大致为 142d，到 2000 年生育期为 142～144d，而到 2008 年大部分地区生育期在 146d 以上，辽宁南部甚至达到 150d，相对于 1994 年，生育期延长了 6d 左右。

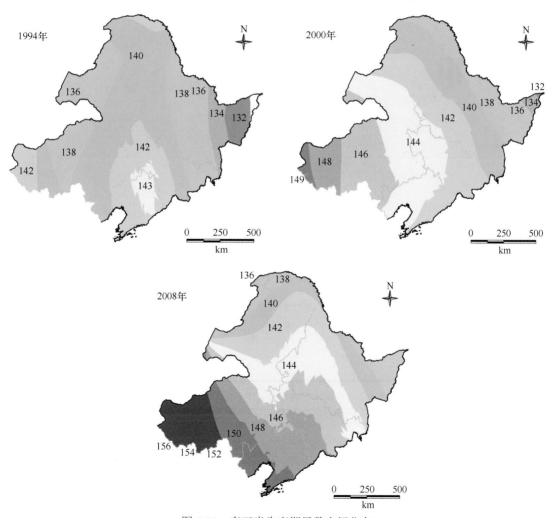

图 4-21 春玉米生育期日数空间分布

为了进一步分析品种生育期在同一个积温带的变化情况，以黑龙江历年品种为例进行了研究，黑龙江在 1980 年划分了 6 个积温带，如图 4-22 所示，其中 4 个积温带可以种植春玉米，分别是第一到第四积温带。从图 4-23 可以看出，在 4 个积温带春玉米品种生育期都有所延长，特别是 21 世纪以来第二、三、四积温带春玉米品种生育期较 20 世纪 80 年代分别延长了 4d、8d 和 6d。4 个积温带目前的平均积温也较 1980 年增加了 200℃（图 4-22）。这说明随着积温的增加，春玉米生育期也有所延长。

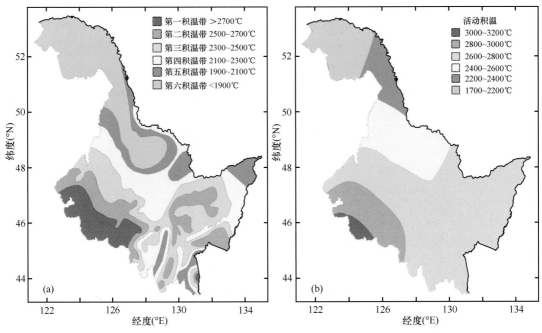

图 4-22　黑龙江积温空间分布

（a）1980 年划分的 6 个积温带积温分布；（b）21 世纪头 10 年的积温分布

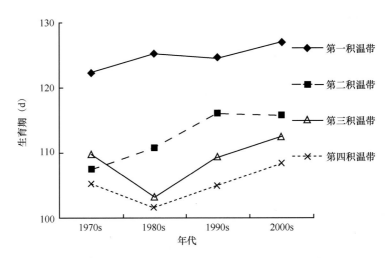

图 4-23　黑龙江春玉米品种在 4 个积温带生育期的变化

4.3.3　春玉米实际栽培技术

4.3.3.1　品种

20 世纪 50 ～ 60 年代初都是种植早熟型农家品种，如'英粒子''白头霜'等。20 世纪 60 ～ 70 年代主要种植双交种，如'吉双 2 号''吉双 4 号'等，但很快被单交种所取代。20 世纪 70 ～ 80 年代后期开始完全实现了品种单交化，品种有'吉单'系列、'四单 8 号'等。20 世纪 80 年代随着气候变暖，冻害、雪灾等灾害性气候减少，为利用晚熟高产品种创造了条件，晚熟高产杂交种取代了早熟杂交种。'四单'系列和'吉单'系列等成为当时的主栽品种。20 世纪 90 年代以后平展型玉米品种已基本达到了本品种生产能力的极限。'丹玉 13''吉单 159''中单 2 号'等品种，株型松散，叶片宽大开展，种植密度一般为 4.0 万 ～ 4.5 万株 /hm^2。这时光能利用率成为产量的限制因子，为更好地提高光能利用率，需要采用株型收敛、叶片上举的耐密植的品种。所以在东北大地陆续改种'掖单'系列、'吉单 209'等耐密型品种。品种的变迁导致东北春玉米的单产不断增加。以黑龙江为例，春玉米的平均单产从 20 世纪 50 年代的 1603kg/hm^2 到 20 世纪 60 年代的 1662kg/hm^2，平均年增 5.9kg（农家品种阶段）；到 20 世纪 70 年代（杂交种时代）平均为 2379kg/hm^2，平均年增 71.7kg/hm^2；进入 20 世纪 80 年代（单交种时代），平均单产 3096kg/hm^2，平均年增 71.7kg/hm^2；20 世纪 90 年代增加到 4937kg/hm^2，平均年增 184.1kg/hm^2。

4.3.3.2　播种时间

东北春玉米适宜播种期随着气候变暖逐渐提前，与 20 世纪 60 年代相比，2001 ～ 2006 年春玉米适宜生长区域内适宜播种期普遍提前 2 ～ 10d。小兴安岭地区提前 5 ～ 10d，适宜播种期为 5 月 12 ～ 17 日；黑龙江省南部大部分区域适宜播种期为 5 月 7 ～ 12 日；吉林省西部提前 10d 左右，适宜播种期为 4 月 22 ～ 27 日；长白山地区提前 5 ～ 10d，适宜播种期为 5 月 12 ～ 17 日；辽宁省提前 1 ～ 10d，适宜播种期为 4 月 17 ～ 27 日。

4.3.3.3　种植区域北移

不同熟型春玉米分布界线北移东扩很显著，晚熟品种北移至松嫩平原南部，东扩至吉林省中部，长白山地带 2000 年以前不能满足春玉米生育热量条件的区域，至 2001 ～ 2006 年也可以种植早熟品种，三江平原可以种植中熟和中晚熟品种，小兴安岭地区也可以种植极早熟品种了。原为极早熟品种区域的现成为早熟品种区域，原为早熟品种区域的现成为中熟和中早熟品种区域，原为中早熟品种区域的现成为中熟和中晚熟品种区域，原为中熟品种区域的现成为中晚熟品种区域。

4.3.3.4　密植栽培

适度密植是实现春玉米高产与水热高效目标的全球化趋势，许多研究结果表明，从种植密度和种植方式对产量的作用来看，密度起主导作用。由于品种的不断改良和栽培条件的不断改善，合理密度亦随着条件发展而变化。根据现有品种类型和栽培条件，春玉米平展型中晚熟杂交种适宜种植密度为 45 000 ～ 52 500 株 /hm^2；紧凑型中晚熟和平展型中早熟杂交种采用 60 000 ～ 67 500 株 /hm^2；紧凑型中早熟杂交种为 67 500 ～ 75 000 株 /hm^2。

4.4 东北春玉米品种类型及其密植的区域布局调整

4.4.1 东北春玉米品种类型的区域布局

在气温上升、日照时数变短的气候变化下，引进适宜的品种也能提高玉米产量。但是引种过程中要注意，玉米是喜温的短日作物，宜选用感温性强或较强、感光性弱且基本营养生长期相对较长的中晚熟品种。如果引进的品种对日长敏感，即使温度条件再适宜，也会因短日要求得不到满足而无法由营养生长期进入生殖生长期。在该地区引进中晚熟高产优质品种，推广硬粒型含水量低的品种，适当发展高赖氨酸黏玉米、甜玉米、饲用型玉米等多用品种，能提高玉米产量，增加经济效益。根据不同熟性玉米潜在产量与积温关系的理论模式推算，东北地区年均增温 1℃，更换相应的晚熟品种玉米增产率可达 5% ～ 8%。

4.4.2 东北春玉米生长季节区域调整

气候变暖可使农作物全年的生长期延长，理论和实际生产中也已经证明，目前东北地区春玉米生育期在不断延长。但这对无限生长习性或多年生作物及热量条件不足的地区有利，却对生育期短的栽培作物不利。高温使作物的生长发育速度加快，生育期缩短，减少了光合作用积累干物质的时间，从而使其品质、单产下降。一些研究表明，气候变暖使玉米生育期缩短了 11.3d，产量减少了 2.7%。也有研究模拟分析了未来气候变化情景下我国东北地区春玉米生育期和产量变化情况，结果显示春玉米生育期将缩短，其中中熟玉米平均缩短 3.4d，晚熟玉米平均缩短 1.1d；玉米产量将相应下降，中熟玉米平均减产 3.5%，晚熟玉米平均减产 2.1%。在玉米品种类型、生产水平及作物、气候和土壤参数等条件不变的情况下，如果在原有基础上提前播种 10d，中晚熟玉米产量均有不同程度回升，中熟玉米产量可回升 2.2 个百分点，晚熟玉米产量可回升不到 1 个百分点。在播种期对春玉米籽粒的形成影响方面，发现 4 月 15 日早播的玉米百粒干重比 5 月 13 日的高出 6.7%，且在这段时间内播种越早，百粒干重越高，播种期适时提前能显著提高玉米的产量。因而在东北地区气温不断上升的情况下，10℃等温线向北移动明显，实时调整播种期是当前值得考虑的问题。

4.4.3 东北春玉米生长季节区域调整

农作物生长季气温每上升 1℃，≥10℃ 的持续期将延长 7 ～ 8d，有效积温增加 200℃以上，农业气候带就会向北偏移，晚熟玉米品种区可向北扩展 100km 左右。有关研究也表明，在温带气温每升高 1℃，将使气候带向北推移 1 个纬度。本研究表明，东北地区年平均温度增加了 1.4℃，全年有效积温增加了近 300℃，等值线向北移动 100km，玉米生长季有效积温也增加了 200℃，因此可考虑把目前东北地区春玉米种植区适当向北移动，主要的中晚熟玉米种植区可改为晚熟玉米种植区。有研究表明经调整熟制后，各地玉米所需生育期会延长，玉米产量有所增加，减产幅度大大降低，由原来的 3.1% 降为 1.8%。自 20 世纪 80 年代以来，黑龙江省春玉米的分布从最初的平原地区逐渐向北扩展到了大兴安岭和伊春地区，向北推移了大约 4 个纬度。

4.4.4　耕作栽培技术调整

（1）增施有机肥，提高土壤肥力。研究发现气候变暖对土壤中的碳、氮循环有较大的影响。东北地区农田在作物生长期内土壤微生物变化与温度有明显的关系。土壤微生物随温度变化具有单一的峰值，其中细菌和放线菌的高峰值出现在 7 月，真菌的高峰值出现在 6 月。气候变暖将导致微生物对土壤有机质的分解加快，从而加速了土壤养分的变化，可能造成土壤肥力下降。实行深耕、深施肥技术，优化配方施肥、增施有机肥能稳定耕地的生产力。

（2）提高春玉米复种指数，充分利用光热资源，发展混种、间种、套种，改善结构。气温上升 1.5℃ 后，吉林省中、西部平原区的南半部和辽宁北部地区积温可达 3300～3500℃，有效生育期达 170d 左右，一年只收获一茬作物不足以充分利用热量资源，可推广小麦—玉米两茬套种，共生期可由目前的两个月左右缩短到 45d 左右，而在辽中、辽西采用这种方式，小麦—玉米共生期为一个半月左右，效果更好，可大大提高单产和效益。在辽南地区，≥10℃ 积温将达到 3700～3900℃，≥0℃ 积温可达 4200～4400℃，虽仍不能满足小麦、玉米两熟制的积温要求，但实行小麦—玉米套种两熟的条件更好，效益更高。

（3）在作物生产技术上，要重视春玉米品种改良及农艺技术改进的结合，加强田间管理与高产技术的综合研究。东北春玉米品种改良，在确保产量持续递增的基础上，重点要提高玉米的抗逆性、耐阴性和耐密性。农艺技术改进上，应结合深松（翻）、秸秆还田和减少机具压实，改良土壤理化性状，增碳保氮，增强旱作农田土壤的蓄水保肥功能。适当提高玉米种植密度，提高播种及移栽质量，保全苗、壮苗。品种布局上，应注意与区域水热资源特征结合，加强玉米种植技术的综合研究。

4.4.5　政策与农田基础建设调整

（1）在粮食增产重大规划中，要重视区域统筹与资源合理配置，实现东北作物增产、资源增效和环境健康的协调。东北地区光热水土资源丰富，但时空布局差异显著。东西水资源与南北热资源的梯度差异大，平川与丘陵山地光资源分布不均，作物跨区种植现象突出。尤其是水资源，其季节性与区域分布特征非常明显。应通过作物时空的科学布局，协调作物高产与资源高效的关系。同时，在区域粮食生产规划及农业开发上，要重视区域性统筹兼顾，防止地方保护或地方利益唯一的趋向。

（2）在生产力建设上，要加大科技投入与人才建设，促进东北作物生产理论与技术创新，充分挖掘该区粮食增产潜力。东北是保障我国粮食安全的关键区域，水稻、玉米、大豆等作物播种面积均占全国首位。尤其是随着全球气候变暖日益加剧，东北的粮食增产潜力显著提高。东北粮食生产在全国不仅拥有生产规模上的绝对优势，而且具备各种资源上的互补特色。但其作物生产水平在全国却处于较次位置，亟待加大科技投入和人才培养力度，强化理论与技术的创新，为国家粮食安全和农业绿色发展做出更大的贡献。

参 考 文 献

丰光，刘志芳，李妍妍，等. 2009. 玉米茎秆耐穿刺强度的倒伏遗传研究. 作物学报，35(11): 2133-2138.

黄高宝，张恩和，胡恒觉. 2001. 不同玉米品种氮素营养效率差异的生态生理机制. 植物营养与肥料学报，7(3): 293-297.

李言照，东先旺，刘光亮，等. 2002. 光温因子对玉米产量及产量构成因素值的影响. 中国生态农业学报，10(2): 86-88.

张福锁，王激清，张卫峰，等. 2008. 中国主要粮食作物肥料利用率现状与提高途径. 土壤学报，45(5): 915-924.

Carlone M R, Russell W A. 1987. Response to plant densities and nitrogen levels for four maize cultivars from different eras of breeding. Crop Science, 27: 465-470.

Eyherabide G H, Damilano A L. 2001. Comparison of genetic gain for grain yield of maize between the 1980s and 1990s in Argentina. Maydica, 46: 277-281.

Good A G, Shrawat A K, Muench D G. 2004. Can less yield more? Is reducing nutrient input into the environment compatible with maintaining crop production? Trends in Plant Science, 9: 597-605.

Ollenaar M, Wu J. 1999. Yield improvement in temperate maize is attributable to greater stress tolerance. Crop Science, 39: 1597-1604.

Tollenaar M, Lee E A. 2002. Yield potential, yield stability and stress tolerance in maize. Field Crops Research, 75: 161-169.

Traore S B, Carlson R E, Pilcher C D, et al. 2000. Bt and non-Bt maize growth and development as affected by temperature and drought stress. Agronomy Journal, 92: 1027-1035.

Westgate M E, Forcella F, Reicosky D C, et al. 1997. Rapid canopy closure for maize production in the northern US corn belt: radiation-use efficiency and grain yield. Filed Crops Research, 49: 249-258.

第 5 章 东北春玉米农田耕层特性及调控途径

合理的农田管理措施有利于协调土壤的水热关系，为作物创造适宜的生长发育环境，保证作物持续高产稳产。同时，土壤碳库也是陆地生态系统最大的活跃性碳库。农田土壤固碳对缓解全球气候变化和提高土壤肥力具有重要作用。中国东北黑土农区是世界三大黑土区之一和我国高纬度商品粮最重要产区之一，其农业土壤的水热变化、土壤肥力及有机碳库较易受气候变化和管理措施影响，因此明确东北玉米耕层土壤特性及其调控途径，有利于为保障国家粮食安全与生态环境健康协同发展提供理论基础与技术指导。本研究主要借助东北玉米长期定位试验，探索不同种植模式、培肥模式及耕作方式对土壤耕层特性的影响，以期为东北春玉米高产高效的合理耕层构建提供理论依据和技术指导。

5.1 试验设计与试验地概况

本研究主要包括 3 个长期定位试验，其设计如下。

一是不同种植模式的试验，试验始于 1990 年，工设置 4 个处理：①休耕，不种植作物，也不进行土壤耕作，保持植被自然生长；②玉米连作，每年 4 月底播种，9 月下旬收获；③大豆连作，每年 4 月底播种，9 月中旬收获；④玉米—大豆轮作，按照连续种植 2 年玉米，然后种植 1 年大豆的顺序进行轮作，每 3 年为一个轮作周期。

二是黑土肥力与肥效长期定位试验，始于 1990 年，选择其中 7 个处理进行试验研究：①对照（CK，不施肥）；②休闲（fallow）；③单施化肥（NPK）；④化肥＋低量有机肥（M1NPK）；⑤化肥＋秸秆还田（SNPK）；⑥化肥＋高量有机肥（M2NPK）；⑦化肥＋有机肥＋轮作（MDNK＋R）。

三是耕作方式的试验，始于 1983 年，共设 2 个处理：①常规翻耕处理（每年耕翻 1 次，深度为 25 ～ 30cm）；②免耕处理（常年不耕作）。

试验点位于吉林省农业科学院公主岭试验站（124°48′33.9″E，43°30′23″N，海拔 220m）。试验地所在地区受温带大陆性季风气候影响，无霜期为 130 ～ 140d，有效积温为 2800 ～ 3000℃，年平均降水量为 500 ～ 650mm，地下水埋深为 14.5m。试验地土壤类型为淡黑钙土，主要理化性质见表 5-1 和表 5-2。

表 5-1 剖面土壤物理性质

深度（cm）	各粒径土粒含量（%）				质地	容重（g/cm³）	总孔隙度（%）	田间持水孔隙度（%）	通气孔隙度（%）
	2.0 ～ 0.2mm	0.2 ～ 0.02mm	0.02 ～ 0.002mm	＜ 0.002mm					
0 ～ 20	5.50	32.81	29.87	31.05	壤质黏土	1.19	53.91	35.83	18.08
20 ～ 40	2.91	33.09	37.18	27.15	壤质黏土	1.27	51.23	38.47	12.76
40 ～ 65	2.75	37.76	45.32	13.00	粉砂质壤土	1.33	49.33	42.08	7.25
65 ～ 90	1.46	38.90	44.18	14.68	黏壤土	1.35	46.53	34.04	12.49
90 ～ 150	1.41	38.93	44.21	14.45	黏壤土	1.39	45.02	39.30	5.72

表 5-2　剖面土壤化学性质

深度 （cm）	有机质 （g/kg）	全氮 （g/kg）	全磷 （g/kg）	全钾 （g/kg）	碱解氮 （mg/kg）	速效磷 （mg/kg）	速效钾 （mg/kg）	pH
0～20	22.8	1.4	0.607	18.42	114	11.79	158.33	7.6
20～40	15.2	1.3	0.591	18.58	98	6.77	150.83	7.5
40～65	7.1	0.57	0.437	18.33	41	3.14	154.17	7.5
65～90	6.8	0.5	0.428	18.42	39	1.83	157.50	7.6
90～150	6.3	0.38	0.397	18.50	37	1.79	155.83	7.6

5.2　耕层水热特性及其耕作栽培调控

5.2.1　种植模式对耕层水热特性的影响

5.2.1.1　种植模式对耕层土壤水分的影响

土壤水分变化与农田管理方式及不同作物种类都有关系，此外作物生长发育的不同阶段对土壤水分含量也有影响。图 5-1 为 2011 年不同种植模式下 0～120cm 土层储水量变化情况，从图中可以看出，0～40cm 土层内，休耕处理的土壤储水量在 5 月显著高于耕种处理，而在 6 月至 8 月中旬则呈现低于耕种处理的趋势，进入 8 月底以后，休耕处理的土壤储水量则呈现高于耕种处理的趋势，而 3 个耕种处理比较，表现为大豆连作处理下的土壤储水量在 7～8 月显著高于玉米连作与玉米—大豆轮作处理。40～80cm 土层储水量变化表明，休耕处理下土壤储水量在 5～8 月显著低于其他处理，8 月底至 9 月则以玉米—大豆轮作处理的土壤储水量最低，而大豆连作处理在 7～9 月的土壤储水量显著高于其他处理。80～120cm 土层储水量变化情况，由于土层较深，土壤储水量变化在全生育期间比较稳定，而处理间也无显著差异。此外，0～120cm 土层土壤储水量变化在 5 月表现为各处理间无显著差异，而在 5 月中旬至 6 月休耕处理的土壤储水量显著低于耕种处理，进入 7 月以后，大豆连作处理的土壤储水量显著高于其他处理。

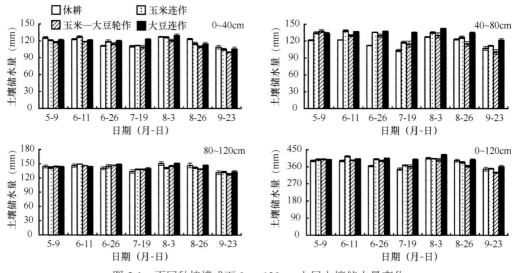

图 5-1　不同种植模式下 0～120cm 土层土壤储水量变化

总体来看，不同种植模式下的土壤储水量呈现出空间与时间上的显著差异，从空间上来看，休耕处理的土壤储水量主要在 40 ～ 80cm 土层，显著低于耕作处理，而大豆连作处理则呈显著高于其他处理的趋势；从时间上来看，大豆连作处理在生育中后期，即 8 月以后，土壤储水量呈高于其他处理的趋势；此外，各处理之间的差异主要体现在 0 ～ 80cm 的土层，深层土壤储水量在各处理间差异不显著。

5.2.1.2　种植模式对耕层土壤温度的影响

图 5-2 ～图 5-4 分别为 2011 年不同种植模式下土壤最低温度、最高温度及平均温度的逐月变化情况，从图中可以看出，土壤最低温度、最高温度与平均温度在作物生育期间呈抛物线型变化，即 5 ～ 7 月，土壤温度逐渐升高，而之后到作物收获，土壤温度则逐渐降低。从图 5-2 ～图 5-4 还可以看出，休耕处理下无论是 5cm 还是 15cm 土层的温度均显著低于 3 种耕种处理，这可能是由于休耕处理下枯萎杂草及树木残枝覆盖于地表，导致太阳对地表辐射减少，因此土壤温度回升较慢。而生育后期大豆连作处理的温度显著高于其他处理，这可能是由于大豆生育后期枝叶迅速枯萎，导致地表覆盖度降低，太阳辐射增加，造成土壤温度较高。

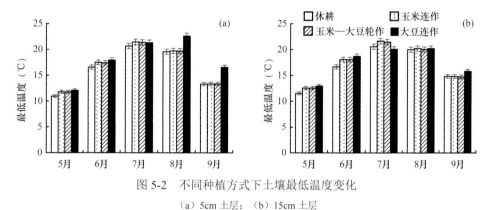

图 5-2　不同种植方式下土壤最低温度变化

（a）5cm 土层；（b）15cm 土层

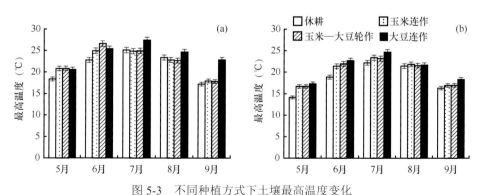

图 5-3　不同种植方式下土壤最高温度变化

（a）5cm 土层；（b）15cm 土层

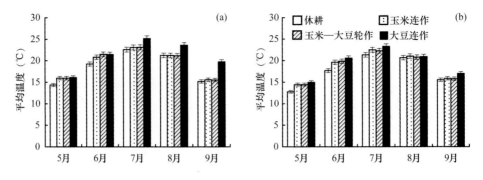

图 5-4　不同种植方式下土壤平均温度变化

（a）5cm 土层；（b）15cm 土层

5.2.1.3　讨论

受气候变化影响，近几十年来东北地区春季干旱现象频发，同时由于不合理的耕种措施导致农田土壤退化、水土流失严重，进一步加剧了春季干旱，对粮食生产造成了不利的影响。本研究发现（图 5-1），玉米连作处理下的 6 月土壤储水量在 0 ～ 40cm 层次显著高于玉米—大豆轮作和大豆连作处理，该阶段正处于作物播种至出苗阶段，较好的土壤水分状况有利于促进作物前期生长和为后期群体质量改善提供保障。土壤水分的增加与土壤结构的改善有关，特别是土壤容重的降低，有利于增加土壤总孔隙度，在冬季增加土壤水分储量，并为来年作物前期生长提供水分保障。

5.2.2　培肥方式对耕层水热特征的影响

5.2.2.1　培肥方式对耕层土壤水分的影响

图 5-5 所示为不同培肥方式下 0 ～ 120cm 土壤储水量变化情况。由图 5-5 可以发现，0 ～ 40cm 土层储水量以单施化肥（NPK）、化肥配施有机肥（MNPK）及化肥结合秸秆还田（SNPK）处理在播种期及 7 月玉米进入拔节期以后显著高于不施肥（CK）处理。40 ～ 80cm 及 80 ～ 120cm 土层则以 CK 处理的储水量显著高于其他处理。从 0 ～ 120cm 土层储水量来看，CK 处理由于深层土壤储水量较高，因此总储水量呈现高于其他处理的趋势，而 SNPK 处理由于秸秆的覆盖，水分散失降低，因而在生育前期土壤储水量高于 NPK 和 MNPK 处理。其他处理间的差异则不明显。总体来看，土壤储水量以 CK 处理最高，这可能是由于 CK 处理养分不足，造成生长缓慢，作物对水分的消耗量低，因而水分储量最高。

5.2.2.2　培肥方式对耕层土壤温度的影响

图 5-6 ～图 5-8 分别为 2010 年不同培肥模式下土壤最低温度、最高温度及平均温度的逐月变化情况，从图中可以看出，土壤最低温度、最高温度与平均温度在作物生育期间呈抛物线型变化，其中土壤最低温度与平均温度在 5 ～ 7 月逐渐升高，而之后到作物收获，

土壤温度逐渐降低；而最高温度则在 6 月达到最高，之后逐渐降低。从图 5-6～图 5-8 中还可以看出，无论是 5cm 还是 15cm 土层的土壤温度，各处理间无显著差异。

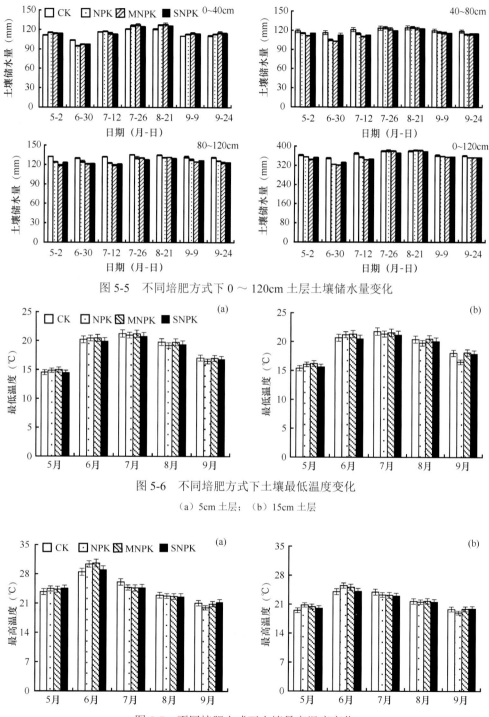

图 5-5　不同培肥方式下 0～120cm 土层土壤储水量变化

图 5-6　不同培肥方式下土壤最低温度变化

（a）5cm 土层；（b）15cm 土层

图 5-7　不同培肥方式下土壤最高温度变化

（a）5cm 土层；（b）15cm 土层

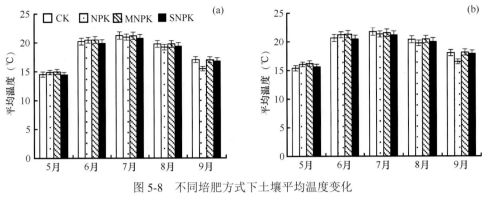

图 5-8　不同培肥方式下土壤平均温度变化

（a）5cm 土层；（b）15cm 土层

5.2.2.3　讨论

有机无机配施处理（MNPK）土壤日平均温度和累积温度低于化肥处理（NPK），但两处理的日平均最高温度和日平均最低温度无显著差异；秸秆还田处理（SNPK）土壤日平均温度、累积温度、日平均最高温度和日平均最低温度都低于化肥处理（NPK）（$P < 0.05$），其日温变化幅度也小于化肥处理（NPK），表明秸秆还田对表层土壤具有降低温度的作用。大量研究表明，有机无机配施通过降低土壤容重和提高土壤总孔隙度，从而提高土壤含水量和储水量。本研究结果表明，CK 处理 0～20cm 表层土壤含水量低于其他处理，但 30～90cm 层次土壤含水量明显高于其他处理，这是由于不施肥处理（CK）玉米植株矮小，导致裸露表层土壤水分蒸发较快，同时较少的根系也减少了植株对深层土壤水分的吸收。有机无机配施处理（MNPK 和 SNPK）较化肥 NPK 处理能显著增加剖面 30～90cm 层次土壤含水量。本研究也发现，苗期干旱多风年份（2012 年）CK 和 NPK 处理的 0～40cm 层次土壤储水量显著高于 MNPK 和 SNPK 处理，并且 CK 处理较其他处理出苗要早 3d 左右，这主要是由于苗期干旱多风，播种后镇压强度不够，MNPK 和 SNPK 处理表层团粒结构土壤因干燥而收缩，形成了疏松多孔的土壤保护层，切断了上下毛管水的供应，减少了深层土壤水分的蒸发，同时也减少了向表层土壤水分的供应，降低了表层土壤含水量，因此在春播后要加重镇压，减少表层土壤水分的散失。进入雨季（拔节期）后，在 0～40cm 和 0～120cm 土层，MNPK 和 SNPK 处理土壤储水量显著高于 NPK 处理，这主要是由于有机无机配施处理提高了土壤的总孔隙度，增加了吸收雨水的容积，减少地表径流，增加了土壤储水量。已有研究表明，施用有机肥可显著提高作物水分利用效率，与本试验的结论基本一致。有机无机配施处理（MNPK）玉米水分利用效率显著高于化肥处理（NPK）（$P < 0.05$）；在干旱年份，秸秆还田处理（SNPK）水分利用效率高于化肥 NPK 处理；在降水充沛年份，秸秆还田处理（SNPK）水分利用效率与化肥处理（NPK）没有差异，这表明施用有机肥可明显提高土壤含水量，有利于土壤的扩蓄增容，且对提高玉米水分利用效率有显著效果。

5.3 耕层碳氮特性及其耕作栽培调控

5.3.1 种植模式对耕层碳氮特性的影响

5.3.1.1 种植模式对耕层有机碳的影响

种植模式差异影响土壤有机碳（SOC）含量的变化动态（表 5-3）。1980 ～ 2008 年，各种植模式处理下 SOC 呈先降后增趋势，前 10 年各处理 SOC 均呈下降趋势，下降幅度为 6.5% ～ 16.6%，表明该阶段耕种将导致 SOC 分解损失。自 1990 年以来各处理 SOC 均呈增加趋势，2008 年含量比 1990 年显著增加 14.1% ～ 72.0%，增幅依次为玉米连作＞玉米—大豆轮作＞休耕＞大豆连作，表明 1990 ～ 2008 年无论耕种还是休耕均有利于土壤固碳。统计表明，2008 年玉米连作、玉米—大豆轮作处理的 SOC 比休耕处理分别显著增加 46.8% 和 23.4%，但大豆连作处理略低于休耕处理。

表 5-3 1980 ～ 2008 年不同种植模式下土壤有机碳与全氮含量变化动态

年份	有机碳（g/kg）				全氮（g/kg）			
	休耕	玉米连作	玉米—大豆轮作	大豆连作	休耕	玉米连作	玉米—大豆轮作	大豆连作
1980	16.30				1.87			
1990	13.60	15.14	15.24	15.24	1.48	1.57	1.43	1.43
2000	16.03	20.03	20.39	16.32	1.44	1.81	1.54	1.51
2008	17.75	26.05	21.91	17.39	1.55	2.54	1.97	1.62

注：1980 年为试验开始年份，不同处理的有机碳含量、全氮含量分别相同

各种植模式处理 SOC 含量均随土壤剖面深度的增加呈下降趋势（图 5-9），玉米连作、玉米—大豆轮作、大豆连作和休耕处理 0 ～ 20cm 土层分别占 1m 剖面中总量的 41.6%、35.2%、39.9% 和 45.2%。20 ～ 40cm 土层各处理间未达到显著差异。40 ～ 60cm 层次，玉米连作显著高于玉米—大豆轮作和大豆连作。60 ～ 80cm 和 80 ～ 100cm 两层平均，玉米连作的含量最高，各处理含量依次为玉米连作＞玉米—大豆轮作＞大豆连作＞休耕。

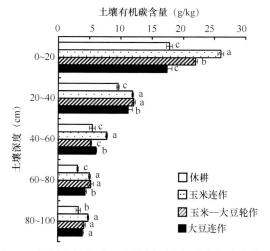

图 5-9 不同种植模式下土壤剖面有机碳空间分布特征

5.3.1.2　种植模式对耕层全氮含量的影响

种植模式差异对土壤全氮（TN）的影响类似 SOC（表 5-3）。1980～2008 年，各种植模式处理土壤 TN 含量呈先降后增趋势，前 10 年各处理土壤 TN 均呈下降趋势，下降幅度为 16.0%～23.5%。休耕处理在 2000 年土壤 TN 含量达到最低值，此后呈增加趋势，而 3 个耕种处理自 1990 年以来即呈富集趋势，2008 年比 1990 年显著增加 13.3%～61.8%。相比休耕处理，2008 年耕种处理土壤 TN 含量增加了 4.5%～63.9%，表明 1990～2008 年耕种施肥促进了土壤氮素的富集，而休耕在一段时间内将因植被对氮素的吸收固定导致土壤氮素的耗竭，只有输入土壤有机物料矿化分解释放氮及降水携入氮数量能补偿土壤氮耗竭量并呈盈余状态时，土壤氮素的耗竭趋势才会扭转并积聚。

土壤 TN 呈现与 SOC 类似的剖面特征，含量也随土壤剖面深度的增加呈递减趋势，各处理土壤 TN 与土体深度之间呈显著的对数线性负相关（图 5-10）。0～40cm 土壤 TN 含量远高于下层土壤，其中 0～20cm 各处理土体 TN 含量差异明显，表现为玉米连作＞玉米—大豆轮作＞大豆连作＞休耕，玉米连作比其他处理显著高 18.9%～64.3%。在 20～40cm 层中，除休耕处理显著较低外，其他 3 个处理无明显差异。40～80cm 土层中，TN 含量随土层深度增加而降低，耕种处理均显著高于长期休耕处理。80～100cm 土体大豆连作处理含量显著低于其他两个耕作处理，这可能与输入根茬残留氮的数量、养分淋移等有关，具体原因有待进一步分析。

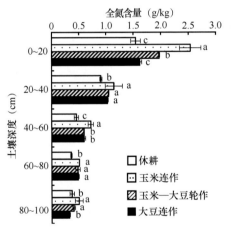

图 5-10　不同种植模式下土壤剖面全氮空间分布特征

5.3.1.3　不同种植模式下土壤碳氮相关分析

图 5-11 为 0～100cm 土层 SOC 与 TN 之间的关系（n=20）。由图 5-11 可以看出，无论长期休耕还是耕种条件下，SOC 与 TN 呈极显著的（$P < 0.01$）线性正相关关系，这表明较高的 SOC 会促进 TN 的增加，有利于增加土壤氮素有效性，改善土壤肥力状况。

5.3.1.4　不同种植模式对土壤团聚体有机碳浓度与含量的影响

如图 5-12 所示，各处理中，除玉米—大豆轮作处理 2～0.25mm 团聚体有机碳浓度高于＞2mm 团聚体有机碳浓度，且差异不显著外，其他 3 个处理的团聚体有机碳浓度均随粒径的减小，有机碳浓度逐渐降低。玉米连作、大豆连作处理与休耕、玉米—大豆轮作处理的＞2mm 团聚体有机碳浓度之间差异达到显著水平，但玉米连作和大豆连作处理之间，休耕和玉米—大豆轮作处理之间均无显著差异。在2～0.25mm团聚体中,各处理的有机碳浓度之间差异达到显著水平,并呈休耕＜大豆连作＜玉米—大豆轮作＜玉米连作的趋势。各处理0.25～0.053mm微团聚体有机碳浓度表现为,种植作物的3个处理均高于休耕,且长期玉米连作、玉米—大豆轮作处理与休耕之间差异均达到显著水平,而玉米连作、玉米—大豆轮作和大豆连作处理的有机碳浓度则呈显著的依次降低。＜0.053mm黏粉粒中有机碳浓度依次为大豆连作＜休耕＜玉米—大豆轮作＜玉米连作,玉米连作与大豆连作处理之间差异达到显著水平。

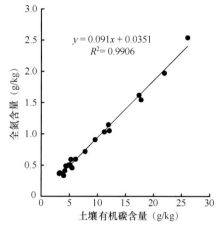

图5-11 不同种植模式下土壤剖面有机碳与全氮含量的相关性分析($n=20$)

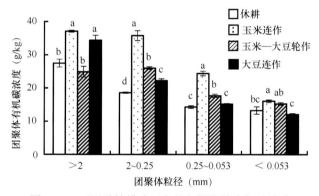

图5-12 不同种植模式下各粒径团聚体有机碳浓度

如图5-13所示,在玉米连作、玉米—大豆轮作和大豆连作处理之间,耕层土壤中＞2mm团聚体有机碳的含量之间无显著差异;玉米连作处理2～0.25mm的团聚体有机碳含量虽显著高于大豆连作处理,但玉米连作处理和大豆连作处理均与玉米—大豆轮作处理之间无显著差异;大豆连作处理0.25～0.053mm粒径的团聚体有机碳含量显著高于玉米连作处理和玉米—大豆轮作处理,而玉米连作和玉米—大豆轮作处理间差异不显著,且表现为玉米—大豆轮作＜玉米连作＜大豆连作的趋势;各种植处理＜0.053mm的黏粉粒有机碳含量的差异达到显著水平,并以玉米连作最高,玉米—大豆轮作次之,大豆连作最低。从图5-13还可以看出,玉米连作、玉米—大豆轮作和大豆连作处理耕层土壤团聚体有机碳含量随粒径的变化趋势是一致的,均以0.25～0.053mm的微团聚体有机碳含量最高。而休耕处理的土壤团聚体有机碳则以大团聚体(＞2mm和2～0.25mm)为最高;微团聚体有机碳含量显著低于长期玉米连作、玉米—大豆轮作和大豆连作处理；＜0.053mm 黏粉粒有机碳含量显著低于长期玉米连作和玉米—大豆轮作处理，与大豆连作处理之间无显著差异。

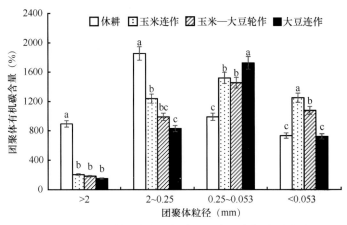

图 5-13　不同种植模式下各粒径团聚体有机碳的含量

如图 5-14 所示，玉米连作、玉米—大豆轮作、大豆连作处理耕层土壤中，＞2mm和 2～0.25mm 的团聚体有机碳间差异不显著；玉米连作与玉米—大豆轮作处理之间的0.25～0.053mm 微团聚体有机碳和＜0.053mm 的黏粉粒有机碳差异均不显著，但均与大豆连作处理之间差异达到显著水平；大豆连作处理的微团聚体有机碳显著高于玉米连作和玉米—大豆轮作处理，＜0.053mm 黏粉粒有机碳显著低于玉米连作和玉米—大豆轮作处理。休耕处理团聚体有机碳与种植作物的各处理之间，在各粒级中差异均达到显著水平，其耕层土壤有机碳主要为大团聚体有机碳。

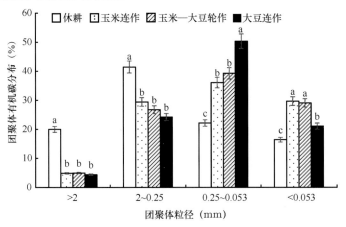

图 5-14　不同种植模式下团聚体有机碳的分布

5.3.1.5　不同种植模式对土壤有机碳组分分布的影响

对不同酸水比的硫酸与重铬酸钾溶液进行化学分组，由于土壤中有机碳存在的形态各异，在不同氧化条件下，土壤有机碳被氧化的程度不一样。基于这个原理，可以将土壤碳库分为 4 个组分，按照其被氧化的容易程度，依次分为：组分 1（C_{VL}，高活性）、组分 2（C_L，活性）、组分 3（C_{LL}，低活性）、组分 4（C_{NL}，无活性）。

不同种植模式下，各处理耕层土壤有机碳浓度均呈组分 1 ＞组分 2 ＞组分 3 ＞组分 4

的趋势，随着组分化学活性的降低，各组分有机碳浓度依次降低（图 5-15）。在玉米连作、玉米—大豆轮作和大豆连作处理之间，玉米连作处理的组分 1 有机碳浓度显著高于其他处理，相对于玉米—大豆轮作和大豆连作处理分别高 26.8% 和 26.9%，玉米—大豆轮作处理与大豆连作处理的组分 1 有机碳浓度之间无显著差异。土壤有机碳组分 3 在各处理之间，以玉米—大豆轮作处理最高，且玉米—大豆轮作与大豆连作处理间差异达到显著水平。各种植作物处理土壤有机碳的组分 4 均显著高于休耕。各处理土壤有机碳组分 2 间差异达到显著水平，依次为大豆连作＜休耕＜玉米—大豆轮作＜玉米连作。休耕处理土壤有机碳的组分 1、组分 4 均低于其他各处理，组分 3 与其他各处理差异不显著。

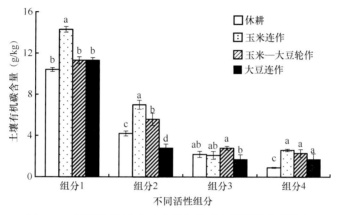

图 5-15　不同种植模式下土壤有机碳各活性组分的浓度

如图 5-16 所示，休耕、玉米连作、玉米—大豆轮作、大豆连作处理耕层土壤有机碳各组分占总碳比例的变化趋势，与各组分有机碳浓度的变化趋势是一致的。在各种植模式土壤有机碳活性最高的组分 1 中，表现出显著差异。玉米—大豆轮作处理土壤有机碳活性最高的组分 1 显著低于休耕、玉米连作和大豆连作处理。而在活性较低的组分 3 和组分 4 中，玉米—大豆轮作处理均维持在较高水平。

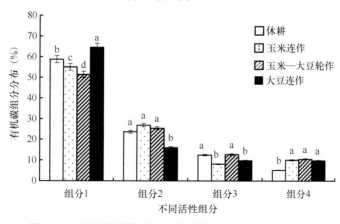

图 5-16　不同种植模式下土壤有机碳各活性组分的分布

土壤有机质的化学稳定性的测定，可为各组分有机碳化学活性赋予相应的权重 3、2、1、0，代表各组分的化学活性。计算出来的值以团聚体化学活性指数（lability index）为代表，团聚体化学活性指数的高低，代表了土壤有机碳（SOC）的化学活性，值越高，土壤有机碳的化学活性越高，稳定性越低；值越低，化学活性越低，稳定性越高。其计算公式如下：

$$团聚体化学活性指数 = \frac{C_{VL}}{C_{Total}} \times 3 + \frac{C_L}{C_{Total}} \times 2 + \frac{C_{LL}}{C_{Total}} \times 1 + \frac{C_{NL}}{C_{Total}} \times 0$$

式中，团聚体化学活性指数代表该处理土壤的化学不稳定性，即其化学活性；C_{VL}（高活性，组分1）、C_L（活性，组分2）、C_{LL}（低活性，组分3），C_{NL}（无活性，组分4），单位 g/kg；C_{Total} 为该处理土壤总有机碳，单位 g/kg。

如图 5-17 所示，休耕处理与大豆连作处理的土壤有机碳化学活性指数间无显著差异，并显著高于玉米连作和玉米—大豆轮作处理。玉米连作、玉米—大豆轮作、大豆连作处理间差异达到显著水平，并呈玉米—大豆轮作<玉米连作<大豆连作的趋势。常年休耕处理和大豆连作处理土壤有机碳化学活性指数最高，玉米—大豆轮作处理土壤有机碳化学活性指数最低。

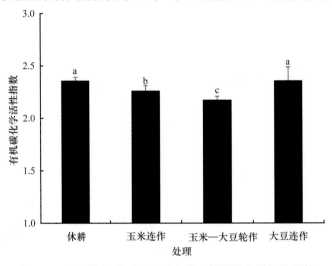

图 5-17　不同种植模式下耕层土壤有机碳的化学活性指数

将组分1（C_{VL}）和组分2（C_L）合称为活性碳库（active carbon pool），组分3（C_{LL}）与组分4（C_{NL}）为惰性碳库（passive carbon pool）。虽然在4种种植模式的耕层土壤中，占总碳比例最高的组分1之间呈显著差异，但休耕处理、玉米连作处理、大豆连作处理之间活性碳库和惰性碳库占总碳的比例均无显著差异（图 5-18）。玉米—大豆轮作处理耕层土壤的活性碳库占总碳的比例显著低于其他3个处理，而惰性碳库占总碳的比例显著高于其他3个处理。

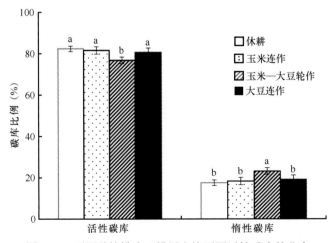

图 5-18　不同种植模式下耕层土壤不同活性碳库的分布

5.3.1.6 讨论

土壤有机碳库的动态平衡直接影响着土壤肥力的保持与提高，进而影响土壤质量的优劣和作物产量的高低，在培育肥力、改善土壤结构、减少环境负面影响、调节土壤理化性质和提供植物营养等方面具有重要作用。东北黑土区农业垦种以来，经历了国内外森林与草地垦植造成 SOC 大量损失的类似结果。本定位试验 1990 年土壤碳氮含量水平较 1980 年呈下降趋势，表明该阶段耕种仍将导致 SOC 下降，作物根茬等残留与有机肥施用补入土壤的有机碳数量低于土壤有机质矿化分解数量，同时补施肥料养分后土壤提供的养分仍低于作物从土壤中带走的量，导致了有机质的分解与全氮含量的下降。而 1990 年以来长期休耕与耕种处理 SOC 增加趋势明显，TN 除长期休耕处理在 2000 年前后达最低外，耕种处理也呈增加趋势，表明 1990 年后有机碳归还量高于土壤碳矿化分解量，且土壤可提供养分不低于作物收获从土壤中带走的数量，致土壤碳氮富集，但种植模式不同，拐点出现时间不一致。

休耕处理土壤中有机物质主要源于土壤上生长的植物残体和根系分泌物，碳归还量大于 SOC 分解量。土壤氮素补充主要源于对大气分子氮的生物固定与降水带入氮、进入土壤内植物残体分解释放氮，退耕后一段时间内因该土壤 - 植物系统恢复对土壤氮素利用量大于氮素补充量导致土壤氮耗竭，随着补充量增大逐渐满足体系的利用，遏制了土壤氮素下降并提高其含量。这为该区农田退耕还牧、还林土壤固碳和地力培育、遏制土壤退化提供了有力证据。科学的耕种同样能增加 SOC 固定、培肥土壤，相对当前黑土区土壤肥力质量由于长期不合理耕作施肥所造成的明显降低，无疑为东北雨养生态区农田土壤培育与固碳提供了科学依据和技术实现途径。但近 20 年各处理表层土壤碳氮增量差异较大，玉米连作处理下的土壤碳氮含量增量最大，而大豆连作处理下的土壤碳增量最小且低于休耕处理，而休耕处理的氮素增量最小，表明种植模式与植物类型均影响土壤碳氮积累，玉米连作土壤固碳效果最好，而大豆连作固碳效果最差。由于有机物料归还量及质量、土壤酶活性与矿化速率的差异及有无施用有机肥等因素均影响到 SOC 含量，因产量和地下生物量呈正相关，故玉米根茬量应远大于大豆与杂草生物碳归还量，且不同管理方式下黑土微生物数量及活性明显不同，影响土壤有机质形成与矿化，导致不同种植模式固碳效果差异。基于土体中有机碳含量是有机质形成量与矿化量的平衡，不同种植模式下土壤碳在剖面中呈递减趋势，先前研究已发现黑土微生物数量及活性随土体深度增加呈降低趋势，除耕种处理表施有机肥外，根系归还碳差异应是造成该结果的主要原因。休耕处理剖面上 SOC 含量低于耕种处理，表明耕种增加了土体中根茬及根系分泌物的残留量，这有利于土壤培肥与固碳。而剖面中土壤氮含量耕种处理高于长期休耕，这应是长期施肥的结果。但各种植模式下土壤 TN 与 SOC 含量呈极显著线性相关，且均随土体深度增加呈对数负相关下降，表明土体剖面中尤其下层土壤氮素主要源于土壤有机物料的输入，而有机物料归还量及质量、土壤酶活性与矿化速率的差异等因素均影响土壤有机氮释放，进而影响土壤氮素水平。综上，尽管垦植后东北雨养区土壤碳库已趋于基本稳定状态，且种植模式差异影响土壤培育和固碳，但合理耕种与长期休耕均能培肥土壤和增加土壤固碳。

在黑土中不同粒径团聚体的有机碳浓度之间呈随粒径减小而降低的趋势。团聚体层次模型认为，土壤有机质是团聚体形成的主要胶结物质，团聚体碳的浓度随粒径的增大而升高，即表现出层次性。东北黑土区耕层土壤主要以伊利石、蒙伊混层和蛭石等 2 ∶ 1 型黏土矿物为主，总计约占 87.8%。前人研究表明，在 2 ∶ 1 型黏土矿物占主导的土壤中，土壤团聚体有机碳浓度可能表现出一定的层次性。于相似管理模式下，玉米连作、玉米—大豆轮作、大豆连作处理耕层土壤有机碳的含量与分布由于受耕作扰动的影响，在经过 18 年的长期定位试验后出现了明显的变化。在有机碳浓度最高的大团聚体（＞ 2mm 和 2 ～ 0.25mm）中，玉米连作、玉米—大豆轮作和大豆连作处理大团聚体碳的含量均显著低于休耕处理，而这 3 个处理耕层土壤 0.25 ～ 0.053mm 微团聚体有机碳的含量显著高于休耕处理。3 个耕种处理的微团聚体有机碳含量与分布均显著高于大团聚体，玉米连作、玉米—大豆轮作处理耕层土壤黏粉粒有机碳的含量也显著高于休耕，这说明长期耕作对耕层土壤的扰动导致玉米连作、玉米—大豆轮作、大豆连作处理土壤有机碳主要存在于微团聚体和黏粉粒中。土壤有机碳向微团聚体和黏粉粒碳的积累有利于碳的保护和长期碳固定。黏粉粒对碳的保护作用已被广泛证实。研究表明，与大团聚体相比，微团聚体的稳定性更高，对有机碳的保护作用更强，微团聚体有机碳的更新周期更长。

对耕层土壤的化学分组试验表明，各处理耕层土壤均以活性最高的组分 1、组分 2 的有机碳浓度及各自占总有机碳的比例最高。这与 Bidisha 等（2006）以印度稻麦轮作地不同施肥处理土壤化学分组的研究结果不太一样，其各组分的有机碳浓度依次为组分 3 ＜组分 1 ＜组分 4 ＜组分 2。究其原因，可能与东北黑土土壤肥力较高有关，黑土有机碳中以化学活性最高的组分 1 与组分 2 为主。但计算各处理耕层土壤活性碳库和惰性碳库占总有机碳的比例后发现，休耕、玉米连作、玉米—大豆轮作、大豆连作处理耕层土壤的活性碳库占总有机碳比例分别为 82.40%、81.62%、76.80% 和 80.75%，均显著高于惰性碳库占总有机碳的比例。这与 Bidisha 等（2006）的长期定位试验地土壤的研究结果一致，耕层土壤总有机碳中以活性碳库为主。玉米—大豆轮作处理耕层土壤有机碳的活性碳库比例显著低于长期休耕、玉米连作、大豆连作处理。比较各处理耕层土壤有机碳的化学活性指数，以玉米—大豆轮作处理最低，耕层土壤有机碳的活性最低，稳定性最高，玉米连作次之，休耕和大豆连作处理土壤化学活性指数最高，但两者之间无显著差异。休耕、玉米连作、大豆连作处理土壤中活性碳库占总有机碳的比例间并无显著差异，但呈大豆连作＜玉米连作＜休耕的趋势，而玉米—大豆轮作处理显著低于其他 3 个处理，这与玉米—大豆轮作处理化学活性指数最低的结论相符。说明 4 种种植模式中，长期玉米—大豆轮作降低了耕层土壤有机碳的化学活性，显著提高了耕层土壤有机碳的化学稳定性，且种植大豆处理有使土壤有机碳化学活性降低的趋势。

5.3.2　培肥方式对耕层碳氮特征的影响

5.3.2.1　培肥方式对土壤有机碳的影响

在不同施肥措施条件下，土壤有机质含量均随土壤深度的增加呈递减趋势（图 5-19）。与不施肥的对照（CK）相比，化肥＋有机肥（MNPK）处理使 0 ～ 60cm 土层中的 SOC 含量显著增加了 50.7% ～ 62.1%，而化肥＋秸秆（SNPK）和单施化肥（NPK）处理则在 0 ～ 100cm 土壤剖面中均未达到显著增加。各处理在 60cm 土层以下，施肥措施差异对土壤有机质影响不显著。0～60cm 土层中，不同施肥措施下 SOC 含量由高到低依次为 MNPK ＞ SNPK ＞ NPK ＞ CK。MNPK 处理比 SNPK、NPK 显著增加了 0～60cm 土层中 SOC 含量。

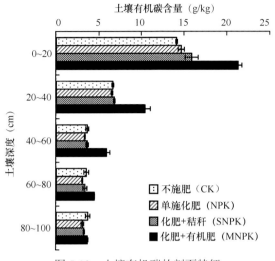

图 5-19　土壤有机碳的剖面特征

5.3.2.2　培肥方式对土壤全氮的影响

与土壤有机碳剖面特征相似，不同施肥措施条件下土壤全氮（TN）含量也呈递减趋势（图 5-20）。与对照 CK 相比，MNPK 在 0～80cm 中 TN 含量显著增加了37.8%，而 NPK 和 SNPK 处理在 0～40cm 层次分别显著增加 8.6%～22.5% 和 14.1%～14.9%，其他各层均未达到显著增加水平。0～40cm 土层中 TN 含量由高到低依次为MNPK ＞ SNPK ＞ NPK ＞ CK，40～80cm 依次为 MNPK ＞ SNPK ≥ NPK ≥ CK。这表明各施肥措施均有助于增加农田 0～40cm 土壤 TN 含量，但施肥类型制约明显。土壤TN 含量与外源氮输入与土壤氮消耗有关，在总施入氮（有机＋无机形态）一定的情况下，MNPK、SNPK 相比 NPK 配施均包括有机态 N 施入，秸秆比有机肥包括更多的有机态氮，土壤 TN 的含量与迁移受有机态氮释放影响极大，同时作物自然固氮特性与吸氮特点差异也影响 TN 的积累，各处理间 TN 差异应是各因素综合影响的结果。

5.3.2.3　培肥方式对土壤团聚体结合碳的影响

不同施肥措施影响耕层土壤团聚体的构成（图 5-21）。各施肥处理以微团聚体（0.25～0.053mm）和黏粉粒（＜0.053mm）为主，均显著高于较大团聚体（＞2mm）和大团聚体（2～0.25mm）。对于较大团聚体，MNPK 处理其分配比例显著低于其他处理。大团聚体所占比例在 NPK 处理显著高于其他处理，其他处理间无显著差异。SNPK 处理中微团聚体所占比例显著高于其他 3 个处理，而 NPK 处理中所占比例则显著低于其他处理，CK、MNPK 所占比例均差异不大。SNPK 处理中黏粉粒所占比例显著低于其他各处理，其他各处理差异未达到统计学上的显著水平。

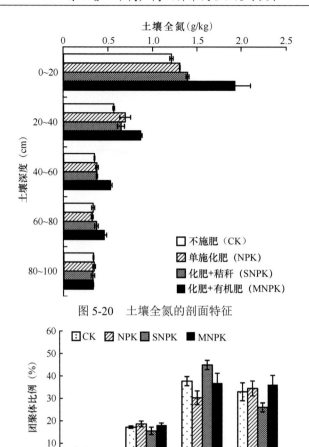

图 5-20　土壤全氮的剖面特征

图 5-21　不同处理团聚体分配

各施肥措施下土壤团聚体结合碳的含量趋势在 4 个不同粒径团聚体中一致，MNPK 处理较高，而 NPK、CK 较低（图 5-22）。总体来说，各处理的团聚体中都是＞ 2mm 团聚体有机碳含量最高，然后随着团聚体粒级的减小而含量依次降低。相对于对照 CK，在＞ 2mm 团聚体中，各处理均显著提高团聚体结合有机碳含量 16.2% ～ 112.3%。在 2 ～ 0.25mm 团聚体中，NPK 处理结合碳含量最低，不同措施处理间差异达显著水平。在 0.25 ～ 0.053mm 团聚体与＜ 0.053mm 团聚体中趋势类似，SNPK 高于 CK、NPK，但均显著低于 MNPK 处理，MNPK 处理显著提高了各粒径团聚体有机碳含量。

5.3.2.4　培肥方式对土壤有机碳组分分布的影响

不同培肥处理对不同活性碳库影响并不一致，与 CK 相比，SNPK、MNPK 处理显著增加了组分 1 的有机碳含量，增幅分别为 72.9% 和 88.6%；NPK 处理稍有增加，但未达到显著水平；而对于组分 2 则是 MNPK 处理显著高于 CK，NPK 处理与 CK 无显著差异，但 SNPK 处理显著低于 CK；组分 3 中 MNPK 处理显著高于 CK，而其他处理与 CK 无显著差异；而组分 4 中各施肥处理均低于 CK（图 5-23）。

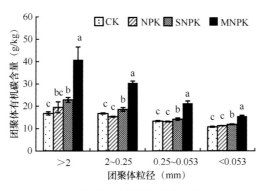

图 5-22　不同粒级团聚体结合有机碳含量

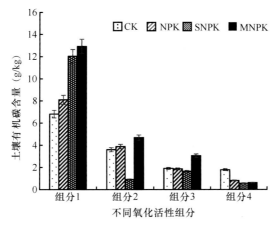

图 5-23　土壤有机碳在不同碳库中的分布

在 4 组不同活性的碳库中，不同施肥措施对有机碳的影响并没有呈现出一致的趋势（图 5-24）。与有机碳含量特征关系类似，SNPK 和 MNPK 处理显著增加了组分 1 的比例，达到极显著水平；而对于组分 2，SNPK 处理下其比例显著下降；组分 3、组分 4 的比较关系则均与图 5-23 中含量特征的关系相似。

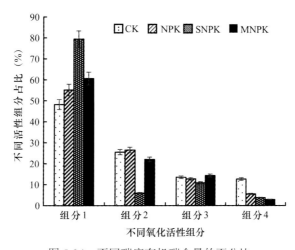

图 5-24　不同碳库有机碳含量的百分比

将组分 1 与组分 2 合并，统称为活性碳库，组分 3 与组分 4 合并为惰性碳库，则会发现与 CK 处理相比，MNPK 与 NPK 处理的活性碳库变化不大，但 SNPK 处理则显著提高了活性碳库的比例（图 5-25）。

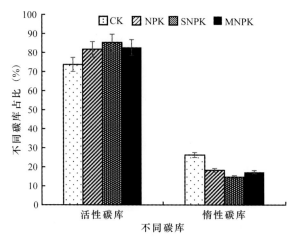

图 5-25　不同培肥模式下耕层土壤不同活性碳库的分布

5.3.2.5　讨论

由于农业土壤随着种植年限的增加，不施肥处理的土壤有机碳总量在逐渐下降，各施肥处理的土壤有机碳总量在逐渐增加，土壤有机碳得以积累且肥力得以提高，其中以有机肥与无机肥配施处理增幅最大。有机肥与化肥配施显著提高土壤中有机碳含量的原因可能是有机肥施用本身增加了土壤有机物质的输入，同时因为提高了农作物的生物量，也增加了残茬和根向土壤的输入。

单施无机肥使土壤有机碳得以提高，分析其原因主要是无机肥配施提高了植物的生产力，从而使植物残体尤其是根茬在土壤中的残留量增加，减缓了土壤有机碳的矿化。这一结果与传统观念上的长期施用化肥会激发土壤有机质的分解，导致土壤有机质含量下降的观点不同。秸秆还田配施无机肥增加了土壤有机碳，主要是因为秸秆还田本身带入了大量的有机物料，此外还有根茬碳的输入，然而秸秆还田输入对土壤有机碳的提高效应低于无机肥配施，可能一方面是由于秸秆还田主要是在地表，但无机氮肥配施量低，作物与微生物对氮素利用产生竞争，不利于进入土壤的有机物质腐解；另一方面是由于作物因养分竞争导致生物量较低，根茬还田量少，土壤有机质形成的实际前体物相对少。无机肥配施较秸秆还田提高了作物产量，随着生产力的提高，根茬还田量也呈增加趋势。长期定位试验作物的均产无机肥配施高于秸秆还田也是有力的证据。

长期不同培肥措施改变了团聚体组成与团聚体内颗粒有机碳的含量分布，进而影响有机质在土壤中的稳定性。不同培肥处理土壤团聚体均以＜ 0.25mm 的小团聚体为主，这主要是由于翻耕使得大团聚体被破坏，小团聚体得以富集，并且团聚体结合碳随团聚体粒径的变小而降低。长期施用有机肥与对照相比，并未显著增加各粒径团聚体的数量，而安婷婷等（2008）认为施用有机肥一定程度上抵消了耕作对土壤团聚体的破坏，促进了土壤的团聚化作用，本结果与其不同，具体原因有待进一步分析。但长期施肥处理土壤各粒径团聚体中结合碳均增加，这主要是由于对照长期不施肥，作物生物量低，导致根茬归还量少，土壤有机质含量低，使得各粒级团聚体中有机碳含量均小，而长期施用有机肥有利于大团聚体的形成，有机质优先积累在大团聚体中，而有机肥处理各粒级结合碳均高于其他处理，可能是长期施用有机肥处理土壤有机质本底含量较高所致。NPK配施处理有充足的氮供应，但受限于碳源不足，微生物分解有机质以释放碳素，由于大团聚体中碳多为新鲜有机物料，易被分解，导致碳损失的同时大团聚体被破坏，这可能是该处理砂黏粒团聚体比例较高的原因。秸秆还田处理由于大量的新鲜有机物料被腐解，大量的小分子有机产物进入土壤，有助于小团聚体的黏结。此外，玉米秸秆较高的碳氮比和较低的氮肥供应导致有机物料分解困难，形成的有机质比施用有机肥的要低，也导致团聚体结合碳强度低于施用有机肥处理。作物轮作比连作有助于团聚体结合碳的保持，这主要是由于玉米—大豆轮作处理氮肥输入与需求改变，土壤中氮活性较高，减少了有机质分解。

在农业可持续发展的系统研究中，土壤有机碳库容量的变化主要发生于易氧化土壤有机碳库中，其对衡量土壤有机碳的敏感性要优于其他变量，可以指示土壤有机碳的早期变化过程。而非活性碳库的大小代表着一定数量的慢分解有机碳，对于有机碳的积累和固定有着非常重要的意义。相比不施肥处理，各施肥处理均显著增加了易氧化态有机碳含量，赵丽娟等（2006）也有同样发现。施用有机肥处理和秸秆还田的易氧化态有机碳含量高于 NPK 配施处理，主要是由于 NPK 配施处理有机物料归还主要为根茬，相对较少，而前两个处理均包含了有机肥与秸秆还田处理和根茬碳的归还，有机物料的腐解形成较多易氧化有机质，玉米—大豆轮作处理因氮含量较高减少了易氧化态有机碳进一步分解，增加了易氧化碳的含量。秸秆还田处理尽管有大量的秸秆碳还田，但氮含量低于有机肥还田处理，使得秸秆碳分解受到限制，形成有机质的数量低于施用有机肥处理。有机肥施用＋作物轮作与不施肥处理均增加了难氧化态有机碳含量。长期不施肥处理，有机质分解是其主要的矿质养分来源，但由于生产力较低，每年输入土壤的物料腐解释放的养分可能已满足了作物需要，且由于氮的匮乏导致有机物料分解较慢，较难分解的大分子有机物（如果胶、纤维素、半纤维素）补充到难氧化态有机碳部分。轮作有机肥处理，砂黏粒团聚及结合碳较高是其含量较高的主要原因。这表明长期不施肥或轮作处理较秸秆还田、施用有机肥或无机肥处理均有较多的稳定碳。不过，尽管各施肥处理均增加了易氧化碳含量，但秸秆还田处理易氧化部分在 SOC 中所占比例最大，进一步证明其碳主要是由易氧化碳构成，其碳库抵抗环境变化的能力较弱。而有机肥处理易氧化部分含量比例较大，且比对照显著增加，其他组分差异不大，表明有机肥施用增加土壤碳库主要是增加了易氧化部分。NPK 处理具有类似的规律。赵丽娟等（2006）研究也认为施肥致黑土有机碳库增加的组分是活性有机碳。总体来说，施肥有利于土壤碳的增加，但其碳库的稳定性较差，易受外界环境变化的影响。

5.3.3　少免耕对耕层碳氮特征的调控

5.3.3.1　耕作方式对土壤有机碳含量的影响

不同耕作方式下，SOC 含量在整个土壤剖面上均呈递减趋势（图 5-26）。相比传统翻耕处理，长期免耕显著提高了耕层（0～20cm）SOC 的含量，增幅达到 13.5%，其他各层均无显著差异。免耕方式耕层（0～20cm）SOC 含量显著高于 20～100cm 土层，而翻耕处理下二者无显著差异。两种耕作方式下，20～40cm 土层 SOC 含量也显著高于下层（40～60cm）。

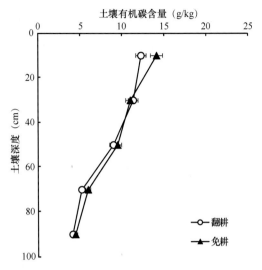

图 5-26　不同耕作处理下土壤有机碳含量

5.3.3.2　耕作方式对土壤全氮含量的影响

各处理土壤全氮（TN）含量的变化趋势与 SOC 基本一致，均随土体深度增加而降低（图 5-27）。长期免耕处理与传统翻耕处理相比在整个剖面中 TN 含量均差异不显著，表明免耕对土壤 TN 的积累作用不明显。

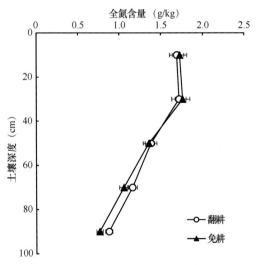

图 5-27　不同耕作处理下土壤全氮含量

5.3.3.3　不同耕作方式对土壤碳氮比的影响

长期免耕与翻耕处理土壤碳氮比在整个剖面上基本上呈递减趋势。从 2 个处理的比较来看，长期免耕处理 0～20cm 土层土壤碳氮较翻耕处理高 11.1%，而 60～100cm 则显著高 24.4% ～ 25.5%（图 5-28）。

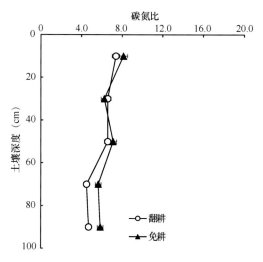

图 5-28 不同耕作处理下土壤碳氮比

5.3.3.4 讨论

耕作不断地将下层土壤翻到耕层，改变了原有土壤的物理条件（温度、水分和透气性等），并使之经受持续的干湿循环和冻融交替，从而提高了 SOC 的分解速率。免耕土壤 0 ～ 20cm 层次 SOC 含量显著大于常规翻耕，这主要是因为免耕使得秸秆均覆盖于地表，同时也减少了翻耕扰动土壤所引起的有机质分解，因而促进了耕层土壤的富集，而下层土壤缺少因翻耕所带入的地上植物残体的补充，因而土壤有机质较翻耕处理变化不大。先前的大量研究也表明，免耕使土壤有机碳在表层富集。翻耕处理使秸秆进入耕层土壤，但 SOC 的分解速率较高，是翻耕处理耕层土壤 SOC 含量较低的主要原因。耕作扰动降低了土壤的团聚作用，提高了团聚体的周转速率，从而降低了 SOC 的物理保护作用。微团聚体对 SOC 的保护作用更强，而翻耕打破了土壤大团聚体，阻碍了大团聚体内微团聚体的形成，从而降低了新形成的土壤微团聚体对新碳的保护，而少免耕处理则反之，有利于保护新碳的形成，提高 SOC 的含量，这可能是耕作方式影响土壤有机碳积累的内在因素之一。免耕土壤相比常规翻耕在整个土体中 TN 含量没有显著差异，且含量均较高，表明可能限制 SOC 分解矿化的主要因素不是氮素而可能来自底物碳源。碳氮比影响有机质的分解速率，高碳氮比比低碳氮比的有机质分解慢，更有助于土壤碳的积累。免耕耕层土壤的碳氮比高于翻耕土壤约 11%，这可能是免耕耕层土壤有机碳含量较高的主要原因。而＞ 60cm 层次土壤碳氮比免耕大于常规翻耕，使得免耕下层土壤 SOC 也略高于翻耕处理，尽管差异不显著。

5.4 耕层理化特性及其耕作栽培调控

5.4.1 种植模式对耕层理化特性的调控

5.4.1.1 土壤物理特性

土壤容重是土壤物理性状的主要指标之一，可以反映土壤的紧实度和土壤的孔隙组成，以及结构、透气性、透水性及保水能力的高低等，土壤容重越小说明土壤结构、透气透水性能越好。孔隙良好的土壤能同时满足作物对水分和空气的要求，又有利于对养分状况的调节和植物根系的延伸。如图 5-29 所示，在各处理中，10 ～ 20cm 深的土壤容重均高于 0 ～ 10cm 土壤。不同种植模式下，休耕处理 0 ～ 10cm 的土壤容重比玉米连作、玉米—大豆轮作、大豆连作处理分别高 48.60%、30.50% 和 19.52%，10 ～ 20cm 土壤容重分别高 37.08%、28.24% 和 18.89%，均达到显著水平。而在玉米连作、玉米—大豆轮作、大豆连作处理之间，0 ～ 10cm 与 10 ～ 20cm 土壤容重均呈同一趋势，依次为玉米连作＜玉米—大豆轮作＜大豆连作。

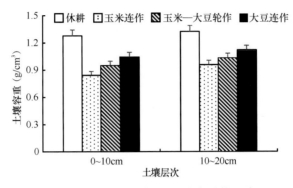

图 5-29　不同种植模式对土壤容重的影响

　　图 5-30 为种植模式对土壤团聚体分布的影响。各处理＞ 2mm 的土壤大团聚体占土壤总干重的比例均最低。在玉米连作、玉米—大豆轮作、大豆连作处理中，土壤微团聚体（0.25 ～ 0.053mm）呈玉米连作＜玉米—大豆轮作＜大豆连作的趋势，且差异达到显著水平；而 3 个种植处理＜ 0.053mm 的土壤黏粉粒占干重的比例则与微团聚体呈相反的趋势，各处理依次降低，且差异达到显著水平。但 3 个种植作物的处理之间，大团聚体（＞ 2mm 和 2 ～ 0.25mm）占土壤干重的比例无显著差异，且均显著低于休耕处理。休耕处理中大团聚体（＞ 2mm 和 2 ～ 0.25mm）占土壤干重的比例分别比玉米连作、玉米—大豆轮作、大豆连作高出 128.7%、123.4% 和 163.0%，达到显著水平，而其微团聚体与黏粉粒占土壤干重的比例均显著低于玉米连作、玉米—大豆轮作和大豆连作处理。

　　图 5-31 为不同种植模式下土壤团聚体的分形特征。休耕处理土壤团聚体平均重量直径（MWD）为 1.12mm，显著高于玉米连作、玉米—大豆轮作、大豆连作处理，分别高 161.85%、143.02% 和 215.20%。在玉米连作、玉米—大豆轮作、大豆连作处理中，MWD 值呈大豆连作＜玉米连作＜玉米—大豆轮作的趋势，但处理间差异不显著。休耕处理的土壤团聚体几何平均直径（GMD）为 0.351mm，显著高于玉米连作、玉米—大豆轮作、大豆连作处理，分别高 197.33%、156.93% 和 151.74%。在玉米连作、玉米—大豆轮作、大豆连作处理中，GMD 值呈玉米连作＜玉米—大豆轮作＜大豆连作的趋势，但处理间差异未达到显著水平。

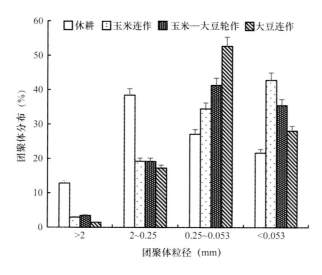

图 5-30　不同种植模式下的团聚体分布

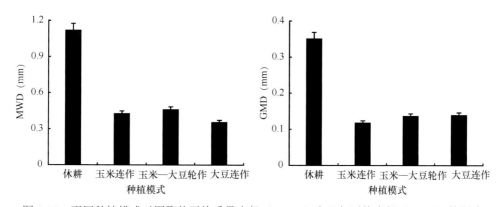

图 5-31　不同种植模式对团聚体平均重量直径（MWD）和几何平均直径（GMD）的影响

5.4.1.2　土壤化学特性

如图 5-32 所示，不同种植模式下，耕层（0 ~ 20cm）土壤的 pH 的趋势为大豆连作＜玉米—大豆轮作＜休耕＜玉米连作。除玉米连作和大豆连作处理间差异达到显著外，其他各处理均无显著性差异。可以看出，相对于休耕处理，除玉米连作处理外，玉米—大豆轮作和大豆连作都有使土壤 pH 下降的趋势。

各处理的土壤碱解氮浓度随土壤深度的变化趋势是一致的，均随土壤由耕层至底层浓度逐渐降低（图 5-33）。在 $P < 0.05$ 下做多重比较分析，0 ~ 20cm 耕层土壤中，玉米连作、玉米—大豆轮作、大豆连作处理之间的土壤碱解氮浓度差异达到显著水平。玉米连作处理显著高于长期休耕，且呈休耕＜大豆连作＜玉米—大豆轮作＜玉米连作的趋势。40 ~ 80cm 土壤中，均以休耕处理土壤碱解氮浓度为最低，而玉米连作、玉米—大豆轮作、大豆连作处理的碱解氮浓度间无显著差异。在 80 ~ 100cm 土层，各处理的土壤碱解氮浓度无显著差异。

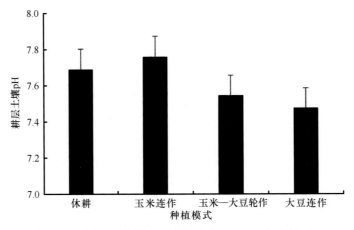

图 5-32　不同种植模式下的耕层（0～20cm）土壤 pH

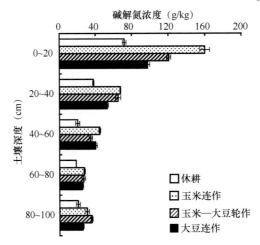

图 5-33　不同种植模式下的土壤剖面碱解氮浓度

　　如图 5-34 所示，在 0～20cm 耕层土壤中，各处理的土壤速效磷浓度间差异达到极显著水平，且呈休耕＜大豆连作＜玉米—大豆轮作＜玉米连作的规律。在耕层以下的 20～40cm、40～60cm 土壤中，玉米连作处理的速效磷浓度显著高于其他各处理，而休耕处理显著低于各种植作物的处理。自 60cm 以下的土壤中速效磷浓度各耕作处理差异不显著。休耕处理的速效磷浓度在土壤剖面的各个层次均低于其他 3 个处理。

　　与玉米连作、玉米—大豆轮作、大豆连作处理相比，休耕处理土壤中各层次的速效钾浓度均为最低（图 5-35）。在 0～20cm、20～40cm 土层中，休耕处理的速效钾浓度均显著低于玉米连作、玉米—大豆轮作、大豆连作处理，但玉米连作、玉米—大豆轮作、大豆连作处理之间无显著差异。随土壤深度加大，玉米连作与大豆连作处理的土壤速效钾浓度的变化趋于一致，且差异不显著。玉米—大豆轮作处理的土壤速效钾浓度除在 0～20cm 耕层中有高于玉米连作和大豆连作的趋势，在耕层以下的各层次中均维持在较低水平。

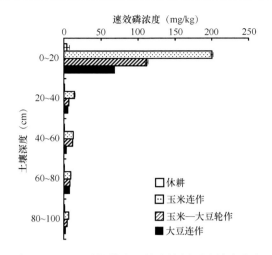

图 5-34　不同种植模式下的土壤剖面速效磷浓度

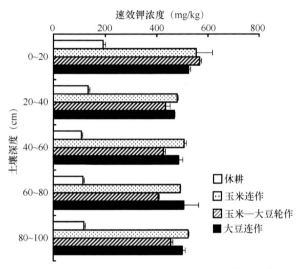

图 5-35　不同种植模式下的土壤剖面速效钾浓度

5.4.1.3　讨论

我们的研究表明，玉米连作、玉米—大豆轮作、大豆连作 3 种种植模式的耕层土壤容重显著小于无人为干扰的休耕处理。这是因为种植作物的 3 个处理长期以有机肥作底肥，并施加化肥作基肥，增加了土壤有机质含量，以及持续性的机械耕作对土壤，特别是对表层土壤造成的疏松作用。而在玉米连作、玉米—大豆轮作、大豆连作这 3 种种植模式之间，以大豆连作土壤的容重最高，玉米连作土壤容重最低，且差异达到显著水平。这可能与两种作物根系在土壤中的分布有关系，玉米根系的生物量远大于大豆根系，而且其根系为较粗壮的须根系，因此在土壤中容易形成较大的孔隙，故而容重较低。前人研究结果表明，对土壤耙茬使土壤容重变小的主要原因为：作物根系的穿插作用；早春昼夜冻融交替，土体之间互相机械拉扯作用；土壤水分遇冻膨胀作用。此外也有研究证明，作物降低容重是通过根系充斥及其归还土壤增加有机质产生的；施加化肥增加根系的生物量，而这种增加作用在结合有机肥施加后，作用更加明显；不同黑土生态系统下土壤容重的变化主要是通过培育不同有机质含量而发生作用。

耕层土壤团聚体分布显著受到种植模式的影响。在长期定位试验进行 18 年后，与种植作物的处理相比，休耕显著增加了耕层土壤中 > 2mm 和 2 ～ 0.25mm 的大团聚体，但长期玉米连作、玉米—大豆轮作、大豆连作处理之间大团聚体占土壤总重的比例差异不显著，其团聚体主要为 0.25 ～ 0.053mm 的微团聚体和 < 0.053mm 的黏粉粒。以往的研究表明，有机质是土壤团聚体形成的主要胶结物质。据姚贤良等（1990）研究，< 0.25mm 微团聚体的形成主要取决于土壤黏粒和活性 R_2O_3 的黏结作用，而 > 0.25mm 的大团聚体的形成主要取决于有机胶结物质和土壤黏粒的相互作用。土壤中的大团聚体主要是通过有机残体和菌丝胶结形成的，小团聚体主要是多糖或无机胶体通过阳离子桥而胶结形成的。土壤大团聚体的周转速率较快，更易受人为管理措施的影响，特别是耕作的扰动。而休耕土壤相较于其他 3 个处理，由于未种植任何作物，没有机械耕作对土壤团聚体的物理破坏作用，有利于大团聚体的保存。而且与种植作物的处理相比，其上所生长的自然植被形成的凋落物全部归还到土壤，有机物的投入相对较高，从而促进了土壤大团聚体的形成。由于长期耕作的人为扰动，玉米连作、玉米—大豆轮作、大豆连作处理耕层土壤的团聚作用显著降低，大团聚体更容易解体为 0.25 ～ 0.053mm 的微团聚体和 < 0.053mm 的黏粉粒，从而导致 3 个种植作物的处理中，土壤大团聚体占土壤干重的比例显著低于长期休耕处理。但玉米连作、玉米—大豆轮作、大豆连作处理之间，> 2mm 和 2 ～ 0.25mm 大团聚体占土壤干重的比例间差异并不显著，这可能是施加长期持续的耕作措施，各耕作处理大团聚体的比例均已处于较低水平所致。各处理 0.25 ～ 0.053mm 微团聚体和 < 0.053mm 黏粉粒的分布差异均达到显著水平（$P < 0.05$）。玉米连作处理耕层土壤以 < 0.053mm 的黏粉粒为主，而 0.25 ～ 0.053mm 微团聚体占土壤总干重的比例显著低于大豆种植处理。这可能是因为玉米连作处理较强的耕作强度打破了大团聚体的形成，促进了大团聚体的周转，从而阻碍了大团聚体内黏粉粒在有机物的胶结作用下形成新的微团聚体，导致玉米连作处理的 0.25 ～ 0.053mm 微团聚体所占比例较大豆连作处理低，而黏粉粒的比例较高。而玉米—大豆轮作中，由于土壤受到的耕作扰动介于玉米连作与大豆连作之间，其微团聚体与黏粉粒各自占土壤干重的比例也介于长期玉米连作与大豆连作之间。

土壤团聚体是具有分形特征的系统。土壤团聚体的 MWD 和 GMD 是各粒径土壤团聚体含量的综合反映，是反映土壤团粒结构粒径几何形状的重要参数，某一粒径团聚体的变化对土壤团聚体的特征都可能产生重要影响。MWD 和 GMD 数值的高低，反映了土壤的保水和抗侵蚀能力。土壤团聚体的 MWD、GMD 值越高，表明土壤越具有良好的结构。闫峰陵等（2007）的研究表明，团聚体的 MWD 和大团聚含量与土壤侵蚀量和径流强度显著相关，团聚体稳定性的增强对提高黑土的抗蚀能力具有重要作用。休耕处理 MWD 和 GMD 的数值显著高于各个种植作物的处理。说明休耕条件下，无机械的耕作扰动及自然植被的生长提高了土壤团聚体的稳定性，有利于水土保持和增强黑土的抗蚀能力。虽然各耕作处理之间土壤团聚体的分形特征差异不显著，但轮作处理有提高土壤团聚体稳定性的趋势，可能也有利于提高黑土农田抗风蚀和水蚀的能力。

土壤 pH 是评价土壤肥力的一个重要指标。土壤理化性质与植物根系生长和养分的吸收有着密切的关系，过低的土壤 pH 不仅影响植物根系的生长，而且可以通过影响氮在土壤中的形态而影响植物根系细胞对土壤中氮素的吸收。影响土壤酸化的因素主要有两个方面,一是由于大气环境污染导致酸沉降的增加,二是不当的土地利用方式。由于东北黑土区几乎不存在酸沉降的现象,因此土壤酸化的主要原因是土地的利用方式不当。与长期休耕相比,大豆连作及玉米—大豆轮作的方式均有使土壤酸化的趋势,特别是长期大豆连作使土壤 pH 下降幅度增加。大豆是一种共生固氮作物,大豆所需的氮素部分靠根瘤固定大气中的氮获得。由于大豆根系的固氮作用,减少了根系对土壤中无机氮的吸收,最终导致大豆根系从土壤中吸收阳离子的总量超过了吸收阴离子的总量,促使大豆分泌 H^+,引起大豆根际土壤 pH 下降;长期大豆连作,不断从土壤中吸收某些元素,如磷、铁、锌等,导致双子叶植物根区 pH 下降;长期连作导致土壤中缺少某些元素,如锌、锰、铜等,从而导致根系氨基酸等酸性物质的分泌增加,促进了根际土壤的 pH 下降。

通过比较各处理 0 ～ 100cm 剖面土壤速效态氮、磷、钾含量后发现,休耕处理在剖面各层次的碱解氮、速效磷和速效钾含量均显著低于玉米连作、玉米—大豆轮作和大豆连作 3 个处理。土壤中碱解氮随土壤剖面的分布规律与总碳和总氮的分布规律类似,这是由于碱解氮主要为土壤有机质中容易分解形成的铵态氮、硝态氮、氨基酸、酰胺和易水解的蛋白质,以及无机离子态氮,如 NO_3^-、NH_4^+ 等,土壤中碱解氮的含量与土壤有机质的含量呈正相关关系。

5.4.2　培肥方式对耕层理化特性的调控

5.4.2.1　土壤物理性状

从图 5-36 可以看出,1991 ～ 2000 年和 2001 ～ 2010 年 CK 和 NPK 处理土壤容重与 1990 年相比呈显著增加的趋势,而 SNPK 和 MNPK 处理土壤容重在 1991 ～ 2010 年无显著变化。不同施肥措施之间,SNPK 和 MNPK 处理 1991 ～ 2010 年的平均容重分别为 1.193g/cm³ 和 1.187g/cm³,分别比 CK 处理 1991 ～ 2010 年的平均容重降低了 10.6% 和 11.1%。究其原因可能是有机肥施用或秸秆还田能够促进微生物活动,使土壤孔隙度增加、通透性增大,土壤结构得到改善,有利于作物根系的生长,从而加速了土壤养分的分解和根系养分的吸收,调节了水分与空气之间的矛盾,为农作物生长和土壤微生物的活动创造了良好的环境。此外,NPK 处理 1991 ～ 2010 年的平均容重为 1.286g/cm³,与 CK 处理 1991 ～ 2010 年的平均容重相比降低了 3.6%。

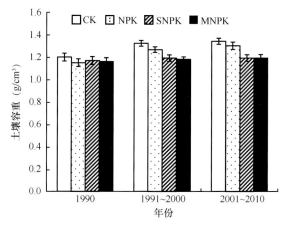

图 5-36　不同培肥方式下的土壤容重变化

5.4.2.2 土壤化学性状

由图 5-37 可知，与不施肥的对照相比，各施肥处理 0～20cm 碱解氮含量均显著提高，幅度顺序为 MNPK ＞ SNPK ＞ NPK，这表明有机肥与无机肥配施能够提高土壤中的速效氮含量及土壤有效氮的含量水平，这其中，有一部分是来自有机质中的小分子氮素养分，另一部分是有机质矿化分解释放出来的速效氮养分。

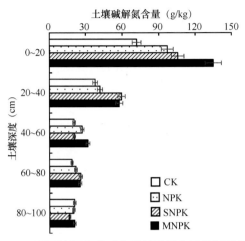

图 5-37　不同培肥方式下土壤碱解氮含量的剖面特征

从图 5-38 可以看出，土壤速效钾含量在 0～20cm 深度依次为 MNPK ＞ SNPK ＞ NPK ＞ CK 处理。方差分析表明，化肥与秸秆、化肥与有机肥均可显著增加速效钾含量（$P < 0.05$）。

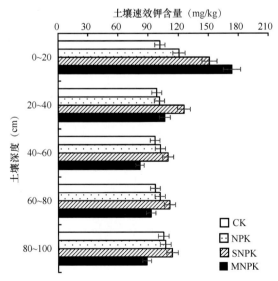

图 5-38　不同培肥方式下土壤速效钾含量的剖面特征

土壤速效磷的含量主要受磷素收支的影响，从图 5-39 可以看出，SNPK、NPK 和 MNPK 处理均提高了土壤速效磷的含量，其中，MNPK 处理速效磷含量较高，增加幅度达到极显著水平（$P < 0.01$），这可能是因为有机肥料的加入改善了土壤速效磷的供应机制，

除了有机质自身的矿化作用释放出无机磷，有机质分解后会生成有机酸和腐殖质，有机酸则可以与土壤中难溶性的磷酸盐发生反应，从而释放出更多的速效磷。

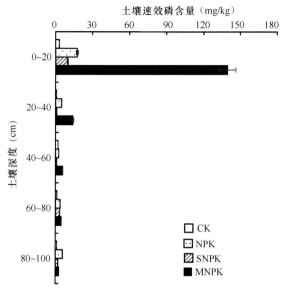

图 5-39　不同培肥方式下土壤速效磷含量的剖面特征

5.4.2.3　讨论

综合土壤有机质和土壤全氮的变化规律来看，土壤培肥效果以有机肥配施化肥效果最好，其次是 SNPK 处理，连施化肥与不施化肥效果最差。连施化肥比不施化肥增加的土壤有机质含量相当有限，10 年的定点试验表明，单施化肥的土壤，胡敏酸"老化"速度快，分子缩合度增加，能态及活性降低，对土壤养分有效性的转化带来不利的影响。除此以外，化肥的大量施用使得土壤的理化性状变得恶劣，耕性变差。1990 ～ 2010 年不同处理下的土壤容重变化趋势表明，CK 和 NPK 处理的土壤容重增加趋势明显，而SNPK 和 MNPK 处理土壤容重无显著变化。不同处理间比较，NPK、SNPK 和 MNPK处理 1991 ～ 2010 年平均容重分别为 1.286g/cm^3、1.193g/cm^3 和 1.187g/cm^3，分别比CK 处理 1991 ～ 2010 年的平均容重降低了 3.6%、10.6% 和 11.1%。上述结果表明，有机肥施入和秸秆还田有利于改善物理结构和土壤通透性，协调土壤固、液、气三相比，提高土壤养分的有效性，从而促进作物根系生长和对土壤养分的吸收，也为土壤微生物的活动创造了良好的环境。

5.5　耕层生物特性及其耕作栽培调控

5.5.1　种植模式对耕层生物特性的影响

5.5.1.1　种植模式对耕层土壤微生物呼吸的影响

不同种植模式下，耕层土壤微生物呼吸速率表现出大豆连作＜玉米—大豆轮作＜休耕＜玉米连作的趋势（图 5-40）。其中，玉米连作处理分别和玉米—大豆轮作、大豆连作处理间差异达到显著水平。休耕处理和玉米连作处理的微生物呼吸速率，显著高于玉米—大豆轮作处理和大豆连作处理，但玉米—大豆轮作和大豆连作处理间差异不显著。

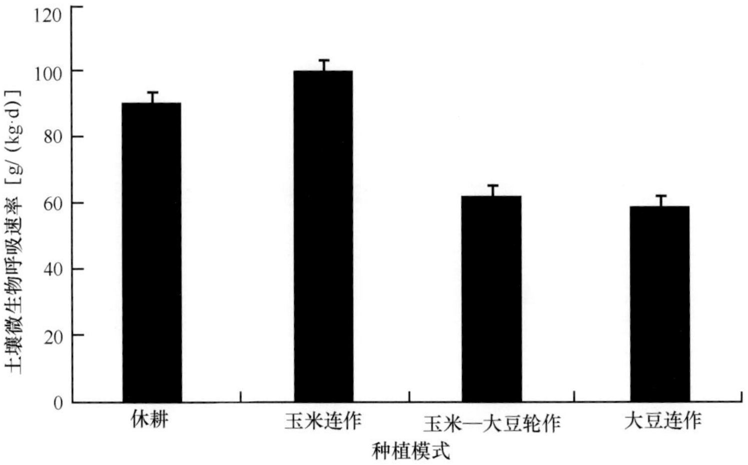

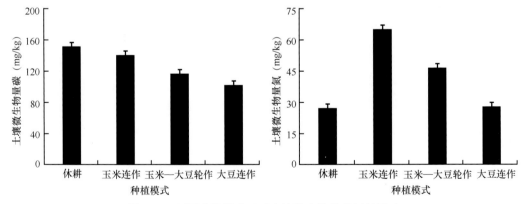

图5-40　不同种植模式下的耕层土壤微生物呼吸速率

5.5.1.2　种植模式对耕层土壤微生物量碳氮的影响

不同种植模式下，土壤微生物量碳（SMBC）呈大豆连作＜玉米—大豆轮作＜玉米连作＜休耕的趋势（图5-41）。除玉米连作和大豆连作处理间差异达到显著水平外，玉米连作和玉米—大豆轮作、玉米—大豆轮作和大豆连作间均无显著差异。休耕处理的土壤微生物量碳有高于玉米连作处理的趋势，但差异并不显著，而休耕处理显著高于玉米—大豆轮作处理和大豆连作处理。土壤微生物量氮（SMBN）呈休耕＜大豆连作＜玉米—大豆轮作＜玉米连作的趋势，且玉米连作、玉米—大豆轮作、大豆连作处理的微生物量氮与微生物量碳的趋势相同，均以玉米连作处理最高，玉米—大豆轮作次之，大豆连作最低。玉米连作、玉米—大豆轮作、大豆连作处理间差异达到显著水平，休耕处理与大豆连作处理间差异不显著。

图5-41　不同种植模式下对土壤微生物量碳氮的影响

如图5-42所示，耕层土壤微生物量碳氮比（SMBC/SMBN）呈玉米连作＜玉米—大豆轮作＜大豆连作＜休耕的趋势。玉米连作、玉米—大豆轮作、大豆连作处理的土壤微生物量碳氮比间差异不显著，但休耕处理显著高于玉米连作、玉米—大豆轮作处理，并有高于大豆连作处理的趋势。

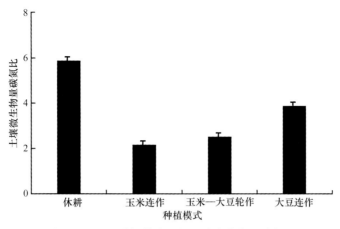

图 5-42　不同种植模式下的土壤微生物量碳氮比

5.5.1.3　种植模式对耕层土壤微生物结构的影响

对不同种植模式下土壤细菌、真菌和放线菌数量的空间层次分布进行测定（表 5-4），发现细菌和放线菌数量具有明显的垂直分布规律，各处理下细菌和放线菌数量以 0 ～ 20cm 土层最高，20 ～ 40cm 土层次之，而 40 ～ 60cm 土层微生物数量则急剧下降；真菌数量在不同土层之间无明显差异。

表 5-4　不同种植模式下土壤微生物数量与群落结构特征

土壤深度（cm）	处理	微生物数量（×10⁴cfu/g 干土）				群落结构（%）		
		细菌	真菌	放线菌	总量	细菌	真菌	放线菌
0 ～ 20	玉米连作	948.3a	1.0c	112.4a	1061.8a	89.2a	0.1b	10.7b
	玉米—大豆轮作	623.3b	2.2b	111.2a	736.8b	84.1b	0.3a	15.6a
	大豆连作	532.2c	2.7a	106.4a	641.3c	82.5b	0.4a	17.1a
20 ～ 40	玉米连作	853.3a	1.0b	115.3a	969.7a	88.0a	0.1b	11.9c
	玉米—大豆轮作	671.1b	2.3a	104.4a	777.8b	86.1a	0.3a	13.6b
	大豆连作	465.6c	2.2a	89.0b	556.7c	83.2b	0.4a	16.4a
40 ～ 60	玉米连作	85.3a	1.5b	10.5a	97.3a	87.1a	1.8a	11.1a
	玉米—大豆轮作	82.2a	1.8a	10.8a	94.7a	86.2a	2.0a	11.8a
	大豆连作	80.5a	2.1a	10.2a	92.7a	86.9a	2.2a	10.9a

注：同列相同土壤深度不同字母表示处理间差异显著（$P < 0.05$）

不同处理间三大类土壤微生物数量差异在不同土层间存在差异。其中，细菌数量在不同处理间的差异主要出现在 0 ～ 40cm 土层，以玉米连作处理最高，玉米—大豆轮作处理次之，大豆连作处理最低，且差异达到显著水平（$P < 0.05$）。而真菌数量在 0 ～ 20cm 土层呈现与细菌数量分布相反的趋势，即大豆连作处理的真菌数量最高，其次为玉米—大豆轮作处理，最低为玉米连作处理；而在 20 ～ 60cm 土层，则表现为玉米—大豆轮作和大豆连作处理显著高于玉米连作处理，但玉米—大豆轮作和大豆连作处理间无显著差异。放线菌数量呈玉米连作＞玉米—大豆轮作＞大豆连作的趋势，但仅 20 ～ 40cm 土

层下玉米连作和玉米—大豆轮作处理显著高于大豆连作处理。土壤微生物总量以玉米连作处理最高，玉米—大豆轮作处理次之，而大豆连作处理最低，且 0～40cm 土层下处理间差异显著。

从土壤微生物的群落结构来看，3 个处理下均以细菌数量占据绝对优势，占微生物总量的 82.5%～89.2%；其次为放线菌数量，占微生物总量的 10.7%～17.1%；最低为真菌，只占微生物总量的 0.1%～2.2%。不同处理下的细菌占微生物总量比例呈玉米连作＞玉米—大豆轮作＞大豆连作的趋势，其中 0～20cm 土层，玉米连作处理显著高于玉米—大豆轮作和大豆连作处理；而在 20～40cm 土层，玉米连作和玉米—大豆轮作处理的细菌占比显著高于大豆连作处理。真菌比例则呈大豆连作＞玉米—大豆轮作＞玉米连作处理的趋势，在 0～40cm 土层，大豆连作和玉米—大豆轮作处理显著高于玉米连作处理。放线菌占比与真菌占比的趋势基本一致，以大豆连作处理最高，玉米—大豆轮作处理次之，玉米连作处理最低，且在 0～40cm 土层大豆连作和玉米—大豆轮作处理显著高于玉米连作处理。

表 5-5 显示了细菌、真菌、放线菌及 3 种微生物数量总和与土壤理化特性之间的关系，由表中可以看出，土壤微生物总量与土壤容重、有机碳（SOC）、全氮（TN）及有效氮（AN）含量关系密切。其中，细菌和放线菌数量与土壤容重呈显著或极显著的负相关关系，与 SOC、TN 和 AN 呈显著的正相关关系，但真菌数量与土壤理化特性间无显著相关性。由于真菌数量在微生物总量中所占比例较低，因此，3 种微生物总量与土壤理化特性的关系基本上受细菌和放线菌数量的影响，即与土壤容重呈极显著的负相关关系，与 SOC、TN 及 AN 呈显著的正相关关系。

表 5-5　土壤微生物总量与土壤理化特性的相关性

土壤微生物	土壤容重	土壤含水量	土壤温度	有机碳	全氮	有效氮	有效磷	有效钾
细菌	−0.818**	−0.379	−0.239	0.784*	0.777*	0.755*	0.595	0.376
真菌	0.434	−0.004	0.365	−0.085	−0.145	−0.165	−0.256	−0.08
放线菌	−0.718*	−0.393	0.065	0.770*	0.740*	0.699*	0.492	0.382
微生物总量	−0.811**	−0.384	−0.226	0.787*	0.778*	0.753*	0.586	0.379

* 代表 0.05 水平下差异显著，** 代表 0.01 水平下差异极显著

表 5-6 为微生物群落结构与土壤理化特性之间的关系，由表中可以看出，细菌和放线菌占微生物总量的比例与土壤理化因子无显著相关性，但真菌占微生物总量的比例与土壤容重呈显著的正相关关系，与 SOC、TN 和 AN 呈显著的负相关关系。

表 5-6　土壤微生物群落结构与土壤理化特性的相关性

土壤微生物	土壤容重	土壤含水量	土壤温度	有机碳	全氮	有效氮	有效磷	有效钾
细菌	−0.311	0.059	−0.431	−0.004	0.047	0.110	0.218	−0.030
真菌	0.719*	0.412	0.402	−0.746*	−0.719*	−0.671*	−0.471	−0.348
放线菌	0.026	−0.196	0.432	0.264	0.208	0.136	−0.029	0.148

* 代表 0.05 水平下差异显著，** 代表 0.01 水平下差异极显著

5.5.1.4　讨论

土壤微生物量是土壤有机质中的活性部分，被认为是表征土壤有机质状态和变化的指标，对于土壤养分的转化过程和供应状况具有重要意义。研究表明，土壤微生物量与土壤有机碳呈线性相关，我们的研究结果进一步证明了这一点，长期玉米连作、玉米—大豆轮作和大豆连作处理之间微生物量碳氮的差异，与第 3 章耕层土壤有机碳和总氮的规律一致。休耕处理的微生物量碳显著高于玉米—大豆轮作和大豆连作处理，并有高于玉米连作处理的趋势。这可能是由于休耕处理的土壤大团聚体（＞ 2mm 和 2 ～ 0.25mm）含量较高。Franzluebbers 和 Arshad（1997）的研究表明，大团聚体中的微生物量比微团聚体中的高。在农田管理中，作为碳循环的一部分，农作物产品被收获并从土地上移走（包括籽粒和秸秆），与玉米连作、玉米—大豆轮作、大豆连作处理相比，休耕处理由于没有种植任何作物，其上着生的自然植被的凋落物等最终都以有机质的形式返还到土壤中，为微生物活动提供了必要的能量，增强了土壤微生物活性。

土壤微生物量碳氮比（SMBC/SMBN）常被用来描述微生物群落结构，土壤微生物量碳氮比较大说明真菌比例高，相反则细菌占优势。休耕处理的土壤微生物量碳氮比显著高于长期玉米连作和玉米—大豆轮作处理，并具有高于长期大豆连作处理的趋势，这可能是由于种植作物各处理长期施用化肥。这与 Hao 等（2008）以湖南省兴化、宁乡、桃江等地长期定位试验地水稻土为对象的研究结果是一致的，由于化肥的施用，土壤微生物量碳氮比呈下降趋势。

在长期玉米连作、玉米—大豆轮作和大豆连作之间，土壤微生物量碳氮比以大豆连作处理最高，玉米—大豆轮作次之，玉米连作最低，但各处理无显著差异。大豆连作导致土壤由细菌型向真菌型转化，随大豆生育期进程，真菌数量上升。试验结果反映了长期种植作物的处理中，种植大豆有使土壤微生物量碳氮比上升的趋势。除微生物群落结构变化的因素外，导致种植大豆的处理耕层土壤微生物量碳氮比有上升趋势，并且各作物种植处理土壤微生物量碳氮比相对于休耕处理低的原因可能还有：虽然玉米本身的生物量远大于大豆，但其质量远比大豆低，主要成分为纤维素和多糖，玉米根茬对土壤中微生物碳源的补充作用远大于大豆根茬，从而导致其微生物量碳要高于种植大豆的处理；由于大豆根瘤的固氮作用，对土壤中氮素的吸收量远高于玉米，并随植物的收获而带走，显著降低了土壤中留下的供微生物需求的氮素，使种植大豆的土壤中微生物量氮显著低于种植玉米的处理；与休耕及种植大豆的处理相比，种植玉米的土壤中有大量氮肥施入，肥料中分解释放的速效氮为微生物提供了充足的氮源，从而导致种植玉米的处理中土壤微生物量氮显著高于其他各处理。

土壤微生物参与土壤中多种反应过程，如矿化、氧化、还原等，是土壤有机质和养分转化与循环的动力，也是土壤养分的储存库和植物根系生长养分的重要来源。本研究表明，3 个种植模式下土壤微生物类群均以细菌占绝对优势，放线菌次之，真菌最低，其中细菌数量占 3 类微生物总量的比例达到 80% 以上，放线菌所占比例平均为 15% 左右，真菌只占微生物总量的 1% 左右，且在浅层土壤所占比例更低（0.1% ～ 0.2%），这与一般农田土壤微生物区系分布特征相吻合。此外，土壤微生物数量具有明显的垂直分布特征，即随着土层的加深，土壤微生物数量迅速下降。从不同处理间的土壤微生物数量来看，

0～60cm 土层细菌和放线菌数量呈玉米连作＞玉米—大豆轮作＞大豆连作的趋势，而真菌数量则呈相反的趋势，且处理间差异显著，这一结果与 Nanda 等（1998）的研究结果一致。但雍太文等（2012）认为轮作可使土壤三大类微生物的数量均增加，孙淑荣等（2004）认为非连作体系下的土壤细菌、真菌数量显著提高，而放线菌数量无显著变化。上述研究与本研究之间的差异可能是由农田种植作物种类及土壤特性不同造成的。

土壤微生物数量受到种植作物类型、土壤类型、土壤水热状况及土壤养分含量等多种因素的影响，并且能够敏感地反映土壤生态系统的细微变化及其程度，同时微生物的种类和数量又反过来影响着土壤理化性质的改变。本研究发现，土壤微生物与土壤理化性质之间有着密切的关系，相关分析表明，细菌和放线菌的数量与土壤容重显著负相关，与 SOC、TN 和 AN 呈显著的正相关关系。首先，土壤容重直接影响土壤通气性和孔隙度，并间接影响到土壤微生物数量高低，由于土壤中的微生物绝大部分具有好氧属性，又属于腐生性微生物，因此较低的土壤容重和疏松的土壤环境可为微生物提供充足氧气，增加其数量。玉米和大豆相比，具有更加粗壮与发达的根系系统，且根系穿透力强，起到了疏松土壤、降低容重、改善土壤通气状况的作用。因此，玉米连作和玉米—大豆轮作种植体系下土壤容重较低、通气状况较好，与大豆连作处理相比，促进了土壤微生物数量的增加。其次，土壤碳氮含量对微生物活动影响较大，土壤中丰富的碳源和氮源有利于增加微生物数量与活性。本研究中，3 种种植模式处理下有机肥的持续施用保证了新鲜有机物不断输入，使土壤固碳能力得以提高，有利于土壤微生物数量的提高。而玉米连作处理的 SOC 含量显著高于大豆连作处理，主要是由于和大豆相比，玉米根茬与根系分泌物在土壤中的残留量更高，为微生物提供了更多的可利用碳源；并且 SOC 与土壤氮积累相互影响，SOC 含量的增加会促进土壤 TN 和 AN 的积累，而由于土壤 SOC 和氮素养分条件的改善，玉米连作处理下的细菌和放线菌数量显著高于大豆连作处理。

土壤微生物群落结构反映了微生物群落的稳定性及其多样化程度。丰富的土壤微生物多样性有利于微生物适应各种不同的生态环境，并以不同的生活方式与其他生物相互作用，构建良好的土壤生态体系。种植模式等农田管理措施对土壤微生物结构存在显著影响，我们的研究发现，与玉米—大豆轮作和大豆连作处理相比，玉米连作体系下的细菌占比显著提高，而放线菌和真菌比例显著降低，不利于土壤微生物种类的多样性，在土壤环境或农田管理方式改变条件下，可能会影响土壤生态系统的结构、功能及过程，降低土壤生产力可持续提高能力。因此，东北黑土区玉米连作体系下要配合采用合理的农田管理措施，进一步丰富土壤微生物多样性，增强土壤抗逆能力。

综上所述，长期种植模式定位试验表明，东北黑土区玉米连作结合有机肥施用可以显著改善土壤理化性状，特别是有利于降低 0～40cm 土层的土壤容重，增加土壤有机碳含量与氮素养分有效性。因此，与玉米—大豆轮作及大豆连作相比，玉米连作体系下细菌、放线菌及微生物总数量显著增加，但应配合合理的农田管理措施，提高土壤微生物多样性，促进黑土地可持续利用。

5.5.2　培肥方式对耕层生物特性的调控

培肥方式影响耕层（0～20cm）土壤微生物呼吸强度（图 5-43）。在所有处理中 CK 微生物呼吸强度最大，而 NPK 配施处理土壤微生物活性最小；各施肥措施处理之间差异显著，从大到小依次为 CK > SNPK > MNPK > NPK。通常特定的环境条件形成特定的微生物群落结构与活性强度。长达 15 年以上连续不施肥，作物需要的营养元素均来自微生物对有机物的分解与矿质养分释放，尽管土壤有机碳和全氮含量不高，但微生物活性仍较强。NPK 配施土壤能为作物供应足够的营养元素，同时输入土壤有机碳数量也较少，导致土壤微生物活性不高。秸秆还田或施入有机肥配施 NPK，由于有大量的新鲜有机质的施入，促进了微生物活性的增加；但秸秆还田比施入有机肥输入了更多的新鲜有机质，导致秸秆还田比施有机肥处理微生物活性高。

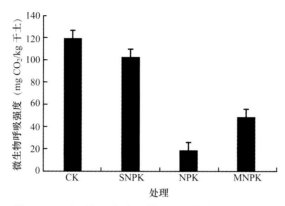

图 5-43　不同培肥方式下耕层土壤微生物呼吸强度

　　土壤微生物是维持土壤生物活性的重要组分，它们调节着土壤动植物残体和土壤有机物质的分解、生物化学循环和土壤结构的形成等过程，对外界干扰反应比较灵敏。土壤微生物活性与生物量是衡量土壤质量、维持土壤肥力和作物生产力的一个重要指标。不同处理下微生物群落存在差异，长期施用无机肥、不施肥、施用有机肥、秸秆还田处理导致土壤生物多样性差异较大，这可能是各处理微生物呼吸强度差异的重要原因。不施肥处理微生物呼吸强度较大，这可能是由于长期不施肥，作物与微生物所需要的养分主要来自土壤的矿化，因此，微生物利用缓效态养分的能力较强，导致微生物活性较高，此外，由于采样是在作物成熟收获后，大量来自作物的新鲜根茬也是导致微生物活性较高的主要原因。长期施用化肥的微生物活性最低，主要是因为这种土壤有机质含量低、碳源有限，黑土微生物与作物之间存在争夺有效氮的矛盾，尽管施用化肥能增加黑土有效氮含量，但土壤中碳源有限，碳氮比较高，抑制了微生物大量繁殖与活性。有机肥配施 NPK 较 NPK 处理的微生物活性高，由于施用有机肥带来大量、充足的碳源与氮源，可提高黑土的微生物量，导致黑土微生物活性较强。同时微生物自身含有一定数量的碳、氮、磷和硫等，被看成是土壤有效养分储备库，土壤微生物量氮含量较稳定，它的多少决定于该土壤氮素肥力的高低；有机肥配施无机肥条件下，较高的微生物生物量使更多的氮素固持在微生物体内（库）免遭流失，保持黑土较高的供氮水平，提高了黑土养分容量和供应强度，减少了氮素损失，是氮肥得以保持的重要原因。秸秆还田于地表，增加了大量新鲜有机物，导致微生物活性增加，但由于有机态氮在归还氮中所占比例远高于其他处理，而无机态氮供应较少，大量的碳源导致微生物与作物的氮素竞争，限制了微生物活性。

5.5.3　少免耕对耕层生物特性的调控

由图 5-44 可以看出，两个处理下的土壤微生物活性呈现相似的特点，即耕层（0～20cm）土壤微生物活性低于耕下层（20～40cm），而下层（40～100cm）土壤微生物活性低于上层（0～40cm）土壤。耕作改变了土壤微生物的群落结构。免耕促进真菌的生长并提高了真菌的比例，有利于增加土壤碳储存，因为真菌的菌丝有利于土壤团聚体的形成，从而提高了对 SOC 的物理保护作用。真菌拥有更高的生长效率，可将更多的碳源用于自身生物量和代谢物的生产，因此，以真菌为主的土壤生态系统能够固定更多的有机碳。虽然统计分析不显著，但免耕处理倾向于增加 0～20cm 耕层土壤微生物的活性，免耕处理有机质质量高于翻耕，且免耕能提高微生物生物量。

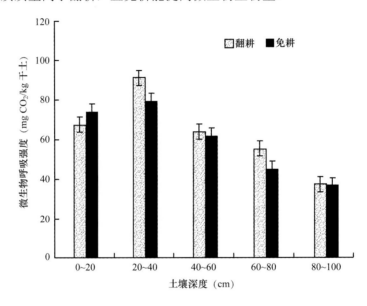

图 5-44　不同耕作方式下土壤微生物呼吸强度

参 考 文 献

安婷婷, 汪景宽, 李双异, 等. 2008. 施用有机肥对黑土团聚体有机碳的影响. 应用生态学报, 19(2): 369-373.

陈刚, 王璞, 陶洪斌, 等. 2012. 有机无机配施对旱地春玉米产量及土壤水分利用的影响. 干旱地区农业研究, 30(6): 139-144.

黄山, 刘武仁, 殷明, 等. 2009. 东北地区玉米田长期免耕土壤碳氮及微生物活性的剖面分布特征. 玉米科学, 17(3): 103-106.

李芳林, 郝明德, 杨晓, 等. 2010. 黄土旱塬施肥对土壤水分和冬小麦产量的影响. 麦类作物学报, 30(1): 154-157.

林先贵, 胡君利. 2008. 土壤微生物多样性的科学内涵及其生态服务功能. 土壤学报, 45(5): 890-892.

宋振伟, 郭金瑞, 邓艾兴, 等. 2012. 耕作方式对东北春玉米农田土壤水热特征的影响. 农业工程学报, 28(16): 108-114.

宋振伟, 郭金瑞, 闫孝贡, 等. 2013. 耕作方式对东北雨养区玉米光合与叶绿荧光特性的影响. 应用生态学报, 24(7): 1900-1906.

孙淑荣, 吴海燕, 刘春光, 等. 2004. 玉米连作对中部农区主要土壤微生物区系组成特征影响的研究. 玉米科学, 12(4): 67-69.

王群, 尹飞, 郝四平, 等. 2009. 下层土壤容重对玉米根际土壤微生物数量及微生物量碳、氮的影响. 生态学报, 29(9): 3096-3104.

闫峰陵, 史志华, 蔡崇法, 等. 2007. 红壤表土团聚体稳定性对坡面侵蚀的影响. 土壤学报, 44(4): 577-583.

姚宝林, 施炯林. 2008. 秸秆覆盖免耕条件下土壤温度动态变化研究. 安徽农业科学, 36(3): 1128-1129, 1132.

姚贤良, 许绣云, 于德芬. 1990. 不同利用方式下红壤结构的形成. 土壤学报, 27(1): 25-33.

雍太文, 杨文钰, 向达兵, 等. 2012. 不同种植模式对作物根系生长、产量及根际土壤微生物数量的影响. 应用生态学报, 23(1): 125-132.

赵丽娟, 韩晓增, 王守宇, 等. 2006. 黑土长期施肥及养分循环再利用的作物产量及土壤肥力变化Ⅳ. 有机碳组分的变化. 应用生态学报, 17(5): 817-821.

钟文辉, 蔡祖聪. 2004. 土壤管理措施及环境因素对土壤微生物多样性影响研究进展. 生物多样性, 12(4): 456-465.

Bidisha M, Biswapati M, Bandyopadhyay P K. 2006. Organic amendments influence soil organic carbon pools and rice-wheat productivity. Soil Science Society of America Journal, 72: 775-785.

Dick R P. 1992. A review: long-term effects of agricultural systems on soil biochemical and microbial parameters. Agriculture, Ecosystems and Environment, 40: 25-36.

Franzluebbers A J, Arshad M A. 1997. Soil microbial biomass and mineralizable carbon of water-stable aggregates affected by texture and tillage. Soil Science Society of America Journal, 61: 1090-1097.

Hao X H, Liu S L, Wu J S, et al. 2008. Effect of long-term application of inorganic fertilizer and organic amendments on soil organic matter and microbial biomass in three subtropical paddy soils. Nutrient Cycling in Agroecosystems, 81: 17-24.

Li C H, Ma B L, Zhang T Q. 2002. Soil bulk density effects on soil microbial populations and enzyme activities during the growth of maize(*Zea mays* L.)planted in large pots under field exposure. Canadian Journal of Soil Science, 82: 147-154.

Mallory E B, Griffin T S. 2007. Impacts of soil amendment history on nitrogen availability from manure and fertilizer. Soil Science Society of American Journal, 71: 964-973.

Nanda S K, Das P K, Behera B. 1998. Effects of continuous manuring on microbial population, ammonification and CO_2 evolution in a rice soil. Oryza, 25: 413-416.

Song Z W, Guo J R, Zhang Z P, et al. 2013. Impacts of planting systems on soil moisture, soil temperature and corn yield in rainfed area of Northeast China. European Journal of Agronomy, 50: 66-74.

第6章　密植群体地上地下特征及栽培耕作调控途径

以主茎成穗为主的玉米产量受种植密度的影响显著，因此在增加单位面积收获穗数的同时，应尽可能保持单株玉米穗粒数和粒重，依靠高群体优势获得单产提升。然而，随着种植密度提高，玉米个体对资源的竞争加剧，导致个体生产力迅速下降，如何协调玉米个体和群体之间物质生产能力及地上地下的物质分配关系是发挥密植高产潜力的关键。

6.1　密植对玉米地上部特征的影响

6.1.1　试验设计

为明确密植对玉米地上部特征的影响特征及其机制，于中国农业科学院作物科学研究所公主岭试验站（43°31′38″N，124°48′32″E）设置密度与品种定位试验。2013 年供试品种为'中单 909'（ZD909，中穗型品种）和'吉单 209'（JD209，大穗型品种），2014 年将大穗型品种更换为特征更为明显的'内单 4 号'（ND4）。种植密度设置 4.50 万株 /hm²、6.75 万株 /hm²、9.00 万株 /hm²、11.25 万株 /hm² 和 13.50 万株 /hm² 共 5 个处理。试验为裂区设计，其中品种为主区，密度为副区，每个处理重复 3 次，共 30 个小区，小区面积为108m²（行长 10m，行距 0.6m）。

6.1.2　密植群体茎叶生长特征

6.1.2.1　株高、穗位高和茎粗

种植密度对不同玉米品种株高的影响有所差异。从图 6-1(a) 可以看出，2013 年 ZD909 的株高随着种植密度的增大呈增高的趋势，且不同密度间差异不显著，JD209 的株高随着种植密度的增大而增高，且低密度和高密度之间差异显著，但超过 6.75 万株 /hm² 之后株高增高的趋势不明显。2014 年 ZD909 各密度间的株高无显著差异，而 ND4 则随着密度的增大而呈增高的趋势，但不同密度间的株高并无显著差异。种植密度对穗位高也有显著影响［图 6-1(b)］。两年 3 个品种的穗位高均呈随种植密度增加而增大的趋势，其中2013 年 ZD909 在 6.75 万株 /hm²、9.00 万株 /hm²、11.25 万株 /hm² 和 13.50 万株 /hm² 的种植密度下比 4.50 万株 /hm² 下穗位高分别提高 1.7%、4.5%、6.8% 和 9.6%，JD209 则分别提高 17.9%、24.4%、26.6% 和 24.7%；2014 年 ZD909 分别提高 7.4%、8.8%、11.2% 和12.2%，ND4 分别提高 2.7%、5.5%、11.3% 和 14.5%。种植密度对茎粗有显著影响，随着种植密度的增大，茎粗显著下降（图 6-2）。

6.1.2.2　叶面积指数

图 6-3 表明，不同种植密度的群体叶面积指数（LAI）均随生育进程呈现出单峰曲线的变化趋势，且三个品种的群体 LAI 的变化趋势类似。全生育期群体 LAI 最大值出现在

吐丝期，而灌浆中后期开始下降，特别是在进入乳熟期后迅速下降，且随种植密度的增加下降速度增大。各品种群体 LAI 均随种植密度增加而增大，在吐丝开花期不同种植密度间的差异最大，而在苗期和成熟期的差异较小。

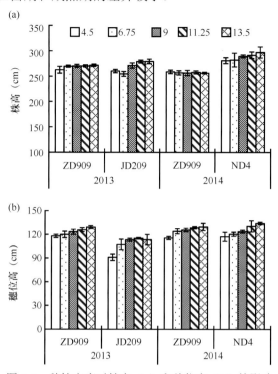

图 6-1　种植密度对株高（a）和穗位高（b）的影响

4.5、6.75、9、11.25 和 13.5 分别代表种植密度为 4.50 万株 /hm²、6.75 万株 /hm²、9.00 万株 /hm²、
11.25 万株 /hm² 和 13.50 万株 /hm²，下同

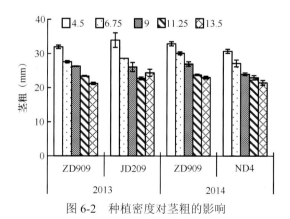

图 6-2　种植密度对茎粗的影响

种植密度对单株叶面积存在显著影响（图 6-4）。不同种植密度间单株叶面积随着生育进程呈单峰曲线的变化趋势，不同品种的单株叶面积的变化趋势一致。全生育期的单株叶面积随着种植密度的增大而减小，单株最高叶面积出现在开花吐丝期，之后随着生育进程的延续逐渐降低，且随着种植密度的增大而下降。各个品种的单株叶面积均在吐丝开花期的差异最大，在生育前期和成熟期差异不大。

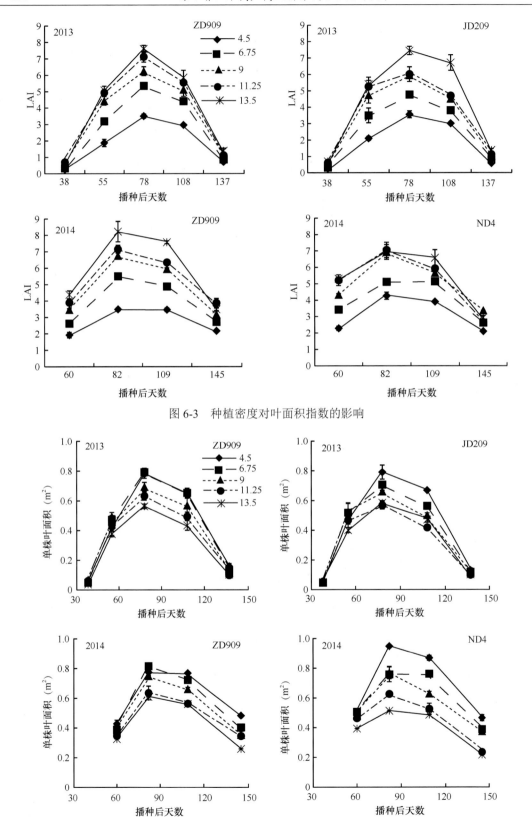

图 6-3　种植密度对叶面积指数的影响

图 6-4　种植密度对单株叶面积的影响

最大叶面积指数（LAI$_{max}$）随着种植密度的增高呈增大的趋势（图6-5），但3个品种中，ZD909 和 JD209 对种植密度的响应趋势一致，ND4 对种植密度的响应与其他两个品种差异显著。ZD909 和 JD209 的 LAI$_{max}$ 均随着密度的增高而显著增大，而 ND4 在 9.00 万株 /hm² 以下时随着密度的增高而显著增大，在 9.00 万株 /hm² 以上时各密度间 LAI$_{max}$ 没有显著差异，甚至 13.5 万株 /hm² 下的 LAI$_{max}$ 略有减小。

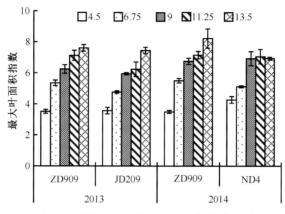

图 6-5　种植密度对最大叶面积指数的影响

6.1.3　密植群体穗部生长特征

6.1.3.1　幼穗分化进程

种植密度对东北春玉米雄穗分化开始的时间并没有显著影响（图 6-6），两个品种均在播种后 38d 雄穗开始分化，从图中可以看出，同一品种不同种植密度间的发育程度并没有明显差异。不同的品种之间，ND4 的发育进程要快于 ZD909，在播种后第 43 天，ND4 雄穗已经开始出现分枝，且已开始小穗分化，而 ZD909 尚处于生长锥伸长期。在播种后 50 天，ND4 出现明显分枝，进入小花分化期，而 ZD909 则刚出现分枝，进行小穗分化，ND4 的发育进程要领先于 ZD909，从而 ZD909 散粉的时间也晚于 ND4。

种植密度对雌穗开始分化的时间同样没有影响（图 6-7），ND4 在播种后 45d 雌穗的生长锥开始分化，ZD909 在播种后第 50 天开始分化，不同密度间没有显著差异，且在小花分化期以前并没有在不同密度间表现出显著差异。随着生育进程的延续，种植密度对雌穗分化的影响逐渐显现出来，在第 60 天时，ZD909 低密度已经明显进入小花分化期，高密度还处于小穗分化期或者刚刚开始小花分化，在第 68 天时，低密度的雌穗底部已开始有花丝出现，进入性器官形成期，而高密度仍处于小花分化期，不同密度间雌穗的发育差异显著。高种植密度推迟了雌穗的分化进程；播种后 75d，低种植密度雌穗的基部子房明显大于高密度雌穗。不同的品种间，ND4 雌穗开始分化的时间要早于 ZD909，前者的分化进程也略快于后者，高种植密度对雌穗发育进程的影响前者同样大于后者。

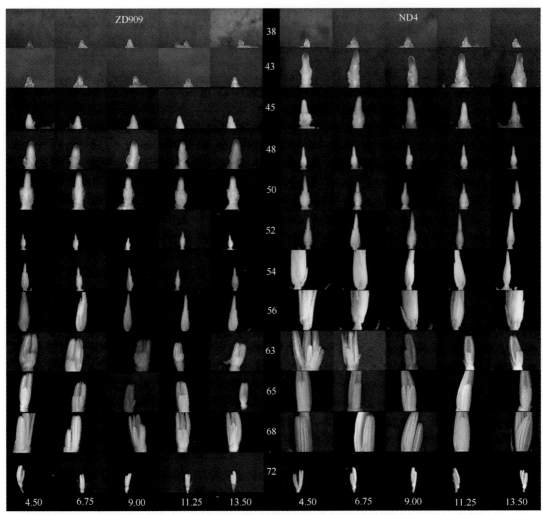

种植密度（万株/hm²）

图 6-6　种植密度对玉米不同品种雄穗分化进程的影响

图中竖列的数字代表该品种播种的天数

6.1.3.2　幼穗分化长度

在玉米生育前期种植密度对雄穗分化长度的影响不显著，随着生育进程的延续，植株的内部竞争增大，各密度处理间的差异逐渐显现（图 6-8），雄穗长随着种植密度的增大而减小，两年中的 3 个品种趋势相同。雄穗分枝数在不同种植密度间没有显著差异（图 6-9）。

如图 6-10 所示，在雌穗分化前期，群体内竞争不激烈，因此雌穗长受种植密度的影响并不显著。但在第 9 片叶展开后，随着群体内竞争的加剧，不同密度间雌穗长的差异越来越显著，表现出高密度的雌穗长小于低密度的雌穗，在开花吐丝前后差异达最显著。雌穗的穗粗表现出相同的趋势（图 6-11），在穗分化前期种植密度间差异不显著，随着生育进程的延续，穗粗随着种植密度增大而显著减小。

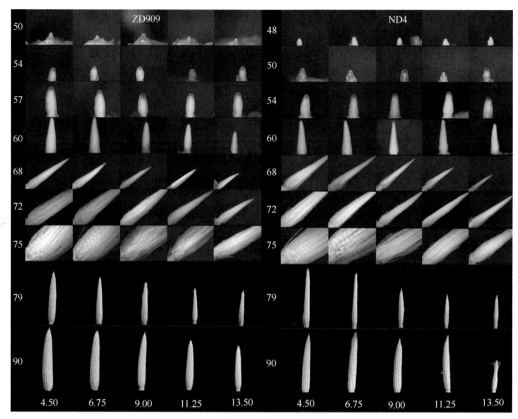

图 6-7　种植密度对玉米不同品种雌穗分化进程的影响

图中竖列的数字代表该品种播种的天数

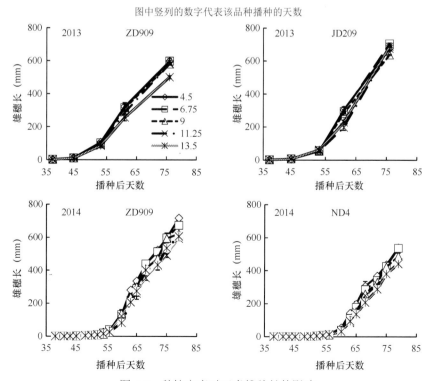

图 6-8　种植密度对玉米雄穗长的影响

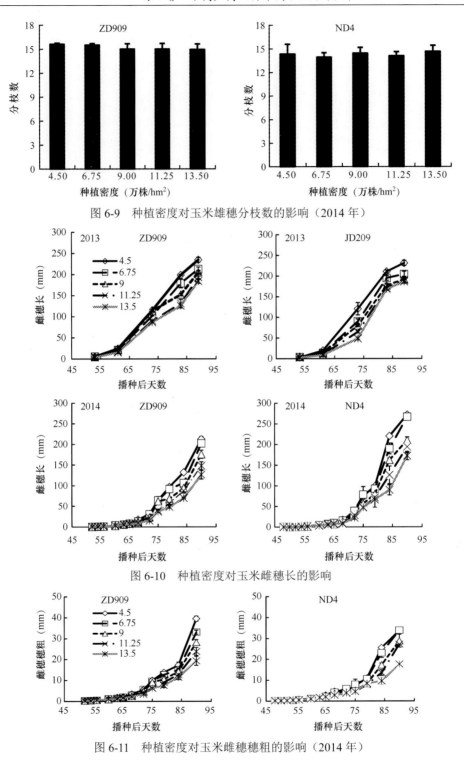

图 6-9　种植密度对玉米雄穗分枝数的影响（2014 年）

图 6-10　种植密度对玉米雌穗长的影响

图 6-11　种植密度对玉米雌穗穗粗的影响（2014 年）

6.1.3.3　叶片发育

从图 6-12 可以看出，两个品种的展开叶片数前期在不同种植密度间没有显著差异，但随着生育进程的延续，不同种植密度间逐渐产生一定的差距，表现为随着种植密度的增大，展开叶片数增多。由于叶片全部展开后，雄穗才能吐出，因此低密度的散粉时间要早于高密度。

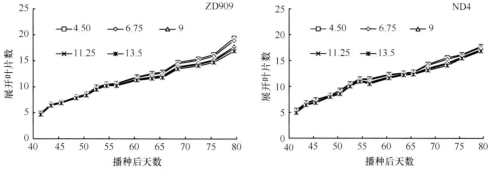

图 6-12　种植密度对玉米展开叶片数的影响（2014 年）

6.1.3.4　开花吐丝间隔

种植密度对雄穗开花时间（田间雄穗开花植株达 50% 时间）有一定影响，随着密度的增大，雄穗开花的时间被推迟（图 6-13）。在 3 个品种中，ZD909 不同的种植密度雄穗均能抽出，雄穗开花比率达到 100%。JD209 和 ND4 散粉的比率均随着种植密度的增大而减小，其中 JD209 在密度为 4.50 万株 /hm² 和 6.75 万株 /hm² 下均能完全散粉，但是在 9.00 万株 /hm²、11.25 万株 /hm² 和 13.50 万株 /hm² 下散粉率分别为99.03%、97.11% 和 97.06%；ND4 在密度为 4.50 万株 /hm² 和 6.75 万株 /hm² 时雄穗开花比率达到 100%，而在 9.00 万株 /hm²、11.25 万株 /hm² 和 13.50 万株 /hm² 下分别为 97.18%、97.51% 和 99.33%。

对比于雄穗的开花时间，种植密度对雌穗吐丝的时间（田间吐丝植株达 50% 时间）的影响更加显著（图 6-13），随着种植密度的增加，吐丝时间被推迟。而且田间最终吐丝株数的比率随着种植密度的增大而降低，而其中 ZD909 在 2013 年 4.50 万株 /hm²、6.75 万株 /hm²、9.00 万株 /hm²、11.25 万株 /hm² 和 13.50 万株 /hm² 最终吐丝的比率分别为 100%、100%、98.04%、96.63% 和 92.55%，JD209 在 4.50 万株 /hm²、6.75 万株 /hm²、9.00 万株 /hm²、11.25 万株 /hm² 和13.50 万株 /hm² 最终吐丝的比率分别为 100%、100%、97.12%、94.23% 和 97.11%，ZD909 在2014 年吐丝比率分别为 100%、98.72%、99.24%、92.36% 和 90.97%，ND4 在 4.50 万株 /hm²、6.75 万株 /hm²、9.00 万株 /hm²、11.25 万株 /hm² 和 13.50 万株 /hm² 最终吐丝的比率分别为100%、93.74%、92.70%、80.65% 和 75.06%。

雌雄穗的开花时间随着密度的增大而推迟，但由于种植密度对雌穗吐丝的时间影响更显著，因此群体雌雄穗开花间隔（ASI）随着密度的增大而增大。从图 6-14 中可以看出，单株 ASI 与种植密度呈显著正相关，随着密度的增加，ASI 显著增加。不同品种的 ASI对种植密度的响应不同，对于大穗型的 ND4，其在 4.50 万株 /hm² 和 6.75 万株 /hm² 的密度下 ASI 已经达到 4d 左右，两个密度下 ASI 没有显著差异，而 ASI 在 6.75 万株 /hm² 以上的种植密度显著增大，但是高密度间没有显著差异。而中小型的 ZD909 单株 ASI在不同的种植密度下均有显著差异，但在各个密度下均显著小于大穗型品种 ND4。

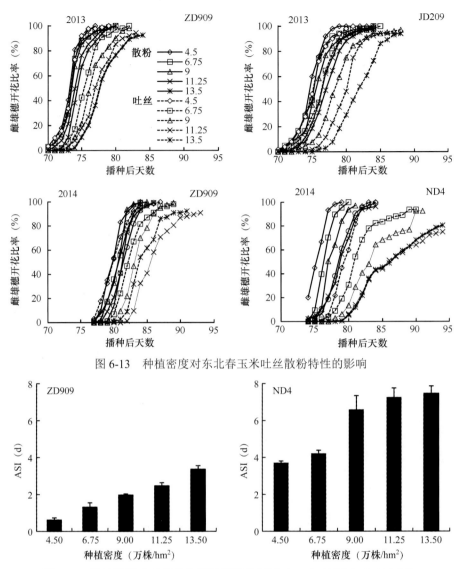

图 6-13　种植密度对东北春玉米吐丝散粉特性的影响

图 6-14　种植密度对玉米单株雌雄穗开花间隔（ASI）的影响（2014 年）

6.1.3.5　干物质积累特征

拔节以后，种植密度对干物质积累有显著影响（表 6-1）。单株干物质积累量随种植密度的增高而显著降低，但群体干物质积累量均随着种植密度的增高而增大，且开花后高密度下群体干物质重的差异不显著，3 个品种的干物质积累变化对密度的响应趋势基本一致。种植密度对单株收获指数（HI）没有显著影响 [图 6-15(a)]，但对群体 HI 有显著影响 [图 6-15(b)]。随着种植密度的增高，群体 HI 显著降低，3 个品种 HI 的变化趋势一致，但响应幅度差异显著。增密对大穗型品种 JD209 和 ND4 的群体 HI 的不利影响显著大于中穗型品种 ZD909。例如，在 9.00 万株 /hm^2、11.25 万株 /hm^2 和 13.50 万株 /hm^2 时，ZD909 的群体 HI 比 JD209 分别高 9.6%、5.0% 和 3.9%，比 ND4 分别高 17.4%、14.3% 和 14.1%。

表 6-1　种植密度对不同生育时期干物质积累的影响

年份	品种	种植密度 （万株/hm²）	拔节期		大口期		开花期		灌浆期		成熟期	
			单株 （g/株）	群体 （t/hm²）	单株 （g/株）	群体 （t/hm²）	单株 （g/株）	群体 （t/hm²）	单株 （g/株）	群体 （t/hm²）	单株 （g/株）	群体 （t/hm²）
2013	ZD909	4.50	7.1a	0.3d	51.2a	2.3d	165.3a	7.4d	393.7a	17.7c	466.9a	21.0d
		6.75	7.1a	0.5c	47.9ab	3.2c	132.8b	9.0c	349.3b	23.1b	364.8b	24.6c
		9.00	6.7a	0.6b	45.5b	4.1b	112.6c	10.1b	256.1c	23.6b	315.3c	28.4b
		11.25	7.6a	0.9a	42.9b	4.8a	97.4d	11.0ab	243.0d	27.3b	243.0d	27.3bc
		13.50	6.9a	0.9a	36.7c	5.0a	87.0d	11.7a	219.3c	29.6a	227.8d	30.8a
	JD209	4.50	6.1a	0.3e	52.1a	2.3d	175.9a	7.9c	400.6a	18.0c	468.4a	21.1c
		6.75	6.0a	0.4d	46.1ab	3.1cd	122.7b	8.23c	304.8b	20.6bc	376.8b	25.4b
		9.00	5.7a	0.5c	38.8bc	3.5bc	111.0bc	10.0b	292.8b	26.4ab	317.0c	28.5a
		11.25	5.6a	0.6b	36.0c	4.1ab	97.7cd	11.0b	217.5c	24.1abc	243.8d	27.4ab
		13.50	5.6a	0.8a	32.9c	4.4a	92.8d	12.5a	213.8c	29.4a	220.9d	29.8a
2014	ZD909	4.50	6.2a	0.3e	45.6a	2.1b	182.1a	8.2c	381.8a	17.2b	481.1a	21.7c
		6.75	5.8a	0.4d	43.2ab	2.9a	150.1b	10.1b	304.9b	20.6b	360.9b	24.4bc
		9.00	5.7a	0.5c	34.3bc	3.1a	118.6c	10.7b	217.6b	19.6b	327.5b	29.5a
		11.25	5.7a	0.6b	29.9c	3.34a	110.6c	12.4a	192.9c	21.7ab	234.3c	26.4ab
		13.50	5.8a	0.8a	26.7c	3.6a	91.5d	12.4a	189.8c	25.6a	212.3c	28.7a
	ND4	4.50	7.8a	0.4e	48.1a	2.0d	197.2a	8.9b	353.7a	15.9b	461.8a	20.8c
		6.75	7.7a	0.5d	45.2ab	3.2c	153.1b	10.3b	323.8ab	21.9ab	330.5b	22.3bc
		9.00	7.3a	0.7c	40.2bc	3.6bc	147.7bc	13.3a	259.4b	23.3a	283.4c	25.5ab
		11.25	7.3a	0.9b	37.6c	4.2a	117.4cd	13.2a	165.3c	18.6ab	232.5d	26.2ab
		13.50	7.2a	1.0a	30.9d	4.2ab	98.8d	13.3a	151.1c	20.6ab	205.9d	27.8a

注: 同列同品种不同种植密度下的不同小写字母表示在 0.05 水平下差异显著

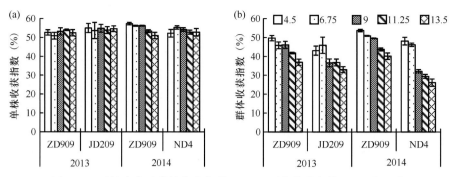

图 6-15　种植密度对单株收获指数（a）和群体收获指数（b）的影响

6.1.3.6　籽粒灌浆特征

从图 6-16 可以看出，不同种植密度下的籽粒百粒重均呈"S"形曲线变化，增密显著降低百粒重。在 2013 年，随种植密度增大，ZD909 的最终粒重在 6.75 万株 /hm²、9.00 万株 /hm²、11.25 万株 /hm²、13.50 万株 /hm² 下比 4.50 万株 /hm² 下分别降低7.2%、16.2%、27.9% 和 30.3%，JD209 分别降低 4.1%、9.8%、17.1% 和 23.6%；2014 年ZD909 分别降低 4.0%、13.6%、30.8% 和 31.8%，ND4 分别降低 18.1%、23.7%、31.2%和 36.1%。密度提高对籽粒重的影响，在品种间差异不显著。在不同种植密度下，灌浆速率均呈单峰曲线变化趋势，灌浆速率先增后减（图 6-17）。各个品种的最大灌浆速率均随着密度的提高而降低，2013 年 ZD909 最大灌浆速率在 6.75 万株 /hm²、9.00 万株 /hm²、11.25 万株 /hm²、13.50 万株 /hm² 下比 4.50 万株 /hm² 下分别降低 4.5%、20.5%、25.9% 和21.4%，JD209 分别降低 7.6%、16.4%、24.2% 和 28.7%；2014 年 ZD909 分别降低 5.1%、23.1%、19.1% 和 22.1%，ND4 分别降低 11.8%、14.8%、19.7% 和 18.9%。灌浆后期中穗型品种 ZD909 的灌浆速率显著高于大穗型品种 JD209 和 ND4。

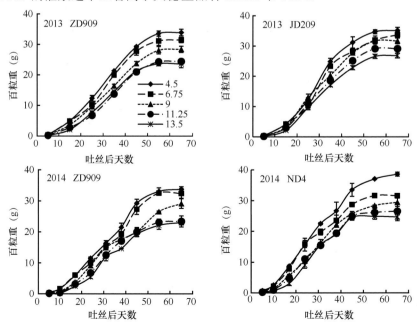

图 6-16　不同种植密度对籽粒百粒重的影响

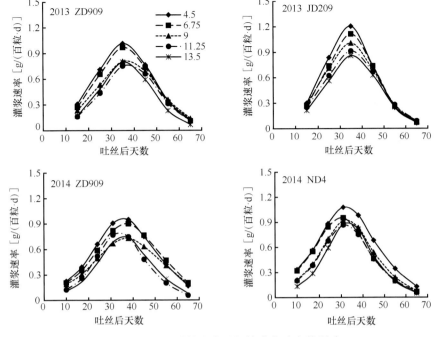

图 6-17　不同种植密度对籽粒灌浆速率的影响

利用逻辑斯谛（Logistic）方程拟合不同种植密度下的玉米籽粒灌浆过程，其决定系数均大于 0.99，说明逻辑斯谛方程可以较好地反映玉米籽粒灌浆过程（表 6-2）。随着种植密度的增高，不同种植密度间达到最大灌浆速率的天数（T_{max}）差异不明显。籽粒最大灌浆速率（G_{max}）、平均灌浆速率（G_{mean}）、活跃灌浆天数（P）呈现随种植密度的增高而减小的趋势，线性灌浆开始时间（t_1）随着种植密度的增高而呈现延迟的趋势，而线性灌浆结束时间（t_2）在不同密度间变异并不是很大，灌浆终止时间（t_3）表现为低密度晚于高密度的趋势。3 个品种的灌浆特征参数对密度的响应趋势基本一致，但响应幅度差异显著。在各个密度下中穗型品种 ZD909 的 T_{max} 都晚于 JD209 和 ND4，2013 年，ZD909 在 4.50 万株 /hm²、6.75 万株 /hm²、9.00 万株 /hm²、11.25 万株 /hm² 和 13.50 万株 /hm² 比 JD209 分别晚 1.4d、0.9d、2.5d、2.6d 和 0.5d，2014 年，ZD909 比 ND4 分别晚 3.3d、7.0d、4.3d、2.1d 和 2.3d。ZD909 的 G_{max} 和 G_{mean} 在各个密度下均小于 JD209 和 ND4，且其变异系数小于 JD209，但大于 ND4。ZD909 的活跃灌浆天数在 4.50 万株 /hm²、6.75 万株 /hm²、9.00 万株 /hm²、11.25 万株 /hm² 和 13.50 万株 /hm² 与 JD209 分别相差 7.8d、5.5d、6.4d、0.0d 和 2.1d，与 ND4 分别相差 0.1d、6.7d、11.8d、2.5d 和 3.8d。t_1 除 JD209 外均有随着密度的增大而延后的趋势，从变异系数来看，ZD909 大于 JD209，但小于 ND4。ZD909 的 t_2 随着密度的增高先增后减，JD209 和 ND4 不同种植密度间无明显趋势，且 ZD909 的 t_2 在各个密度下均晚于 JD209 和 ND4。ZD909 和 JD209 的 t_3 随着密度的增高先延迟后提前，ND4 随密度的增高而提前，ZD909 在各密度下的 t_3 基本都晚于 JD209 和 ND4。

表 6-2　不同种植密度下的籽粒灌浆特征参数

品种（年份）	密度（万株/hm²）	生长曲线方程	决定系数 R^2	T_{max}（d）	G_{max}[g/（百粒·d）]	G_{mean}[g/（百粒·d）]	P（d）	t_1（d）	t_2（d）	t_3（d）
ZD909 (2013)	4.50	$y=34.74/(1+40.00e^{-0.12x})$	0.9989	30.60	1.05	0.70	49.78	13.93	35.78	68.73
	6.75	$y=32.37/(1+46.18e^{-0.12x})$	0.9989	30.92	1.00	0.67	48.41	14.70	35.96	68.00
	9.00	$y=29.54/(1+40.15e^{-0.11x})$	0.9986	32.37	0.84	0.56	52.60	14.75	37.84	72.66
	11.25	$y=25.36/(1+67.50e^{-0.13x})$	0.9986	33.14	0.81	0.54	47.20	17.32	38.04	69.29
	13.50	$y=24.24/(1+75.14e^{-0.14x})$	0.9991	31.31	0.84	0.56	43.50	16.74	35.84	64.63
CV (%)				3.34	12.12	12.12	6.94	9.43	3.12	4.19
JD209 (2013)	4.50	$y=35.26/(1+65.14e^{-0.14x})$	0.9994	29.23	1.26	0.84	41.99	15.16	33.60	61.39
	6.75	$y=33.16/(1+66.29e^{-0.14x})$	0.9978	29.99	1.16	0.77	42.91	15.62	34.45	62.86
	9.00	$y=32.14/(1+48.02e^{-0.13x})$	0.9968	29.83	1.04	0.70	46.23	14.34	34.63	65.23
	11.25	$y=29.71/(1+48.65e^{-0.13x})$	0.9981	30.53	0.95	0.63	47.16	14.73	35.43	66.65
	13.50	$y=27.15/(1+57.10e^{-0.13x})$	0.9979	30.77	0.89	0.59	45.64	15.48	35.52	65.73
CV (%)				2.02	14.26	14.26	4.96	3.51	2.27	3.38
ZD909 (2014)	4.50	$y=35.12/(1+35.73e^{-0.11x})$	0.9968	32.07	0.99	0.66	53.16	14.26	37.59	72.78
	6.75	$y=34.52/(1+34.85e^{-0.11x})$	0.9954	33.48	0.92	0.62	55.87	14.76	39.29	76.27
	9.00	$y=29.49/(1+29.21e^{-0.10x})$	0.9905	33.53	0.75	0.50	58.67	13.88	39.63	78.47
	11.25	$y=23.43/(1+70.91e^{-0.14x})$	0.9987	30.55	0.82	0.54	43.03	16.14	35.03	63.51
	13.50	$y=23.04/(1+74.03e^{-0.13x})$	0.9965	32.30	0.77	0.51	45.00	17.22	36.97	66.76
CV (%)				3.77	12.13	12.13	13.36	9.15	4.95	8.82
ND4 (2014)	4.50	$y=38.82/(1+26.00e^{-0.11x})$	0.9962	28.80	1.10	0.73	53.05	11.03	34.32	69.44
	6.75	$y=31.75/(1+25.30e^{-0.12x})$	0.9931	26.47	0.97	0.65	49.15	10.01	31.58	64.12
	9.00	$y=29.49/(1+42.08e^{-0.13x})$	0.9987	29.21	0.94	0.63	46.85	13.51	34.08	65.09
	11.25	$y=26.83/(1+42.52e^{-0.13x})$	0.9959	28.46	0.88	0.59	45.53	13.20	33.19	63.33
	13.50	$y=25.31/(1+78.28e^{-0.15x})$	0.9982	29.97	0.92	0.61	41.24	16.16	34.26	61.56
CV (%)				4.57	8.46	8.46	9.27	18.70	3.45	4.55

注：T_{max} 表示达到最大灌浆速率的天数；G_{max} 表示最大灌浆速率；G_{mean} 表示平均灌浆速率；P 表示活跃灌浆天数；t_1 表示渐增性灌浆开始时间；t_2 表示线性灌浆结束时间；t_3 表示灌浆终止时间

6.1.3.7　产量及其相关性状

种植密度对产量及其相关性状的影响显著，两年的结果基本一致（表 6-3）。单位面积籽粒产量随密度提高有先增后降趋势，但单株及单穗产量和双穗率呈直线下降趋势，空秆率和倒伏率均呈直线增加趋势。虽然 3 个品种的变化趋势基本一致，但各自受密度影响的程度差异显著，中穗型品种 ZD909 各指标所受影响显著小于大穗型品种 JD209 和 ND4。ZD909 在 9.00 万株 /hm^2 时获得最高产量（13.7t/hm^2），JD209 和 ND4 在 6.75 万株 /hm^2 时取得最大产量，分别为 11.7t/hm^2 和 10.2t/hm^2。单株产量 ZD909 在各个种植密度下几乎均显著高于 JD209 和 ND4，而且前者的双穗率也显著高于后两个品种。大穗型品种的空秆率和倒伏率随密度的变化幅度显著高于中穗型品种，JD209 在 9.00 万株 /hm^2、11.25 万株 /hm^2 和 13.50 万株 /hm^2 的密度下，其空秆率分别比 ZD909 高 0.1 个百分点、2.5 个百分点和 3.8 个百分点，倒伏率分别高 2.2 个百分点、3.1 个百分点和 7.1 个百分点；ND4 在 9.00 万株 /hm^2、11.25 万株 /hm^2 和 13.50 万株 /hm^2 下，空秆率分别比 ZD909 高 20.5 个百分点、23.6 个百分点和 27.1 个百分点，倒伏率高 7.3 个百分点、5.8 个百分点和 18.2 个百分点。

表 6-3　种植密度对产量及其相关性状的影响

品种 （年份）	密度 （万株 /hm^2）	籽粒产量 （t/hm^2）	单株产量 （g/ 株）	单穗籽粒产量 （g/ 穗）	双穗率 （%）	空秆率 （%）	倒伏率 （%）
ZD909 （2013）	4.50	10.4b	232.0a	238.6a	35.7a	0.0d	4.6d
	6.75	11.0b	162.9b	193.4b	14.9b	0.0d	9.0c
	9.00	13.1a	145.5b	182.5b	7.1c	3.6c	11.3b
	11.25	11.4b	101.7c	135.2c	4.6d	4.4b	15.7a
	13.50	11.4b	84.1d	139.6c	2.3e	9.5a	16.6a
JD209 （2013）	4.50	9.1c	201.9a	237.2a	18.6a	1.1e	3.3e
	6.75	11.7a	172.7b	195.5b	5.8b	2.3d	6.6d
	9.00	10.4b	115.2c	150.4c	4.6c	3.7c	13.5c
	11.25	10.1b	89.8d	136.3d	3.5d	6.9b	18.8b
	13.50	9.9bc	73.1e	238.6a	2.8d	13.3a	23.7a
ZD909 （2014）	4.50	13.2a	294.3a	279.3a	47.4a	0.0b	0.0b
	6.75	13.8ab	204.1b	263.6a	12.9b	2.1b	0.4b
	9.00	14.2ab	157.9c	219.3c	3.8b	3.1b	1.8b
	11.25	12.8bc	113.5d	181.5d	2.0b	8.5b	8.3a
	13.50	11.9c	87.9e	160.4d	1.3b	10.0a	8.3a
ND4 （2014）	4.50	10.2a	225.5a	290.1a	0.6a	3.2d	1.3d
	6.75	10.2a	150.7b	220.1b	0.4a	7.0d	4.1cd
	9.00	8.0b	88.4c	182.3c	0.7a	24.1c	9.1bc
	11.25	7.2b	68.6d	159.5d	0.5a	32.1b	14.1b
	13.50	7.4b	54.8d	152.2d	0.0a	37.1a	26.5a

注：同列同品种不同种植密度下的不同小写字母表示在 0.05 水平下差异显著

6.1.4 讨论与结论

6.1.4.1 种植密度对东北春玉米生长发育、产量及产量构成的影响

株高、穗位高和茎粗等农艺性状是反映植株形态的重要量化指标，合理的植株形态对于调节群体冠层分布及抗倒伏等有重要的意义。种植密度对株高、穗位高和茎粗等农艺性状会有不同程度的影响。本研究表明，种植密度对小穗型玉米品种 ZD909 的株高影响不显著，但是对大穗型玉米 JD209 和 ND4 影响显著，穗位高随着种植密度的增大而增大，而茎粗则随着种植密度的增大而显著降低。说明种植密度对穗位高和茎粗的影响更大，应通过栽培管理措施加强对高密条件下穗位高和茎粗的调节，以降低倒伏的风险。

群体叶面积对作物产量的形成具有重要意义，是调控群体发育的主要依据。高密会使植株间竞争加剧，造成单株叶面积减小，且叶片的相互遮挡会削弱群体下部的透光率，光合能力降低，影响了产量潜力的进一步发挥（焦浏，2014）。叶面积指数是群体同化能力的量化指标，而最大 LAI 反映群体的最大同化能力，且在一定范围内与种植密度呈显著线性关系（宋振伟等，2012）。本研究表明，群体 LAI 和单株叶面积随着生育进程的延续均呈单峰曲线的变化趋势，但群体 LAI 随着种植密度的增大而显著增大，单株叶面积则与之相反，二者均在开花吐丝期达到最大值。不同品种间，中小穗型品种 ZD909 高密条件下在达到最大叶面积时，仍有较大的群体 LAI，而大穗型品种 ND4 则在 9.00 万株 /hm^2 后便没有显著差异，表明大穗型品种在达到一定密度后，群体光合能力便没有上升潜力。

干物质积累量与产量呈显著正相关，种植密度对植株个体与群体干物质积累存在显著影响。单株干物质重随密度的增大呈显著下降的趋势，但各生育期的群体干物质积累则随密度增加显著提高。这主要是因为增密条件下，群体物质生产优势弥补了单株生产力的下降，使得干物质积累随着种植密度的增大而增加，增密可能增产。本研究表明，拔节期以后，随着种植密度的增大，个体干物质重显著降低，而群体干物质重显著增加。虽然不同种植密度间单株收获指数没有显著差异，但是高密度下空秆率和倒伏率显著提高，群体收获指数显著下降。玉米产量是单株效应和群体效应的协调结果，所以密度过高可能导致产量下降。本研究发现，尽管不同品种生产性能对密度的响应趋势一致，但响应幅度差异显著。中小穗型品种 ZD909 倒伏率和空秆率随密度的变化幅度显著低于大穗型品种 JD209 和 ND4，而最大叶面积指数、群体干物质积累量和群体 HI 的响应相反，递增幅度显著高于后两个品种，因而前者在高种植密度下有较高的产量水平。通常情况下，随着种植密度的增大，单株竞争越来越激烈，密度增加到一定程度时单株性能变差。因此，当密度增加所带来的正效应小于单株产量下降所带来的负效应时，群体产量就会下降。

玉米是对种植密度反应最敏感的作物之一，密度对产量及产量构成有显著影响，但对每一种生产系统都有一个最适宜的种植密度，依靠单株产量的提高已经没有多大挖掘潜力，主要依靠加大种植密度提高群体产量。本研究表明，3 个品种的籽粒产量均随种植密度的增大先增后降，中小穗型品种 ZD909 在各密度下的产量均高于大穗型品种 JD209 和 ND4。ZD909 在 9.00 万株 /hm^2 下达到最高产量，JD209 和 ND4 在 6.75 万株 /hm^2 下达到最高产量。通常情况下，随着种植密度的增大，单株竞争越来越激烈，对光照、温度、水分、肥料等的竞争加剧，尤其是植株自身具有的避荫效应会导致植株的营养生产过快，

而生殖生长不足，密度增加到一定程度时单株性能变差。因此，当密度增加所带来的正效应小于单株产量下降所带来的负效应时，群体产量就会下降。本研究表明，随着密度增加，单位面积有效穗数、穗长、穗粗、粒数和籽粒百粒重均显著降低，而穗行数主要受遗传因素影响，种植密度对其影响不显著。

6.1.4.2 种植密度对东北春玉米穗分化的影响

雄穗分化是由茎顶端生长锥分化而来的，具有顶端优势，且早于雌穗发育。孟佳佳（2013）研究认为，种植密度对雄穗开始分化的时间没有显著影响，但是随着生育进程的延续，雄穗的发育进程随着密度的增大而推迟。雄穗的长度随着种植密度的增大而减小，分枝数、分枝长度和花粉活力在各个种植密度间差异不显著。花粉供应的不足是造成空秆的主要原因，雄穗的花粉产量与雄穗分枝多少有关，雄穗分枝与产量呈负相关。虽然高密使单株花粉量降低，但由于株数的增加，群体花粉总量并没有显著减少，因此密度对玉米群体花粉量并没有显著影响。本研究结果表明，种植密度对玉米雄穗分化开始的时间没有显著影响，均在 4 叶展茎顶端生长锥伸出地面时开始分化，但是随着生育进程的延续，雄穗的长度随着种植密度的增大而减小，发育进程也在一定程度上受到推迟，表现在散粉日期随着种植密度的增大而推迟。种植密度对雄穗分枝数的影响不显著，因为雄穗分枝在前期群体内竞争不激烈时便已经分化形成，主要受遗传因素的影响，受环境因素的影响较小。

穗分化是玉米从营养生长向生殖生长转变的关键时期，也是玉米产量形成的关键时期。雌穗是由腋芽的生长锥发育而成，但雌穗分化顺序与腋芽相反。有研究认为高密推迟了雌穗原基分化。但也有研究认为，种植密度对玉米雌穗原基开始分化的时间影响不显著，因为此期个体间的竞争还未影响到穗分化的发育。本研究结果表明，种植密度对雌穗开始分化的时间没有显著影响，大穗型品种 ND4 在 6 叶展时雌穗便开始分化，而 ZD909 雌穗则在 8 叶展时开始分化。

随着生育进程的延续，群体内的竞争趋于激烈，雌穗的发育进程随着种植密度的增大而被推迟，且雌穗的长度和体积均随着种植密度的增大而减小，但是雌穗分化的小花数没有显著差异，这是因为玉米果穗分化的籽粒数主要受遗传因素控制，受密度影响不大，但是籽粒败育数却显著降低。雌穗生长锥的生长速度决定了最终形成的雌小穗的数目，而雌穗顶部的小穗由于环境胁迫不能正常发育。

本研究表明，种植密度对雌穗开始分化的时间没有显著影响，但高密度推迟了其分化进程。穗在进入小花分化期后，11 ～ 12 片叶展开时，雌穗间的差异逐渐显现出来，这种差异一直延续到吐丝，导致吐丝时间随着种植密度的增大而推迟。雌穗长度和穗粗均随着种植密度的增大而减小。随着种植密度的增大，小花分化数显著减少，单穗吐出苞叶的花丝同样随着密度的增大而增大，但是吐丝数占小花分化数的比例却没有显著差异，说明绝大多数分化出来的小花均能吐出花丝。但是由于顶部花丝吐出时已没有足够的有活力的花粉，从而导致败育。随着种植密度的增大，雌雄穗开花的间隔增大，使得高密度有更多的吐出花丝的小花没有花粉进行受精，导致小花败育；除了未能受精的小花，受精的小花也由于养分竞争和分配处于劣势而产生败育，从而使得最终收获的单穗粒数随着密度的增大而显著降低。雌穗顶端的小花大部分能吐出花丝，发育成完整胚囊，在高密度下通过调控措施使其正常受精、发育，尽量维持高密度下籽粒数将是密植高产的研究重点。

雌雄穗开花间隔（ASI）是由二者开花时间的差异造成的。玉米在受到逆境胁迫时，ASI 均会增大。种植密度对 ASI 影响显著，Sangoi 等（2002）证明不同年代的玉米品种 ASI 与种植密度均呈显著的正相关关系，慈晓科等（2010）认为高密条件下 ASI 与产量的关系更密切，可以作为品种耐密性的重要指标，孟佳佳等（2013）的研究表明，随着种植密度的增大，雌雄穗开花的时间均被推迟，ASI 增大，雄穗基本都能散粉，但是雌穗未吐丝的株数随着种植密度的增大而增加。ASI 与产量呈显著负相关，且 ASI 主要通过影响穗粒数影响产量。本研究表明，随着种植密度的增大，东北春玉米的雌雄穗开花的时间均被推迟，群体雌雄穗开花间隔也随之增大。单株 ASI 也与种植密度显著正相关。种植密度对雄穗最终散粉的株数没有显著影响，但是雌穗吐丝的株数随着密度的增大而减小。大穗型品种 ND4 在 13.5 万株 /hm² 的密度下有 37.1% 的植株未能吐出花丝，而形成空秆，而 ZD909 在 13.5 万株 /hm² 的密度下仅有不到 10% 的植株未能吐出花丝，说明 ZD909 的耐密性要高于 ND4。通过相关性分析，ASI 与产量、行粒数、百粒重均呈显著相关，但与行数没有显著性关系。

6.1.4.3　种植密度对东北春玉米籽粒发育的影响

玉米的籽粒灌浆过程是籽粒产量形成的重要时期，无论从栽培学角度还是育种学角度，灌浆过程与灌浆特性都有重要的研究意义。在玉米产量的 3 要素中，在穗数和穗粒数一定时，粒重对产量就显得尤为重要，而粒重的差异主要是由灌浆过程不同而引起的。关于玉米灌浆对粒重和产量的影响，主要集中在灌浆速率和灌浆时间两方面，一种观点认为，灌浆时间的长短是产量的主要决定因素；另一种观点认为，产量提高的主要限制因子是灌浆速率。玉米籽粒的灌浆进程受环境条件影响，种植密度对籽粒灌浆进程有显著影响。籽粒粒重和灌浆速率在各个密度下的变化趋势一致，粒重变化均呈 "S" 形曲线，而灌浆速率呈抛物线的变化趋势。由于内部对同化物的竞争，玉米果穗不同粒位的籽粒生长速率和线性灌浆的持续时间都会有很大的差异，从而导致最终粒重的不同。施氮对夏玉米早期不同部位籽粒灌浆有显著影响，在授粉后的 5 ～ 20d 夏玉米顶部籽粒的体积、干物重和灌浆速率明显低于中下部。王晓燕等（2011）认为果穗上位籽粒受密度的影响最大，杨同文和李潮海（2012）表明玉米雌穗不同部位籽粒的发育在小花授粉后存在显著差异，中下部籽粒代谢活性高，灌浆快，粒重高；而顶部籽粒则与之相反。

本研究表明，不同种植密度下，春玉米灌浆进程均符合 "S" 形曲线，随着密度的提高，玉米粒重显著下降。籽粒的灌浆速率均呈单峰曲线，瞬时灌浆速率随着种植密度的增高而降低。现有研究表明，对籽粒灌浆过程进行方程拟合，推导出具有生物学意义的特征参数，能更好地解释籽粒灌浆过程。本研究发现，种植密度对最大灌浆速率出现时间的影响不显著，而最大灌浆速率和平均灌浆速率随种植密度的提高而降低，线性灌浆开始时间也随种植密度的增大而延后，对线性灌浆结束时间则没有显著影响。籽粒灌浆期是玉米产量形成极为重要的时期，灌浆状况直接影响最终产量。不同品种之间，中小穗型的 ZD909 在各个密度下的平均灌浆速率都要小于大穗型的 JD209 和 ND4，且变异系数更大，但是灌浆持续期前者要显著长于后者。玉米籽粒的最终粒重主要由灌浆速率，而非灌浆持续时间的长短决定，从本研究的结果看，ZD909 各个密度下的灌浆速率均小于 JD209 和 ND4，最终的粒重前者也小于后者。从不同粒位籽粒的灌浆进程来看，随着粒位的提升，籽粒干物重和灌浆速率也呈降低的趋势，第 5 ~ 11 粒＞第 15 ~ 21 粒＞第 25 ~ 31 粒。最大灌浆速率、平均灌浆速率和活跃灌浆天数沿着穗轴同样呈减小的趋势。不同的品种表现出不同的响应特征，ZD909 达到最大灌浆速率的时间及灌浆终止时间要晚于 ND4，但最大灌浆速率和平均灌浆速率前者小于后者，而活跃灌浆天数前者要大于后者。玉米籽粒的含水量在籽粒生长前期迅速增加，并在灌浆中后期达到最大值。籽粒的最大含水量是籽粒库容量最好的指示因子，对于不同的品种在不同的环境条件下它与籽粒的生长速率和最后的粒重密切相关。达到最大含水量后一直到籽粒生理成熟，籽粒中的水分逐渐被干物质取代。籽粒的含水率在整个籽粒灌浆期都是下降的，对于不同的品种不同的环境，它与籽粒干物质积累的百分比有密切的关系。籽粒含水率曾经作为预测不同环境条件籽粒发育的标尺。

由于内部对同化物的竞争，玉米果穗不同粒位的籽粒生长速率和线性灌浆的持续时间都会有很大的差异，从而导致最终粒重的不同。对玉米而言，穗轴顶部籽粒要比基部籽粒晚 4 ~ 5d 开始生长，因而在籽粒灌浆前容易发生败育。受精晚的籽粒生长速率低，线性灌浆的持续时间短，导致最后粒重很低。籽粒体积的大小决定着其容纳有机物质能力的大小，较大的籽粒容积意味着形成产量的潜力大，籽粒鲜重受到籽粒含水量和干物质积累的影响。

6.1.4.4　主要结论

种植密度对东北春玉米穗分化开始的时间没有显著影响，但高密推迟了雌雄穗的分化进程，随着种植密度的增大雌雄穗长度、穗粗等都显著减小，ASI 显著增大，相关分析表明，单株 ASI 与行粒数和粒重呈负相关。ASI 延长导致后期花粉不足，吐出的花丝不能受精，或因营养不足而产生败育，籽粒败育增多，秃尖增大，空秆率提升。从灌浆进程来看，随着种植密度的增大，籽粒干重随着种植密度的增大而显著降低，且随着粒位的提升呈降低的趋势。从灌浆参数来看，最大灌浆速率和平均灌浆速率随种植密度的增大而降低，且沿着穗轴呈减小的趋势，线性灌浆开始的时间也随种植密度的增大而延后。群体干物质积累和 LAI 均随种植密度的增大而增大，但群体 HI 和单株干物质量则随种植密度的增大而显著减小，从而导致高密条件下产量降低。不同品种间，中小穗型品种 ZD909 雌穗最终散粉的株数比率显著小于大穗型品种 JD209 和 ND4，ASI 却显著小于后两者，而前者的干物质积累量随种植密度的增大而增加的幅度大于后两者，群体 HI 减小的幅度却小于后两者，前者灌浆持续期、活跃灌浆期均显著长于后两者。说明种植密度对中小穗型品种的影响幅度显著小于大穗型品种。

本研究结果表明，中小穗型品种生产力受种植密度的不利影响程度显著低于大穗型品种。因此，在对东北玉米进行增密增产时，应选择中小穗耐密型且小花分化数较多的品种，并配套耕作栽培管理措施，降低高密条件下的空秆率、倒伏率，提高渐增期的灌浆速率，相对延长快速增长期和缓慢增长期持续天数。配套深松保水措施，防止群体早衰，保证群体干物质积累量，提高粒重渐增期群体籽粒灌浆速率，促进籽粒灌浆，提高收获指数，从而进一步提高春玉米的密植增产潜力。

6.2　密植对玉米地下部特征的影响

6.2.1　试验设计

试验于 2009 ～ 2010 年在中国农业科学院作物科学研究所公主岭试验站进行。设置 3 个水平种植密度的田间随机试验,包括 4.50 万株 /hm² (低密度,CK), 6.75 万株 /hm² (中密度), 9.00 万株 /hm² (高密度), 3 个处理, 3 次重复。小区面积为 72.6m², 行长 11m, 行距 60cm, 玉米采用传统垄作管理, 2009 年供试品种为'郑单 958', 播种期为 5 月 5 日, 2010 年为'先玉 335', 播种期为 5 月 8 日。播种方式为人工精量点播, 于每年 9 月 25 日前后收获。

6.2.2　种植密度对玉米个体和群体根系生物量及其在土体中分布的影响

6.2.2.1　种植密度对 0 ～ 60cm 土体中根系生物量的影响

随密度的增加,乳熟期玉米单株根系生物量两年试验数据均逐渐降低 (表 6-4)。'郑单 958'与'先玉 335'单株根系生物量高密度处理比低密度处理分别显著降低 38.1% 和 16.3% ($P < 0.05$)。'郑单 958'中密度处理比低密度处理显著降低 14.6% ($P < 0.05$),'先玉 335'中、高密度两个处理间差异不显著。种植密度显著影响'郑单 958'与'先玉 335'玉米群体根系生物量。两个品种均表现为根茬归还量随种植密度水平增大而增加。

表 6-4　不同种植密度下玉米乳熟期 0 ～ 60cm 土体中个体和群体根系生物量

处理	郑单 958 (2009 年)		先玉 335 (2010 年)	
	个体 (g/ 株)	群体 (kg/hm²)	个体 (g/ 株)	群体 (kg/hm²)
低密度	41.7 ± 1.6c	1878.1 ± 69.8a	23.3 ± 1.7b	1047.6 ± 76.0a
中密度	30.2 ± 1.7b	2040.2 ± 114.3ab	20.3 ± 0.7a	1371.7 ± 44.4b
高密度	25.8 ± 1.1a	2323.6 ± 80.4b	19.5 ± 0.2a	1753.1 ± 18.9c

注: 同列不同小写字母表示在 0.05 水平下差异显著

6.2.2.2　种植密度对群体根系在土体中分布的影响

两年内根系生物量在土体中的分配一致,主要分配于耕层 (0 ～ 20cm),深层含量较低 (图 6-18)。在 0 ～ 60cm 不同层次中,'郑单 958'与'先玉 335'群体根系生物量均随种植密度的增加而增大。0 ～ 20cm 土层高密度处理比中密度和低密度处理均增加了根系生物量,'郑单 958'分别增加了 15.5% 和 23.1%,'先玉 335'分别增加了 36.7% 和 59.9%。20 ～ 40cm 土层'郑单 958'高密度处理比中密度和低密度处理根系生物量分别增加 2.3% 和 28.9%,'先玉 335'分别增加 23.9% 和 26.7%。40 ～ 60cm 土层'郑单 958'不同种植密度间差异不大,'先玉 335'低密度处理分别比中、高密度处理显著低,但中密度与高密度处理间差异不大。

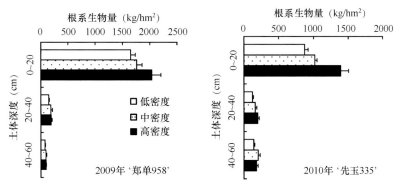

图 6-18　不同种植密度下玉米乳熟期根系在土体中的分布

6.2.3　种植密度对 0 ～ 60cm 土体中根系形态的影响

6.2.3.1　种植密度对根长的影响

由表 6-5 可知，不同密度处理下，0 ～ 60cm 土层中'郑单 958'玉米单株根系的根长随玉米生长发育在 3 个关键生育期呈单峰曲线变化，抽雄吐丝期为峰值。除低密度处理在玉米乳熟期比抽雄吐丝期增加外，'先玉 335'的单株根长随生育进程基本均呈下降趋势，拔节期达最大。2009 ～ 2010 年的整个生育期，相同密度下群体根系的变化趋势与单株类似（表 6-6），表明'郑单 958'地下根系生长直至生长中期，'先玉 335'根系生长仅在生长前期，中期生长减缓。玉米生长后期两个品种的根系生长均减缓或停止，随根系的死亡进一步造成根长减短。供试的两个品种单株根长在抽雄吐丝期和乳熟期均随种植密度的增加呈下降趋势；在拔节期均以中密度的单株根长最短，但低密度与高密度处理的玉米个体根长差异不显著。与低密度处理的单株根长相比，'郑单 958'中密度和高密度处理在拔节期、抽雄吐丝期、乳熟期分别减少 32.9% 和 14.6%、21.9% 和 28.7%、13.4% 和 15.3%；'先玉 335'在拔节期变化幅度仅为 – 1.8% ～ 5.9%，抽雄吐丝期、乳熟期分别减少 4.8% 和 17.6%、16.4% 和 29.3%。在 3 个关键生育期，两个品种的玉米群体根长均随密度的增加而增长。低密度下单株所占有的生长空间比较大，可吸收养分较多用于促进根系生长，密度增加减少了单株生长空间与可吸收的绝对养分含量，这可能制约了根系生长，但种植密度的增大弥补了单株根长的减少，最终导致较大的群体根长。

表 6-5　不同密度水平下 0 ～ 60cm 土体中单株玉米主要根系形态指标

形态指标	处理	郑单 958（2009 年）			先玉 335（2010 年）		
		拔节期	抽雄吐丝期	乳熟期	拔节期	抽雄吐丝期	乳熟期
根长（m）	低密度	641.6 ± 93.1	819.1 ± 39.5	554.4 ± 20.4	630.3 ± 40.8	366.9 ± 19.1	405.5 ± 50.8
	中密度	430.8 ± 86.4	639.5 ± 45.7	480.0 ± 72.2	593.4 ± 52.7	349.4 ± 49.8	338.8 ± 42.4
	高密度	547.9 ± 70.8	584.1 ± 88.1	469.3 ± 61.6	641.6 ± 84.9	302.4 ± 10.0	286.5 ± 28.4
根表面积（dm²）	低密度	135.4 ± 18.2	181.3 ± 9.9	122.8 ± 3.8	104.1 ± 6.9	68.9 ± 4.2	68.9 ± 8.3
	中密度	92.2 ± 15.9	141.7 ± 9.9	103.5 ± 13.8	94.2 ± 6.4	63.7 ± 6.1	57.6 ± 7.0
	高密度	115.0 ± 11.5	126.8 ± 16.4	98.0 ± 9.3	107.0 ± 16.1	55.6 ± 5.0	47.9 ± 4.4
根体积（cm³）	低密度	244.1 ± 26.5	347.4 ± 22.7	240.6 ± 5.0	145.0 ± 9.4	113.5 ± 8.8	102.2 ± 11.8
	中密度	175.4 ± 23.5	267.3 ± 18.0	191.3 ± 23.4	126.3 ± 6.0	101.9 ± 4.6	86.1 ± 13.2
	高密度	204.1 ± 14.1	232.3 ± 22.9	178.2 ± 12.4	151.2 ± 27.1	88.9 ± 6.0	68.4 ± 6.1

表 6-6　不同密度水平下 0 ～ 60cm 土体中玉米群体主要根系形态指标

形态指标	处理	郑单 958（2009 年）			先玉 335（2010 年）		
		拔节期	抽雄吐丝期	乳熟期	拔节期	抽雄吐丝期	乳熟期
根长 （m/hm²）	低密度	2887.2 ± 419.0	3685.9 ± 177.8	2494.8 ± 91.8	2836.4 ± 183.6	1651.0 ± 86.0	1824.8 ± 228.6
	中密度	2907.9 ± 583.2	4316.6 ± 308.5	3240.0 ± 487.4	4005.4 ± 355.7	2358.5 ± 336.2	2286.9 ± 286.2
	高密度	4931.1 ± 637.2	5256.9 ± 792.9	4223.7 ± 554.4	5774.4 ± 764.1	2721.6 ± 90.0	2578.5 ± 255.6
根表面积 （m²/hm²）	低密度	6.1 ± 0.8	8.2 ± 0.4	5.5 ± 0.2	4.7 ± 0.3	3.1 ± 0.2	3.1 ± 0.4
	中密度	6.2 ± 1.1	9.6 ± 0.7	7.0 ± 0.9	6.4 ± 0.4	4.3 ± 0.4	3.9 ± 0.5
	高密度	10.4 ± 1.0	11.4 ± 1.5	8.8 ± 0.8	9.6 ± 1.4	5.0 ± 0.5	4.3 ± 0.4
根体积 （cm³/hm²）	低密度	1098.5 ± 119.3	1563.3 ± 102.1	1082.7 ± 22.5	652.5 ± 42.3	510.8 ± 39.6	459.9 ± 53.1
	中密度	1184.0 ± 158.6	1804.3 ± 121.5	1291.3 ± 158.0	852.5 ± 40.5	687.8 ± 31.1	581.2 ± 89.1
	高密度	1836.9 ± 126.9	2090.7 ± 206.1	1603.8 ± 111.6	1360.8 ± 243.9	800.1 ± 54.0	615.6 ± 54.9
根长密度 （10²m/m³）	低密度	144.4 ± 21.0	184.3 ± 8.9	124.7 ± 5.5	144.5 ± 11.7	82.5 ± 4.3	91.2 ± 11.4
	中密度	143.8 ± 30.8	214.0 ± 17.2	162.0 ± 24.4	200.3 ± 17.8	117.9 ± 16.4	114.4 ± 14.3
	高密度	246.6 ± 31.8	262.9 ± 26.6	210.8 ± 17.6	283.7 ± 36.1	136.0 ± 8.8	128.9 ± 12.8

6.2.3.2　种植密度对根表面积的影响

因密度不同造成植株根系表面积存在差异。在同一生育期，密植对'郑单 958'和'先玉 335'单株根表面积的影响规律一致，抽雄吐丝期与乳熟期均随密度增加呈下降趋势；拔节期中密度处理单株根表面积最小，低密度与高密度处理差异不显著。中密度、高密度处理与低密度处理的单株根表面积相比，拔节期'郑单 958'分别减少 31.9% 和 15.1%，'先玉 335'差异不大；抽雄吐丝期'郑单 958'分别显著下降 21.8% 和 30.1%，'先玉 335'分别下降 7.5% 和 19.3%；乳熟期'郑单 958'和'先玉 335'分别减少 15.7%、20.2% 和 16.4%、30.5%。'郑单 958'单株与群体根表面积均随生育进程先增加再降低，在抽雄吐丝期达到最大；'先玉 335'在拔节期达最大，此后随生育进程呈下降趋势，在中密度和高密度处理尤为明显。群体根表面积随种植密度的增大呈增加趋势，在玉米生长中后期尤为明显。密植下单株根表面积减少造成根系接触土壤与吸收养分的面积变小，但群体数量的增加导致群体根表面积增大并促进养分吸收。

6.2.3.3　种植密度对根体积的影响

根系体积受种植密度影响存在差异，因密度水平、生育时期和品种特性的不同，差异程度不同。中密度、高密度处理比低密度处理单株根体积在拔节期'郑单 958'分别减少 28.1% 和 16.4%，'先玉 335'分别减少 12.9% 和增加 4.3%；抽雄吐丝期'郑单 958'分别下降 23.1% 和 33.1，'先玉 335'分别下降 10.2% 和 21.7%；乳熟期'郑单 958'和'先玉 335'分别减少 20.5%、25.9% 和 15.8%、33.1%。随密度的增加，玉米群体根体积呈增大趋势。玉米生育进程对'郑单 958'和'先玉 335'单株及群体根体积影响趋势与对根长、根表面积的影响趋势基本一致。尽管增密后玉米个体根系的根长与根表面积均下降造成单株根体积下降，但密植增大了群体根体积，有助于对养分和水分的吸收利用。

6.2.3.4　种植密度对根长密度的影响

供试玉米品种的根长密度随种植密度的变化见表 6-6。'郑单 958'在抽雄吐丝期达最大，'先玉 335'在拔节期达最大。3 个种植密度下，'郑单 958'根长密度从拔节期至乳熟期均先增加后降低；'先玉 335'在低密度条件下乳熟期比抽雄吐丝期高 10.5%，中密度和高密度处理均随生育进程呈下降趋势。相同密度下，'郑单 958'在抽雄吐丝期与乳熟期达显著水平，拔节期与抽雄吐丝期低密度处理差异达到显著水平；'先玉 335'在拔节期与抽雄吐丝期差异显著，抽雄吐丝期与乳熟期均未达显著水平。中密度、高密度处理与低密度处理相比，'郑单 958'在拔节期前者差异不大而后者显著增加 70.8%（$P < 0.05$），抽雄吐丝期和乳熟期分别显著增加 16.1% 和 42.6%、29.9% 和 69%；'先玉 335'在拔节期、抽雄吐丝期分别显著增加 38.6% 和 96.4%、42.9% 和 64.8%，乳熟期分别增加 25.3% 和 41.3%（$P < 0.05$）。增密使单位面积上植株增加的数量远大于增密造成单株根长减小的幅度，最终使群体根长密度增大。

6.2.4　讨论与结论

种植密度决定了农田群体大小，进而影响到春玉米植株地上部的生理性状特征。本研究表明，密植同样影响春玉米根系形态特征与干物质的积累和分布。本研究连续两年在春玉米根系干物质积累方面发现，0 ~ 40cm 土体内随密度增加群体根系生物量均增大，但 40 ~ 60cm 土层中密度效应下降且两年间表现不一致，这可能与两年间降水差异、不同品种特性差异及有效养分供需特征差异有关。但密植增大了群体根系生物量，有助于增加土壤有机质，补给农田生态系统土壤碳库。根系具有趋肥与趋水的特性，因此作物根系分布与养分、水分在土壤中的分布有关，随种植密度的增加，作物地下部为争取更多的资源与空间产生竞争。本研究中增密对中后期玉米根系的单株根长、根表面积和根体积的影响规律一致，即均随密度增加而下降，这主要是由于雨养条件下不同处理的施肥量相同，单位土体中养分与水分资源差异不大，而受生长空间与资源限制，增密使个体根系生长发育、分布空间变小。尽管密植降低单株的主要根系形态指标，但不同生育阶段春玉米群体的根长、根表面积、根体积和根长密度均随密度的增加而增大，这主要是由于增密对春玉米群体地下部根系生长的促进作用超过了对单株根系生长的抑制作用。密植导致单位土体中根系群体的增加，从而增加了水分和养分的消耗，因此，增加种植密度应适当提高肥料投入。

密植对根系的影响效应在拔节期较小，在中后期相对较大，这说明春玉米生育前期由于植株与地下的根系规模较小、生长空间与水肥资源等因素对根系生长的限制作用较弱；而随植株生长与群体的增大，春玉米对生长空间与水肥资源的竞争加剧。此外，拔节期中密度水平玉米根系的根长、根表面积与根体积小于低密度与高密度水平，这可能与不同密植水平下春玉米光合产物的合成及其在地上部和地下部的生长分配优先顺序差异有关，具体原因尚待研究。

当前玉米生产中增密倒伏与早衰严重，这与根系功能密切相关。本研究发现，随密度增加'郑单 958'个体根长、根表面积与体积均降低，在抽雄吐丝期根系达最大，生长后期下降趋势明显。'郑单 958'密植后根系生长后期减少过快，导致供养功能迅速下降，可解释叶片早衰的成因。'先玉 335'单株根长、根表面积与体积在拔节期达最大，此后随生育进程根系呈下降趋势，而地上部植株仍增大，地下部根系的减少势必降低根在土壤中的固持能力，增大抽雄吐丝期间（拔节后降水幅度增大）的倒伏概率。

种植密度不足将限制玉米生产，增密降低了 0 ～ 60cm 土体内玉米植株个体的根系生物量，增大了群体根系生物量，有助于农田获得较高的根茬残留。增密虽然减少了玉米生长中后期个体植株的根长、根表面积、根体积，但由于玉米群体地下系统的增大，促进了水分和养分的损耗。因此，制定合理的水肥供应配套措施有助于确保高密度高产群体抗倒防衰。

6.3　耕作栽培措施对密植玉米的调控效应

6.3.1　东北玉米的密植范围及其增产效果

6.3.1.1　不同密度下的玉米籽粒产量

增加种植密度、提高光热资源利用率、依靠群体发挥增产潜力是获得玉米高产的重要措施，也是当前玉米品种改良和栽培耕作技术创新的重要方向。因此，阐明玉米对密植和生态条件的综合响应，对科学增密具有重要的理论与实践指导意义。为明确东北不同生态区春玉米产量对密植的响应，本研究采用适应性较广、较耐密的玉米新品种'中单 909'，分别在代表东北不同生态条件的辽宁沈阳，吉林公主岭、桦甸、洮南，以及黑龙江哈尔滨等 5 个试验点开展田间定位试验，以期为耐密品种选育和高产栽培提供理论依据和技术支撑。试验于 2011 年和 2012 年的 5 ～ 9 月进行，共设置 5 个种植密度处理，即 2.25 万株 /hm² （D1）、4.50 万株 /hm² （D2）、6.75 万株 /hm² （D3）、9.00 万株 /hm² （D4）和 11.25 万株 /hm² （D5），随机区组设计，重复 3 次。

图 6-19 为 2011 ～ 2012 年不同试验点春玉米产量与种植密度的关系。由图 6-19 可知，无论不同试验年份还是不同试验点，春玉米产量与种植密度间均呈抛物线的关系，其相关性均达到显著相关。其中，各试验点春玉米产量随着种植密度的增加而递增，当种植密度为 8.2 万 ～ 8.6 万株 /hm² 时，产量达到最大值，此后，随着种植密度的增加，玉米产量呈下降的趋势。各试验点春玉米产量与种植密度的回归方程如下。沈阳：$y=-0.1026x^2 + 1.7174x + 4.3063$（$R^2=0.9067^{**}$）（* 代表 $P < 0.05$，** 代表 $P < 0.01$，下同）。公主岭：$y=-0.0703x^2 + 1.2066x + 8.5235$（$R^2=0.8777^{**}$）。哈尔滨：$y=-0.0639x^2 + 1.0588x + 7.2787$（$R^2=0.4469^*$）。桦甸：$y=-0.0890x^2 + 1.4857x + 5.3136$（$R^2=0.2494$）。洮南：$y=-0.0779x^2 + 1.3401x + 2.2669$（$R^2=0.8365^{**}$）。根据回归方程计算，各试验点获得最高产量的种植密度均在 8.00 万株 /hm² 以上，其中沈阳 8.37 万株 /hm²、公主岭 8.58 万株 /hm²、哈尔滨 8.30 万株 /hm²、桦甸 8.34 万株 /hm²、洮南 8.60 万株 /hm²。而沈阳、公主岭、哈尔滨、桦甸及洮南等试验点的最高产量则分别为 11.49t/hm²、13.70t/hm²、11.66t/hm²、11.51t/hm² 和 8.03t/hm²，其中以公主岭的产量最高，洮南的产量最低。

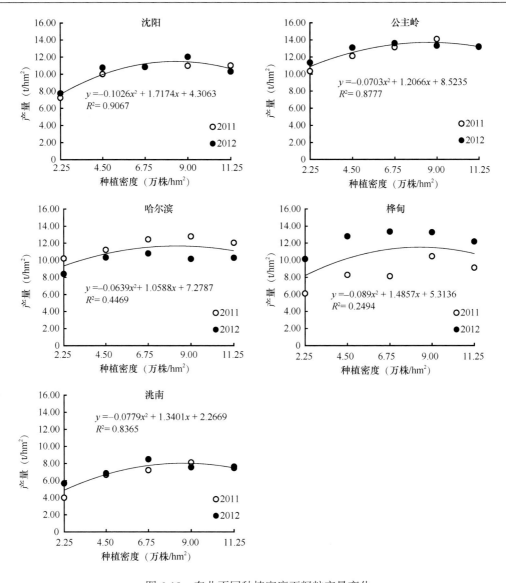

图 6-19　东北不同种植密度下籽粒产量变化

6.3.1.2　不同种植密度下的产量构成因素

图 6-20～图 6-23 为不同种植密度下的产量构成因素变化情况。由图 6-20 可见，每公顷穗数随密度增加而显著增加，其中沈阳试验点单位面积穗数 2011 年和 2012 年平均值 D2、D3、D4 和 D5 处理比 D1 处理增加幅度为 29.4%～133.8%，公主岭增幅为 37.9%～95.5%，哈尔滨略低，增幅为 25.8%～37.6%，桦甸的增幅为 34.1%～73.5%，而洮南则为 42.6%～126.3%。穗粒数随种植密度增加而减少（图 6-21），其中沈阳试验点穗粒数两年平均值 D2、D3、D4 和 D5 处理比 D1 处理降低幅度为 2.5%～30.3%，公主岭降幅为 10.9%～23.2%，哈尔滨的降幅最低，为 1.4%～5.0%，桦甸的降幅为 0.8%～28.4%，而洮南则为 0.7%～23.4%。百粒重同样随着种植密度的增加而下降（图 6-22），其中沈阳试验点穗粒数两年平均值 D2、D3、D4 和 D5 处理比 D1 处理降低幅度为 3.9%～15.3%，公主岭降幅为 4.7%～17.5%，哈尔滨的降幅为 6.2%～12.4%，桦甸的降幅为 6.7%～15.3%，

而洮南则为 1.1% ～ 9.1%。单穗籽粒重是穗粒数和百粒重共同作用的结果，如图 6-23 所示，单穗籽粒重随着种植密度的增加也呈现降低的趋势，其中沈阳试验点穗粒数两年平均值 D2、D3、D4 和 D5 处理比 D1 处理降低幅度为 14.5% ～ 54.6%，公主岭降幅为 15.4% ～ 38.0%，哈尔滨的降幅为 6.7% ～ 16.4%，桦甸的降幅为 13.6% ～ 27.4%，而洮南则为 2.5% ～ 32.6%。但从图 6-23 中还可以看出，当种植密度达到 6.75 万株 /hm² 之后，单穗籽粒重的降低幅度基本趋于平缓，也就是说种植密度对单穗籽粒重的影响随着密度的增加而逐渐减弱。由此可见，高密度下产量的提高主要得益于单位面积穗数的增加，弥补了由穗粒数与百粒重随密度增加而降低造成的单穗产量下降。

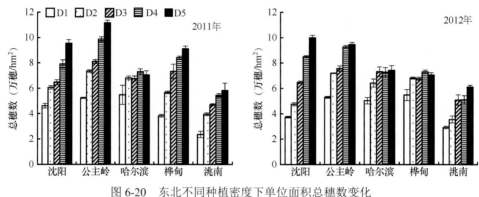

图 6-20　东北不同种植密度下单位面积总穗数变化

D1 为 2.25 万株 /hm²，D2 为 4.50 万株 /hm²，D3 为 6.75 万株 /hm²，D4 为 9.00 万株 /hm²，D5 为 11.25 万株 /hm²；下同

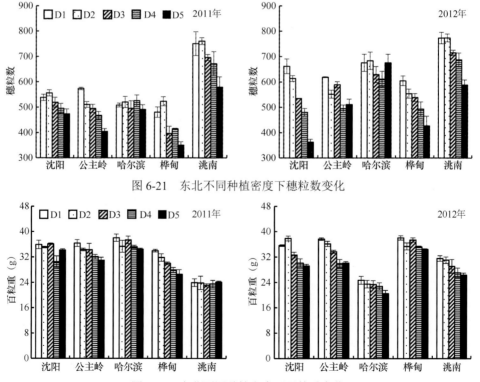

图 6-21　东北不同种植密度下穗粒数变化

图 6-22　东北不同种植密度下百粒重变化

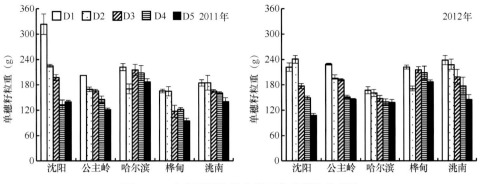

图 6-23　东北不同种植密度下单穗籽粒重变化

6.3.1.3　密植增产效果

上述研究结果表明，合理增加密度是提高春玉米产量的有效途径之一。目前，东北地区玉米大面积种植密度为 4.5 万株 /hm² 左右，基本上相当于美国 20 世纪 70 年代的水平，而如果种植密度达到美国 20 世纪 80 年代、20 世纪 90 年代和 21 世纪头 10 年的水平，即分别为 6.0 万株 /hm²、7.5 万株 /hm² 和 8.5 万株 /hm²，东北地区的玉米可分别增产 8.0%、12.0% 和 13.0% 左右（表 6-7）。其中，光热资源充足的东北南部和东北西部地区的增产潜力最大，如沈阳、洮南等试验点，增产幅度分别达 9.0% ～ 15.0% 和 11.9% ～ 19.4%，而对于东北中部及北部地区的增产潜力相对较低，如公主岭和哈尔滨，增产幅度分别为 5.6% ～ 9.6% 及 5.6% ～ 9.3%。此外，东北地区的密植增产效果随着密度的增加逐步降低，从 7.5 万株 /hm² 的水平增加到 8.5 万株 /hm²，产量增加幅度不足两个百分点，但由密植造成的倒伏早衰、水肥不足而减产的概率增加。因此，东北地区在现有的品种和栽培耕作技术的前提下，其合理的种植密度为 7.5 万株 /hm² 左右。

表 6-7　东北不同地区密植的增产效果

试验点	产量（t/hm²）				增产幅度（%）		
	4.5 万株 /hm²	6.0 万株 /hm²	7.5 万株 /hm²	8.5 万株 /hm²	6.0 万株 /hm²	7.5 万株 /hm²	8.5 万株 /hm²
沈阳	10.0	10.9	11.4	11.5	9.0	14.0	15.0
公主岭	12.5	13.2	13.6	13.7	5.6	8.8	9.6
哈尔滨	10.7	11.3	11.6	11.7	5.6	8.4	9.3
桦甸	10.2	11.0	11.5	11.5	7.8	12.7	12.7
洮南	6.7	7.5	7.9	8.0	11.9	17.9	19.4
平均	10.0	10.8	11.2	11.3	8.0	12.0	13.0

6.3.2　整地时期对耕层水分状况的调控

6.3.2.1　土壤物理性状

图 6-24 所示为不同整地时期（春整地、秋整地），土壤容重、土壤总孔隙度和土壤硬度的差异。整地时期对土壤容重存在影响，其中，10 ～ 20cm、20 ～ 30cm 和 30 ～ 40cm 土层表现为秋整地的土壤容重较低，分别比春整地低 11.0%、13.4% 和 10.4%，差异显著，但 0 ～ 10cm 土层两处理间无显著差异。两个处理下，土壤容重随深度变化的趋势存在

差异，春整地 0 ～ 10cm 土层的土壤容重显著低于深层土壤容重，而 10 ～ 20cm、20 ～ 30cm 和 30 ～ 40cm 土层间土壤容重差异不显著；秋整地则表现为各土层之间的土壤容重无显著差异。整地时期对土壤总孔隙度的影响与对土壤容重的影响呈相反的趋势，即 10 ～ 20cm、20 ～ 30cm 和 30 ～ 40cm 的土层秋整地的土壤总孔隙度显著高于春整地，分别高 10.9%、13.3% 和 5.9%，0 ～ 10cm 表层土壤同样无显著差异。从土壤总孔隙度的空间分布来看，春整地 0 ～ 10cm 层次的土壤总孔隙度显著高于其他土层，其次则为 30 ～ 40cm 层次的土壤总孔隙度较高，而 10 ～ 20cm 和 20 ～ 30cm 土层间无显著差异；秋整地处理的各土层的土壤总孔隙度无显著差异。土壤硬度直接关系到玉米的出苗与根系生长发育，从图 6-24 可以看出，两种处理在 0 ～ 40cm 深度的土壤硬度无显著差异，且两种处理下土壤硬度空间分布表现出较为一致的趋势，即 0 ～ 15cm 层次随土壤深度的增加土壤硬度迅速增加，而 15 ～ 40cm 层次土壤硬度的增加趋势不显著。

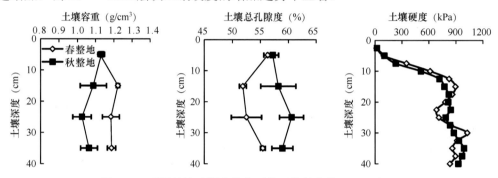

图 6-24　不同整地时期土壤主要物理特性变化（2011 年）

6.3.2.2　土壤养分性状

两种处理下 0 ～ 40cm 土层的土壤全氮、全磷、全钾、碱解氮、速效磷和速效钾含量在各层次间均无显著差异（图 6-25）。对 0 ～ 40cm 土壤深度的养分含量平均值进行计算，春整地和秋整地土壤全氮含量分别为 1.40g/kg 和 1.44g/kg，全磷含量分别为 0.57g/kg 和 0.58g/kg，全钾含量分别为 22.60g/kg 和 21.49g/kg，碱解氮含量分别为 158.23mg/kg 和 154.54mg/kg，速效磷含量分别为 18.16mg/kg 和 18.39mg/kg，速效钾含量分别为 182.67mg/kg 和 175.75mg/kg，两种处理在 0 ～ 40cm 土层的各种养分均值同样无显著差异。从土壤养分的空间分布来看，两种处理下的分布情况基本表现为相同的趋势，即随着土壤深度增加，全氮、全磷、碱解氮、速效磷和速效钾都呈减少的趋势，其中速效磷和速效钾在各层次之间的差异达到显著水平，而全钾含量在不同土壤深度间无显著差异。

6.3.2.3　土壤含水量变化

图 6-26 所示分别为播种前、苗期、拔节期、灌浆初期、乳熟期和收获后不同处理下 0 ～ 120cm 土层的土壤重量含水量变化情况。从图 6-26 可以看出，播种前秋整地的各层次土壤含水量呈高于春整地的趋势。特别是 0 ～ 20cm 和 20 ～ 40cm 土层，秋整地比春整地土壤含水量分别高 18.9% 和 7.3%，差异显著。春玉米苗期不同处理下的土壤含水量差异随土层加深逐渐减小，但在 0 ～ 20cm 和 20 ～ 40cm 土层秋整地的土壤含水量仍然显著高于春整地，分别高 5.6% 和 2.3%；而在土层 40 ～ 120cm，两个处理下的土壤含水量基本一致。进入拔节期后，春玉米的耗水强度增加，两个处理下 0 ～ 40cm 土壤含水量

已经无显著差异，但土层 40～80cm 的秋整地的土壤含水量表现出低于春整地的趋势。特别是土层 60～80cm，秋整地土壤含水量比春整地低 6.9%，这可能是由于秋整地处理下耕层土壤结构合理，播种时土壤含水量高，因此春玉米出苗快，地上部植株和地下部根系发育良好，进入拔节期后生长更为旺盛，更多地消耗吸收了深层土壤水分，造成秋整地 40～80cm 土层土壤含水量下降。而从拔节之后至玉米成熟阶段，两个处理下的土壤含水量在 0～120cm 土层均无显著差异，这可能是由于随着降水量的增多和作物耗水强度的加大，土壤水分状况在两方面因素的共同作用下趋于一致。

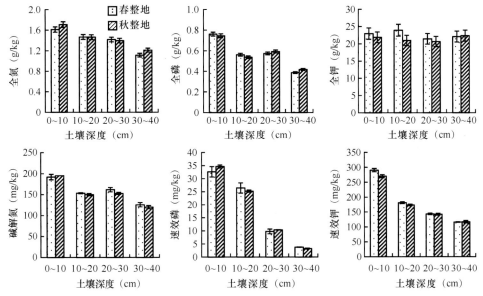

图 6-25　不同整地时期下土壤主要养分含量变化（2011 年）

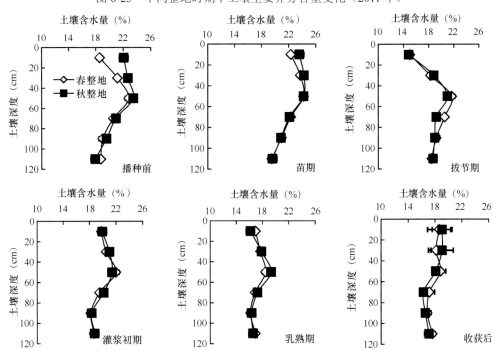

图 6-26　不同生育期土壤含水量的垂直变化（2011 年）

从图 6-26 还可以看出，受降水和作物耗水的影响，全生育期各土层的土壤含水量呈现不断波动的趋势，并且波动幅度随着土层的加深而逐渐减小。其中 0 ～ 20cm 土层的土壤含水量变动幅度最大，春整地和秋整地全生育期土壤含水量的变异系数分别为 11.8% 和 16.0%，秋整地处理的变异系数较高，这主要是由于播种—出苗阶段土壤含水量显著高于春整地，而后期土壤含水量在两个处理间基本无差异，导致秋整地变异系数较大。在土层 20 ～ 40cm，春整地和秋整地的土壤含水量变异系数分别为 11.6% 和 11.4%，但播种时秋整地的土壤含水量仍然高于春整地处理。而在土层 40 ～ 80cm 和 80 ～ 120cm，两个处理下全生育期土壤含水量无显著差异，土壤含水量的变异系数分别为 10.5% 和 11.2% 及 8.4% 和 7.5%。综上所述，整地时期对全生育期土壤含水量的影响主要体现在 0 ～ 40cm 土层，特别是在播种—出苗阶段，秋整地处理能够积蓄更多的土壤水分，为春玉米生长发育创造良好的土壤水分环境。

6.3.2.4　玉米产量及其构成

由表 6-8 可以看出，秋整地的春玉米产量比春整地高 8.7%，达到 10 943.2kg/hm²，两个处理下的产量差异显著。从产量构成因素来看，秋整地的单位面积穗数为 5.51 万穗 /hm²，显著高于春整地。秋整地的穗粒数和千粒重虽高于春整地，但未达到显著水平。从单位面积的春玉米成株数来看，同样秋整地显著高于春整地。由此可见，秋整地处理的产量高于春整地主要是由于提高了玉米的成株率和成穗率，进而增加了单位面积的穗数。

表 6-8　春玉米产量及其构成因素（2011 年）

处理	株数（万株 /hm²）	穗数（万穗 /hm²）	穗粒数（粒 / 穗）	千粒重（g）	产量（kg/hm²）
春整地	5.50b	5.36b	583a	340.1a	10 070.7b
秋整地	5.65a	5.51a	587a	343.5a	10 943.2a

6.3.2.5　讨论

东北雨养农区春季十年九旱，传统的耕作措施导致农田土壤退化、水土流失严重，进一步加剧了春季干旱，不利于东北作物生产的可持续发展。秋整地作为一项重要的耕作措施，以其良好的改善耕层土壤结构的作用，在东北地区正得到越来越多的重视。本研究结果表明，秋整地处理的产量显著高于春整地，这主要得益于单位面积穗数的增加，即秋整地在确保玉米群体数量的基础上，改善了群体质量。

从土壤水分状况来看，秋整地处理下各层次的土壤含水量在播种至出苗阶段均高于春整地处理，这为春玉米前期生长和后期群体质量改善提供了保障。秋整地处理土壤水分状况的改善可能主要得益于两个方面，一是减少了表层土壤水分散失，二是改善了土壤蓄水性能。由于秋整地在春天不对土壤进行耕作，在田间地表形成了干土层，截断了下层毛管水上升，最大限度地减少了干旱多风条件下的土壤水分散失。而春整地由于在春季对土壤进行耕翻，导致下层湿土暴露于表面，加剧了土壤水分蒸发。因此，在播种—出苗阶段，秋整地 0 ～ 20cm 土层的土壤含水量比春整地高 5.6% ～ 18.9%。此外，良好的土壤结构有利于增强土壤蓄水能力。本研究结果表明，秋整地与春整地处理相比，10 ～ 40cm 土层的土壤容重可降低 10.4% ～ 13.4%，土壤总孔隙度可增加 5.9% ～ 13.3%，土壤结构显著改善。秋整地条件下土壤容重较低，这主要是由于土壤中的水分在冬季冻结过程中变成冰晶体并充填了土壤孔隙，造成土体体积膨胀，冰晶体在土壤融化过程中又存在水分的迁移，使得土壤颗粒之间产生推力，导致土壤孔隙度增大，土壤疏松多孔，容重降低，而秋整地处理在春季不进行土壤耕作，保持了土壤的这种特征；相反，由于春整地在春季进行耕作起垄，带来耕畜或农机的践踏压实，增加了土壤容重。而邓西民等（1998）的研究结果也表明，经过冻融作用后犁底层容重可降低 3.5% ～ 9.3%，土壤总孔隙度增加 6.1% ～ 16.3%，饱和导水率可提高 1.4 ～ 7.7 倍，与本研究较为一致。因此，秋整地处理土壤结构的改善，增强了土壤蓄水能力，使 20 ～ 40cm 土层的土壤含水量在播种—出苗阶段显著高于春整地处理。而 40 ～ 120cm 的土壤深度两个处理间土壤含水量基本无显著差异，这是由于耕作处理主要作用于土壤耕层，因此对深层土壤物理结构及水分含量影响不大。此外，土壤硬度也是影响作物生长和产量形成的土壤结构方面的重要指标，太高的土壤硬度可能不利于玉米出苗。关于土壤硬度，一般认为阻止根系伸展的土壤硬度临界值为 2000kPa，本研究中，两种处理下 0 ～ 40cm 的最大土壤硬度值均未超过 1200kPa，因此，可以认为不同整地时期的土壤硬度对玉米生长没有明显的限制作用。

6.3.3　不同耕作方式对耕层土壤水热和玉米植株生产力的影响

6.3.3.1　耕层土壤水热状况

从图 6-27 可以看出，耕作方式对 5cm 土壤温度的影响主要出现在苗期，垄播垄管（LL）处理日最高温度显著高于平播垄管（PL）和平播平管（PP）处理（$P < 0.05$），2010 年分别高 1.5℃和 1.9℃，2011 年分别高 3.5℃和 3.6℃。土壤日最低温度则以 PL 和 PP 处理显著高于 LL 处理，2010 年分别高 1.5℃和 1.4℃，2011 年则分别高 1.3℃和 1.2℃。苗期之后的各生育期，不同耕作方式下的土壤最高温度和最低温度无显著差异。

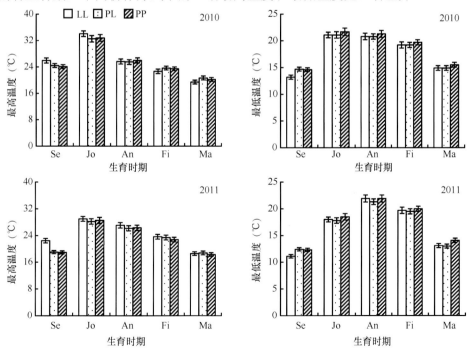

图 6-27　耕作方式对玉米不同生育期 5cm 土壤温度的影响

图中 Se、Jo、An、Fi、Ma 分别表示玉米苗期、拔节期、吐丝开花期、灌浆期和成熟期，下同由图 6-28 可以看出，耕作方式对 0～40cm 土壤含水量的影响主要体现在玉米生育前期。2010 年出苗阶段 PL 和 PP 处理土壤体积含水量比 LL 处理分别高 9.3% 和 6.9%，苗期分别高 6.4% 和 11.6%，拔节期分别高 4.1% 和 5.6%。2011 年出苗阶段 PL 和 PP 处理土壤体积含水量比 LL 处理分别高 1.9% 和 3.6%，苗期分别高 2.9% 和 3.0%，拔节期分别高 3.8% 和 4.0%。拔节期之后，随着降水量的增加，耕作方式之间的水分差异逐渐减少，吐丝—成熟期已无显著差异。但 2010 年 8 月上旬和中旬经历了两次强降水过程，PP 处理小区内观察到短期涝渍现象。

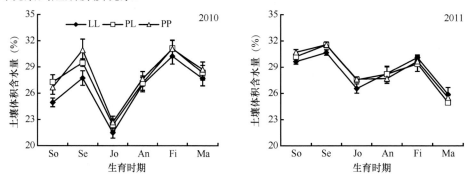

图 6-28　耕作方式对玉米不同生育期 0～40cm 土壤含水量的影响

图中 So 表示玉米播种期，下同

6.3.3.2　玉米植株光合特性

由图 6-29 可以看出，2010 年玉米拔节阶段 LL 处理的光合速率（P_n）、蒸腾速率（T_r）、气孔导度（g_s）和胞间 CO_2 浓度（C_i）均显著低于 PL 和 PP 处理，气孔限制值（L_s）则显著高于 PL 和 PP 处理，而水分利用效率（WUE）在处理之间无显著差异。其中，LL 处理 P_n 比 PL 和 PP 处理分别低 32.2% 和 16.7%，T_r 分别低 43.3% 和 30.7%，g_s 分别低 57.2% 和 35.0%，C_i 分别低 75.9% 和 54.4%，而 L_s 分别高 12.0% 和 5.3%。玉米灌浆阶段，LL 和 PL 处理的 P_n、T_r 和 C_i 显著高于 PP 处理，分别高 12.4% 和 11.7%、13.2% 和 10.6%、15.9% 和 18.6%。

在拔节期 PL 和 PP 处理的基础荧光（F_o）显著低于 LL 处理，而最大荧光（F_m）呈相反趋势，即 LL 处理显著低于 PL 和 PP 处理。各处理间 F_o 的变化趋势与叶片水平的 P_n、T_r、g_s 和 C_i 的变化趋势相反，但与 L_s 的变化趋势一致；F_m 与上述光合参数之间的关系则与 F_o 相反。此外，玉米拔节期不同处理间的 PS II 潜在活性（F_v/F_o）和 PS II 最大光化学效率（F_v/F_m）无显著差异，灌浆期各处理之间的叶绿素荧光参数值差异也不显著（图 6-30）。

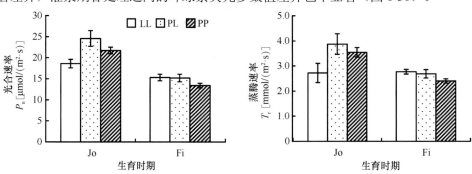

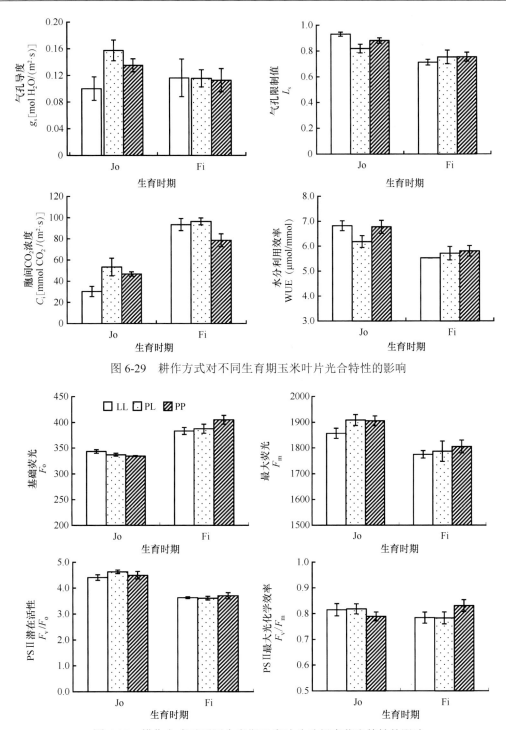

图 6-29　耕作方式对不同生育期玉米叶片光合特性的影响

图 6-30　耕作方式对不同生育期玉米叶片叶绿素荧光特性的影响

6.3.3.3　玉米干物质积累与产量

由表 6-9 可以看出,由于生育前期水热条件的改善,2010 年和 2011 年 PL 和 PP 处理吐丝期干物质量显著高于 LL 处理。而在生育后期,随着降水的增加,PP 处理由于排水不畅,发生涝渍灾害,影响了玉米生长,因此成熟期干物质量低于 LL 和 PL 处理。PL 处理由于全生育期较适宜的土壤水热条件，籽粒产量显著高于 LL 和 PP 处理，2010 年分别高 3.5% 和 7.7%，2011 年分别高 4.2% 和 7.2%。

表 6-9　耕作方式对玉米干物质积累及产量的影响

年份	处理	吐丝期干物质量（kg/hm²）	成熟期干物质量（kg/hm²）	籽粒产量（kg/hm²）	收获指数
2010	LL	9 432b	23 321a	11 557b	0.50a
	PL	9 747a	23 429a	11 958a	0.51a
	PP	9 821a	21 468b	11 101b	0.52a
2011	LL	13 237b	2 1602b	11 950b	0.55a
	PL	14 351a	22 858a	12 447a	0.54a
	PP	14 102a	20 716c	11 615b	0.56a

注：同列同一年份不同小写字母表示处理间差异显著（$P < 0.05$）

6.3.3.4　讨论

上述研究表明，由于春季 PL 和 PP 处理不对土壤进行耕作，减少了土壤水分散失，0～40cm 土层土壤含水量在玉米生育前期显著高于 LL 处理；而进入雨季后，PL 处理由于垄沟的存在，增加了土壤与雨水的接触面积，因而有利于截留雨水，提高下渗，降低涝渍风险。克服春季低温对作物生长发育的影响，有利于东北春玉米的高产稳产。Chen（2011）等通过对长期气象资料与玉米产量统计数据进行分析发现，东北地区 5 月最低温度每升高 1℃，玉米可增产 7.2%。而东北玉米增温试验也发现，玉米苗期 0～10cm 耕层土壤的夜间温度升高 1.7℃，玉米单产可提高 12.0%。本研究表明，玉米播种—苗期采用平地播种方式可显著提高玉米苗期耕层土壤最低温度，因此 PL 和 PP 处理下 5cm 土壤最低温度显著提高，有利于减轻低温胁迫。可见，玉米生育前期采用平作方式可提高土壤水分含量，减轻夜间低温对出苗和幼苗生长的影响，而玉米生育中后期起垄，则有利于降低涝渍风险，为玉米高产稳产奠定基础。

耕作方式影响土壤水热状况的变化，进而影响玉米叶片的光合性能。水分与低温胁迫均可造成玉米叶片净光合速率、蒸腾速率、气孔导度和胞间二氧化碳浓度降低，导致同化产物合成与营养物质运输能力下降。叶绿素荧光参数则可以反映水分与低温胁迫对光合作用的影响程度及光合结构受影响的部位。胁迫环境会引起植物叶片基础荧光（F_o）的升高和最大荧光（F_m）的降低，特别是 F_o 的增加会降低天线色素的热耗散量，过剩的光能积累导致 PS Ⅱ 满溢，造成对光合结构的破坏。PS Ⅱ 潜在活性（F_v/F_o）和 PS Ⅱ 最大光化学效率（F_v/F_m）可作为是否发生长期光抑制的指标，长期的环境胁迫可使 F_v/F_o 和 F_v/F_m 下降，抑制光合作用的原初反应，光合电子传递受阻，造成 PS Ⅱ 活性中心受到损伤。本研究结果表明，PL 和 PP 处理由于在玉米生长前期较高的土壤含水量和夜间最低温度，缓解了作物的水分胁迫和低温逆境，因此在拔节期叶片的净光合速率和蒸腾速率较高，但 F_v/F_o 和 F_v/F_m 在 3 种处理间无显著差异，说明玉米的 PS Ⅱ 反应中心并未受环境胁迫影响而造成不可逆的损伤，即光能转换能力并未受到影响。但低温可能导致植株吸水降低，影响叶片水分状况，使气孔导度下降和气孔限制值上升，造成 LL 处理净光合速率和蒸腾速率下降。在玉米灌浆期，由于 PP 处理的田间排水能力不佳，强降水天气下产生涝渍灾害，玉米光合作用受到抑制，造成净光合速率和蒸腾速率显著低于 PL 和 LL 处理。

综上所述，平地播种中耕起垄的耕作方式可提高玉米生育前期的土壤耕层储水量和最低温度，同时降低生育后期强降水天气下的涝渍风险，因此可保持较高的光合速率与蒸腾速率，物质合成与转运能力较强，籽粒产量显著提高。此外，本研究还发现不同处理间的土壤水分、温度动态与光合参数变化趋势之间存在相关性。因此，利用光合与叶绿素荧光参数等指标来衡量耕作方式对作物生长发育的影响是比较客观和可靠的。

6.3.4 化学调控对密植春玉米地上地下生长的调控效应

6.3.4.1 试验设计

以玉米品种 '先玉 335' 为试验材料，设置密度和化学调控两个因素，采用主裂区设计，主区为化学调控处理，副区为密度梯度，密度梯度处理之间采用随机排列，3 次重复。化学调控处理：6 叶期叶面喷施 200mg/kg 膦酸胆碱合剂（ethylene-chlormequat chloride-potassium，ECK），对照喷施等量清水；密度梯度处理包括 45 000 株 /hm²、56 250 株 /hm²、67 500 株 /hm²、78 750 株 /hm² 和 90 000 株 /hm² 等 5 个处理，共计 60 个小区。试验小区长 10m，宽 6m，面积 60m²，试验小区内采用等行距起垄种植，行距 0.6m，行长 10m，每个小区 10 行，农田管理参照当地高产管理措施进行。

6.3.4.2 化学调控对春玉米产量及产量构成因素的影响

由表 6-10 可知，2009 年种植密度为 45 000 ～ 90 000 株 /hm²，对照区玉米实测产量随着种植密度的增加而呈现先增加后下降的趋势，并且在种植密度为 56 250 株 /hm² 时取得产量最大值 13 470.8kg/hm²。经过分析发现，对照区玉米籽粒产量与种植密度成一元二次方程关系，可表示为 $y = -125.11x^2 + 1631.9x + 7728.7$（$R^2$=0.4707）。对函数方程求导可求得获最高产量时的理论最适密度为 67 500 株 /hm²。使用 ECK 处理后，在低密度（45 000 株 /hm² 和 56 250 株 /hm²）下籽粒产量无显著变化，但显著提高了高密度（78 750 株 /hm² 和 90 000 株 /hm²）下的玉米产量，其产量最高值出现在 90 000 株 /hm²，达到 15 389.2kg/hm²，比对照增产 23.83%。

2010 年，种植密度为 45 000 ～ 90 000 株 /hm²，对照区玉米籽粒产量随种植密度的增加而呈单峰曲线变化趋势，在 56 250 株 /hm² 取得最大值，籽粒产量达 11 415.2kg/hm²。籽粒产量与种植密度的关系为 $y = -61.905x^2 + 861.3x + 8311$（$R^2$=0.5380）。对模拟函数求导可知，玉米籽粒在 69 600 株 /hm² 获得理论最高产量。采用 ECK 处理后，玉米籽粒产量呈增加的趋势，并且在高种植密度（78 750 株 /hm² 和 90 000 株 /hm²）增加效果最好，其产量峰值出现在 90 000 株 /hm²，达 12 506.1kg/hm²，比对照最高籽粒产量增加 12.5%。由此可见，利用化学调控技术可以实现密植高产，可达到从群体结构挖掘产量潜力的目的。

玉米产量决定于单位面积穗数 × 穗粒数 × 粒重，随着种植密度的增加，玉米的空秆率随种植密度的增加而增加；双穗率、穗粒数、百粒重和单穗重随种植密度增加而下降，从 45 000 株 /hm² 增加到 90 000 株 /hm²，玉米穗粒数、百粒重和单穗产量分别下降了 6.1%、10.1% 和 24.6%。经 ECK 处理后，不同种植密度下的双穗率、穗粒数、百粒重和单穗重均有不同程度增加,而空秆率和籽粒含水量下降。以种植密度 90 000 株 /hm² 为例,玉米的穗粒数、百粒重和单穗重分别比对照增加了 3.4%、5.9% 和 9.5%,空秆率则下降了 24.4%。试验结果表明,种植密度升高造成群体郁闭,影响玉米产量构成及最终籽粒产量,而膦酸胆碱合剂能改善密植群体内部结构,提高春玉米籽粒产量。

表 6-10　种植密度和化学调控对春玉米产量及其构成因素的影响

年份	处理	密度（株 /hm²）	产量（kg/hm²）	总穗数（穗 /hm²）	穗粒数	百粒重（g）	单穗产量（g）
2009	CK	45 000	12 316.6e	46 665e	597.7bc	34.5abc	241.0a
		56 250	13 470.8cd	58 163d	565.6cd	34.5abc	211.3b
		67 500	12 813.3de	68 040c	549.6d	32.7bcd	206.3bc
		78 750	12 607.3e	75 915b	539.9d	32.3cd	181.0de
		90 000	12 427.4e	85 770a	532.3d	31.0d	180.3de
	TR	45 000	12 432.9e	47 340e	670.0a	35.9a	218.3ab
		56 250	12 872.2de	58 950d	633.1ab	35.3ab	212.0b
		67 500	13 713.0c	68 985c	613.5b	34.2abc	183.3bc
		78 750	14 616.8b	78 199b	602.3bc	33.5abcd	197.0bcd
		90 000	15 389.2a	87 390a	601.5bc	32.8bcd	165.0e
2010	CK	45 000	10 837.2b	47 952b	629.6ab	35.9a	226.0a
		56 250	11 415.2b	50 510a	563.7c	35abc	197.2bc
		67 500	11 226.9b	49 677a	462.1e	34.6abcd	159.8d
		78 750	11 139.8b	49 291a	389.5g	33.3cde	129.5f
		90 000	11 118.8b	49 198a	388.5g	32.6e	126.4f
	TR	45 000	11 405.1b	50 465b	653.3a	35.4ab	231.1a
		56 250	12 065.4a	53 387a	603b	34.5abcd	207.8b
		67 500	12 230.9a	54 119a	525.2d	35.1ab	184.3c
		78 750	12 400.1a	54 868a	430.4ef	34bcde	146.5de
		90 000	12 506.1a	55 337a	409.9fg	33.2de	135.9ef

注：同列同一年份不同小写字母表示 0.05 水平上差异显著

由图 6-31 可知,玉米收获指数与密度之间没有明显关系（$r=-0.29$）,最高值和最低值分别出现在 56 250 株 /hm² 和 78 750 株 /hm²,分别为 0.66 和 0.61。但经化控处理后收获指数有一定程度的增加,与对照相比,其提高幅度为 1.3% ～ 9.5%。研究结果表明,ECK 可以在降低植株地上部高度的基础上提高玉米籽粒重量,最终提高了玉米收获指数。

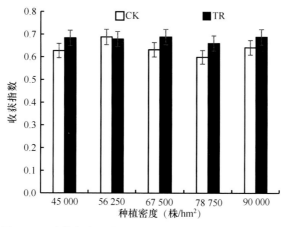

图 6-31　种植密度和化学调控对春玉米收获系数的影响

6.3.4.3　化学调控对春玉米穗部性状的影响

由图 6-32 可知，随着种植密度升高，玉米穗长呈阶梯下降，自种植密度 45 000 株 /hm^2 增加到 90 000 株 /hm^2，穗长平均下降了 10.2%；秃尖长度随种植密度的增加而表现为增加的趋势，自种植密度由 45 000 株 /hm^2 增加到 90 000 株 /hm^2，秃尖长度分别增加了 13.4%、44.5%、32.0% 和 40.6%。在本试验中，通过 ECK 处理后穗长增加，秃尖长度降低，减小了种植密度对春玉米穗部性状的影响，与对照相比，玉米的穗长和秃尖长度则分别变化了 −3.4% ～ 4.4% 和 −2.8% ～ 45.0%。试验结果表明，ECK 对各密度处理下穗长的增加效果小于对秃尖长度的改善效果。

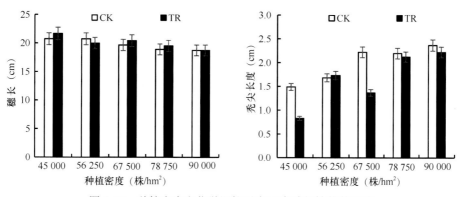

图 6-32　种植密度和化学调控对春玉米穗部性状的影响

6.3.4.4　化学调控对春玉米叶部性状的影响

保绿度直接反映了玉米叶片的衰老状况。如图 6-33 所示，玉米叶片保绿度随种植密度的增加呈降低的趋势。其中，CK 处理在 45 000 株 /hm^2 种植密度下的保绿度最大，为 49.00%。调节剂处理后，45 000 株 /hm^2 和 56 250 株 /hm^2 种植密度下的叶片保绿度较对照分别减小了 0.65% 和 0.37%，但其余 3 个种植密度下比对照分别增加了 9.30%、34.29% 和 51.61%。这种现象可能与调节剂处理在低密度下促早熟、高密度下防早衰有关。

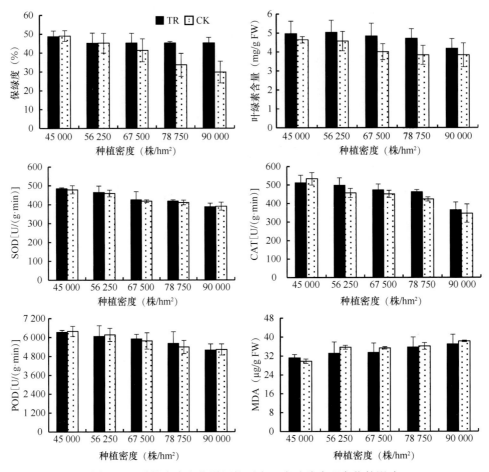

图 6-33　种植密度和化学调控对春玉米叶片生理变化的影响

叶绿素含量与光合同化能力强弱关系密切，由图 6-33 所示，叶绿素含量随种植密度增加呈下降趋势，与 45 000 株 /hm² 密度相比，56 250 株 /hm²、67 500 株 /hm²、78 750 株 /hm² 和 90 000 株 /hm² 密度下的降幅分别为 1.59%、13.98%、20.25% 和 21.15%。调节剂处理提高了各个种植密度下的叶绿素含量，与对照相比依次提高了 6.88%、10.22%、20.86%、23.08% 和 8.97%。

超氧化物歧化酶（SOD）可以将超氧阴离子自由基歧化为 H_2O_2 和水，从而减弱超氧阴离子自由基的毒害。从图 6-33 可以看出，SOD 活性随种植密度增加呈减小趋势，高密度（90 000 株 /hm²）比低密度（45 000 株 /hm²）降低了 18.46%，但调节剂处理对 SOD 活性无显著影响。

过氧化氢酶（CAT）广泛分布于植物各个组织中，可以有效清除植物体内 H_2O_2 的毒害。如图 6-33 所示，玉米叶片的 CAT 活性随密度增加呈降低的趋势。调节剂处理后，CAT 活性在不同密度间变化各异，在 45 000 株 /hm² 的种植密度下较相应对照减小了 4.33%，但其余种植密度下较对照增加了 4.88% ～ 9.09%。

过氧化物酶（POD）可以有效清除植株体内产生的有机活性氧和 H_2O_2。图 6-33 表明，叶片 POD 活性随种植密度的增加呈降低趋势，其中在 90 000 株 /hm² 种植密度下的 POD 比 45 000 株 /hm² 种植密度下的 POD 值降低了 18.18%。经调节剂处理后叶片 POD 活性与相应对照相比，变幅在 － 0.62% ～ 4.19%，但差异未达到显著水平。

丙二醛（MDA）是膜脂过氧化的产物，其含量高低反映了植物细胞的受害程度。随着种植密度增加，玉米叶片 MDA 含量呈增加趋势（图 6-33）。高密度（90 000 株 /hm²）与低密度（45 000 株 /hm²）之间 MDA 含量相差 16.17%。调节剂处理后 56 250 ～ 90 000 株 /hm² 种植密度下，叶片中 MDA 含量较对照降低了 1.32% ～ 7.14%，但差异不显著。

6.3.4.5　化学调控对春玉米茎部性状的影响

由图 6-34 可以看出，播种后 106d（灌浆初期）玉米茎秆第 7 ～ 14 节间吲哚乙酸（IAA）含量均随节位上升有逐渐下降的趋势，第 7 ～ 14 节间 IAA 含量随种植密度的增大而呈现显著降低趋势。ECK 处理后玉米茎秆的第 7 ～ 14 节间 IAA 含量与相应对照相比均有所增大。其中，ECK 处理后 45 000 株 /hm² 密度下茎秆 7 ～ 14 节间 IAA 含量下比对照平均增加了 50.28%，其中第 7 ～ 13 节间 IAA 含量比相应对照增加了 18.19% ～ 193.82%，以第 8 节间最为显著，第 14 节间 IAA 含量比相应对照降低了 4.78%。'先玉 335'在 56 250 株 /hm² 密度下茎秆第 7 ～ 14 节间 IAA 含量比对照平均增加了 6.79%，其中第 7 ～ 12 节间 IAA

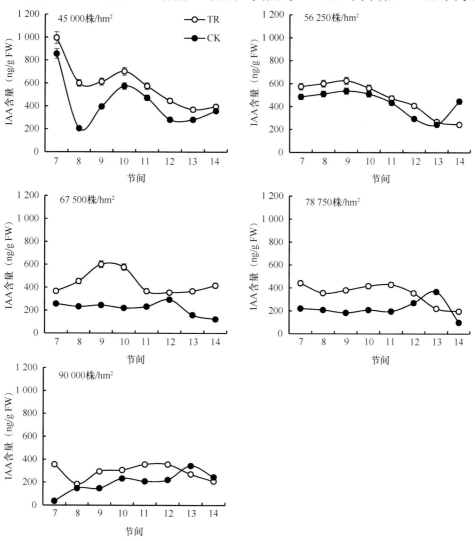

图 6-34　种植密度和化学调控对春玉米第 7 ～ 14 节间 IAA 含量的影响

含量比相应对照增加了 10.57% ～ 37.59%，以第 12 节间最为显著，第 13、14 节间 IAA 含量分别比相应对照降低了 8.03% 和 47.67%。在 67 500 株 /hm² 密度下茎秆 7 ～ 14 节间 IAA 含量比对照平均增加了 111.25%，其中第 7 ～ 14 节间 IAA 含量比相应对照增加了 26.44% ～ 236.90%，以第 14 节间最为显著。在 78 750 株 /hm² 密度下茎秆第 7 ～ 14 节间 IAA 含量比对照平均增加了 75.28%，其中第 7 ～ 12 节间和第 14 节间 IAA 含量比相应对照增加了 32.69% ～ 110.16%，以第 7 节间最为显著，第 13 节间 IAA 含量比相应对照降低了 39.99%。'先玉 335' 在 90 000 株 /hm² 密度下茎秆第 7 ～ 14 节间 IAA 含量比对照平均增加了 133.88%，其中第 7 ～ 12 节间 IAA 含量比相应对照增加了 20.46% ～ 83.96%，以第 7 节间最为显著，第 13 和 14 节间 IAA 含量比相应对照分别降低了 18.45% 和 3.48%。

图 6-35 为灌浆期种植密度和化学调控对春玉米第 7 ～ 14 节间赤霉素（GA）含量的影响。其中，玉米茎秆第 7 ～ 14 节间 GA 含量随种植密度的增大而呈现降低的趋势。ECK 处理后，在 45 000 株 /hm² 密度下，玉米茎秆 7 ～ 14 节间 GA 含量比对照平均降低了 16.67%，其中

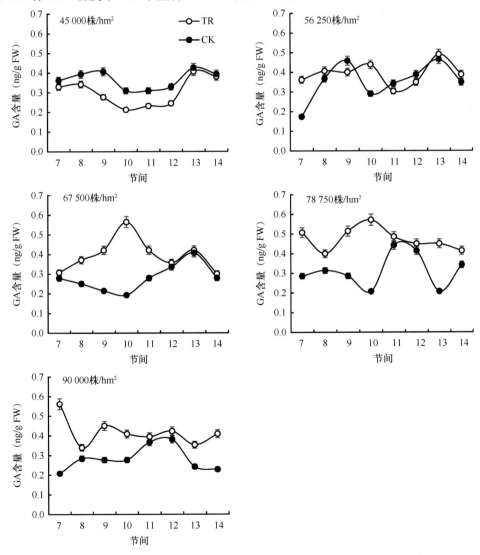

图 6-35　种植密度和化学调控对春玉米第 7 ～ 14 节间 GA 含量的影响

第 7 ～ 12 节间 GA 含量比相应对照降低了 8.19% ～ 27.73%，以第 10 节间最为显著，第 13 和 14 节间 GA 含量比相应对照分别增加了 0.67% 和 2.38%。在 56 250 株 /hm² 密度下，茎秆第 7 ～ 14 节间 GA 含量比对照平均增加了 21.72%，其中第 7、8、10 和 13 ～ 14 节间 GA 含量比相应对照增加了 0.65% ～ 126.84%，以第 7 节间最为显著，第 9、11 和 12 节间 GA 含量比相应对照降低了 9.78% ～ 13.19%，以第 9 节间最为显著。在 67 500 株 /hm² 密度下茎秆 7 ～ 14 节间 GA 含量比对照平均增加了 52.09%，其中第 7 ～ 14 节间 GA 含量比相应对照增加了 0.63% ～ 195.34%，以第 10 节间最为显著。在 78 750 株 /hm² 密度下茎秆第 7 ～ 14 节间 GA 含量比对照平均增加了 65.69%，其中第 7 ～ 14 节间 GA 含量比相应对照增加了 9.57% ～ 166.70%，以第 10 节间最为显著。'先玉 335' 90 000 株 /hm² 密度下茎秆 7 ～ 14 节间 GA 含量比对照平均增加了 57.85%，其中第 7 ～ 14 节间 GA 含量比相应对照增加了 8.94% ～ 177.99%，以第 7 节间最为显著。

　　图 6-36 为种植密度和化学调控对灌浆期玉米玉米素（ZR）含量的影响。从图 6-36 可以看出，春玉米茎秆第 7 ～ 14 节间 ZR 含量随种植密度的增大而呈现逐渐降低的趋势。ECK 处理后第 7 ～ 14 节间 ZR 含量与相应对照之间差异明显，在 45 000 株 /hm² 密度下 ZR 含量总体上低于相应对照，在 56 250 ～ 90 000 株 /hm² 密度下总体上高于相应对照，以 90 000 株 /hm² 密度下最为明显，各节间之间较大差异出现在第 9 ～ 12 节间。进一步分析结果表明，ECK 处理后，在 45 000 株 /hm² 密度下，茎秆第 7 ～ 14 节间 ZR 含量比对照平均降低了 6.55%，其中第 7、第 9 ～ 11 和第 13 ～ 14 节间 ZR 含量比相应对照降低了 13.00% ～ 52.85%，以第 9 节间最为显著，第 8 和第 12 节间 ZR 含量比相应对照分别增加了 259.83% 和 28.44%。在 56 250 株 /hm² 密度下茎秆第 7 ～ 14 节间 ZR 含量比对照平均增加了 42.46%，其中第 8 ～ 14 节间 ZR 含量比相应对照增加了 35.54% ～ 126.27%，以第 9 节间最为显著，第 7 节间 ZR 含量比相应对照降低了 50.06%。在 67 500 株 /hm² 密度下茎秆第 7 ～ 14 节间 ZR 含量比对照平均增加了 25.98%，其中第 7 ～ 14 节间 ZR 含量比相应对照增加了 10.18% ～ 75.57%，以第 9 节间最为显著。在 78 750 株 /hm² 密度下茎秆第 7 ～ 14 节间 ZR 含量比对照平均增加了 55.05%，其中第 7 和第 9 ～ 14 节间 ZR 含量比相应对照增加了 2.91% ～ 108.34%，以第 9 节间最为显著。'先玉 335' 在 90 000 株 /hm² 密度下茎秆第 7 ～ 14 节间 ZR 含量比对照平均增加了 60.09%，其中第 7 ～ 14 节间 ZR 含量比相应对照增加了 15.00% ～ 143.40%，以第 9 节间最为显著。

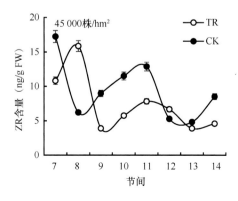
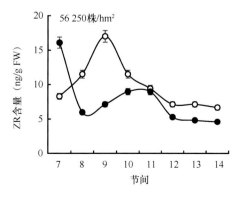

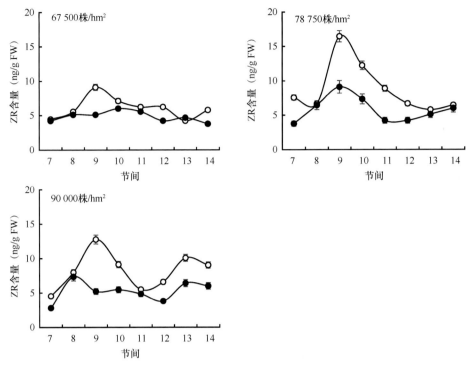

图 6-36　　种植密度和化学调控对春玉米第 7 ~ 14 节间 ZR 含量的影响

图 6-37 为种植密度和化学调控对春玉米双氢玉米素（DHZR）含量的影响。由图中可以看出，灌浆期玉米茎秆第 7 ~ 14 节间 DHZR 含量随种植密度增加呈降低趋势。ECK 处理玉米茎秆第 7 ~ 14 节间 DHZR 含量均比相应对照明显增加，其中在第 11 ~ 14 节间与相应对照相比差异明显，以 90 000 株 /hm² 密度最为显著。进一步分析结果表明，ECK 处理后，在 45 000 株 /hm² 密度下茎秆第 7 ~ 14 节间 DHZR 含量比对照平均增加了 7.66%，其中第 7 ~ 11 节间和第 13 ~ 14 节间 DHZR 含量比相应对照增加了 0.22% ~ 27.96%，以第 13 节间最为显著，第 12 节间 DHZR 含量比相应对照降低了 5.82%。在 56 250 株 /hm² 密度下茎秆第 7 ~ 14 节间 DHZR 含量比对照平均增加了 11.69%，其中第 7 ~ 14 节间 DHZR 含量比相应对照增加了 4.83% ~ 20.31%，以第 14 节间最为显著。在 67 500 株 /hm² 密度下茎秆第 7 ~ 14 节间 DHZR 含量比对照平均增加了 14.43%，其中第 7 节间和第 9 ~ 14 节间 DHZR 含量比相应对照增加了 3.53% ~ 36.23%，以第 12 节间最为显著，第 8 节间 DHZR 含量比相应对照降低了 5.36%。在 78 750 株 /hm² 密度下茎秆第 7 ~ 14 节间 DHZR 含量比对照平均增加了 11.57%，其中第 7 ~ 9 节间和第 12 ~ 14 节间 DHZR 含量比相应对照增加了 7.88% ~ 25.24%，以第 7 节间最为显著，第 10、11 节间 DHZR 含量比相应对照降低了 3.56% 和 12.92%。在 90 000 株 /hm² 密度下茎秆第 7 ~ 14 节间 DHZR 含量比对照平均增加了 51.37%，其中第 7 ~ 14 节间 DHZR 含量比相应对照增加了 1.07% ~ 106.12%，以第 14 节间最为显著。

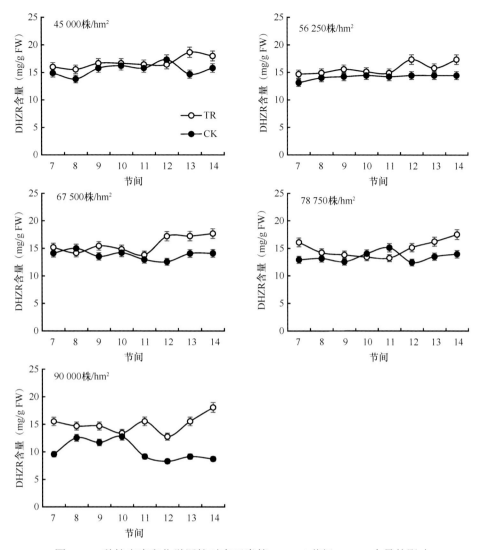

图 6-37　种植密度和化学调控对春玉米第 7 ～ 14 节间 DHZR 含量的影响

　　图 6-38 为种植密度和化学调控对春玉米吲哚丙酸（iPA）含量的影响，可以看出灌浆期玉米茎秆第 7 ～ 14 节间 iPA 含量随种植密度增大有减少的趋势。ECK 处理后第 7 ～ 14 节间 iPA 含量均比相应对照明显增加。进一步分析结果表明，ECK 处理后，在 45 000 株 /hm² 密度下茎秆第 7 ～ 14 节间 iPA 含量比对照平均增加了 4.17%，其中第 8 和第 11 ～ 14 节间 iPA 含量比相应对照增加了 8.32% ～ 20.58%，以第 13 节间最为显著，第 7 和第 9 ～ 10 节间 iPA 含量比相应对照降低了 11.54% ～ 19.32%。在 56 250 株 /hm² 密度下茎秆第 7 ～ 14 节间 iPA 含量比对照平均增加了 29.95%，其中第 7 ～ 9 和第 11 ～ 14 节间 iPA 含量比相应对照增加了 9.56% ～ 92.80%，以第 7 节间最为显著，第 10 节间 iPA 含量比相应对照降低了 4.15%。在 67 500 株 /hm² 密度下茎秆第 7 ～ 14 节间 iPA 含量比对照平均增加了 47.54%，其中第 7 ～ 14 节间 iPA 含量比相应对照增加了 9.87% ～ 107.64%，以第 13 节间最为显著。在 78 750 株 /hm² 密度下茎秆第 7 ～ 14 节间 iPA 含量比对照平均增加了 31.08%，其中第 7 ～ 8 和第 10 ～ 14 节间 iPA 含量比相应对照增加了 12.59% ～ 66.74%，以第 7 节间最为显著，

第 9 节间 iPA 含量比相应对照降低了 6.35%。在 90 000 株 /hm² 密度下茎秆第 7 ～ 14 节间 iPA 含量比对照平均增加了 86.40%，其中第 7 ～ 14 节间 iPA 含量比相应对照增加了 17.15% ～ 262.90%，以第 7 节间最为显著。

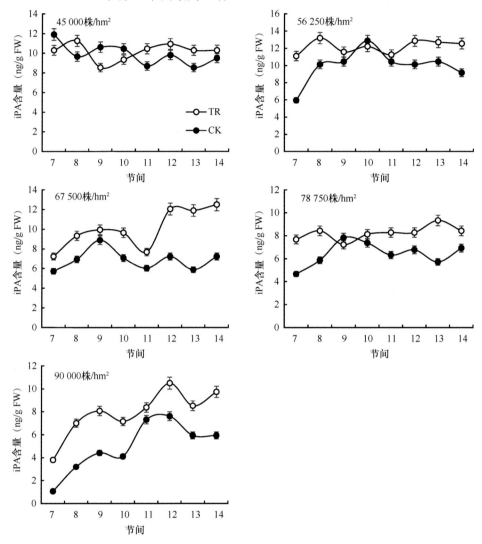

图 6-38　种植密度和化学调控对春玉米第 7 ～ 14 节间 iPA 含量的影响

　　图 6-39 为种植密度和化学调控对春玉米茉莉酸（JA）含量的影响。灌浆初期玉米茎秆第 7 ～ 14 节间 JA 含量随种植密度增大极显著降低。ECK 处理后玉米茎秆第 7 ～ 14 节间 JA 含量均比相应对照明显增加。进一步分析结果表明，ECK 处理后，在 45 000 株 /hm² 密度下茎秆第 7 ～ 14 节间 JA 含量比对照平均增加了 63.22%，其中第 8 ～ 14 节间 JA 含量比相应对照增加了 19.54% ～ 159.34%，以第 8 节间最为显著，第 7 节间 JA 含量比相应对照降低了 11.81%。在 56 250 株 /hm² 密度下茎秆第 7 ～ 14 节间 JA 含量比对照平均增加了 21.29%，其中第 8 ～ 9 和第 12 ～ 14 节间 JA 含量比相应对照增加了 13.59% ～ 83.74%，以第 13 节间最为显著，第 7 和第 10 ～ 11 节间 JA 含量比相应对照降低了 4.76% ～ 26.40%。在 67 500 株 /hm² 密度下茎秆第 7 ～ 14 节间 JA 含量比对照平均增加了 86.79%，其中第 7 ～ 9 和第 11 ～ 14 节

间 JA 含量比相应对照增加了 27.67% ～ 353.11%，以第 8 节间最为显著，第 10 节间 JA 含量比相应对照降低了 19.54%。在 78 750 株 /hm² 密度下茎秆第 7 ～ 14 节间 JA 含量比对照平均增加了 80.80%，其中第 7 ～ 14 节间 JA 含量比相应对照增加了 16.57% ～ 300.20%，以第 7 节间最为显著。在 90 000 株 /hm² 密度下茎秆第 7 ～ 14 节间 JA 含量比对照平均增加了 80.45%，其中第 7 ～ 14 节间 JA 含量比相应对照增加了 8.07% ～ 358.20%，以第 7 节间最为显著。

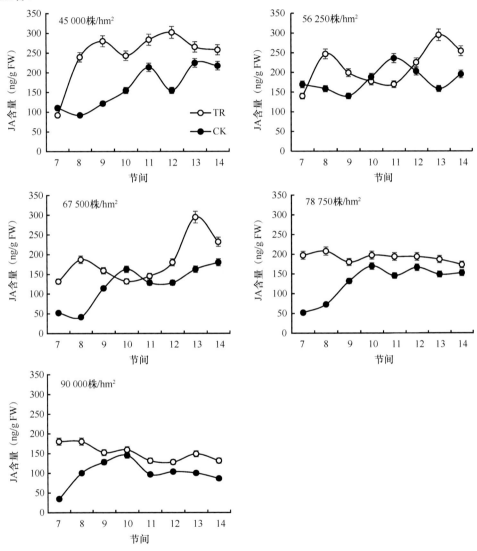

图 6-39　种植密度和化学调控对春玉米第 7 ～ 14 节间 JA 含量的影响

图 6-40 为种植密度和化学调控对春玉米第 7 ～ 14 节间脱落酸（ABA）含量的影响。结果表明，灌浆期玉米茎秆第 7 ～ 14 节间 ABA 含量随节位上升略呈增加的趋势，第 7 ～ 14 节间 ABA 随种植密度增大有减少的趋势。ECK 处理后，玉米茎秆第 7 ～ 14 节间 ABA 含量多数比相应对照明显增加，其中 45 000 ～ 90 000 株 /hm² 密度下与相应对照之间差异以第 11 ～ 14 节间比较明显。进一步分析结果表明，ECK 处理后，在 45 000 株 /hm² 密度下茎秆第 7 ～ 14 节间 ABA 含量比对照平均增加了 9.81%，其中第 7 和第 11 ～ 14 节间

ABA 含量比相应对照增加了 8.89% ～ 45.40%，以第 12 节间最为显著，第 8 ～ 10 节间 ABA 含量比相应对照降低了 3.97% ～ 9.14%。在 56 250 株 /hm² 密度下茎秆第 7 ～ 14 节间 ABA 含量比对照平均增加了 23.68%，其中第 7 ～ 14 节间 ABA 含量比相应对照增加了 9.26% ～ 34.94%，以第 7 节间最为显著。在 67 500 株 /hm² 密度下茎秆第 7 ～ 14 节间 ABA 含量比对照平均增加了 18.49%，其中第 7 ～ 11 节间和第 13 ～ 14 节间 ABA 含量比相应对照增加了 17.29% ～ 46.67%，以第 8 节间最为显著。在 78 750 株 /hm² 密度下茎秆第 7 ～ 14 节间 ABA 含量比对照平均增加了 10.83%，其中第 8 ～ 9 节间和第 11 ～ 14 节间 ABA 含量比相应对照增加了 11.32% ～ 37.67%，以第 14 节间最为显著，第 7 节间和第 10 节间 ABA 含量分别比相应对照降低了 6.31% 和 12.47%。在 90 000 株 /hm² 密度下茎秆第 7 ～ 14 节间 ABA 含量比对照平均增加了 24.64%，其中第 7 ～ 14 节间 ABA 含量比相应对照增加了 6.54% ～ 55.87%，以第 12 节间最为显著。

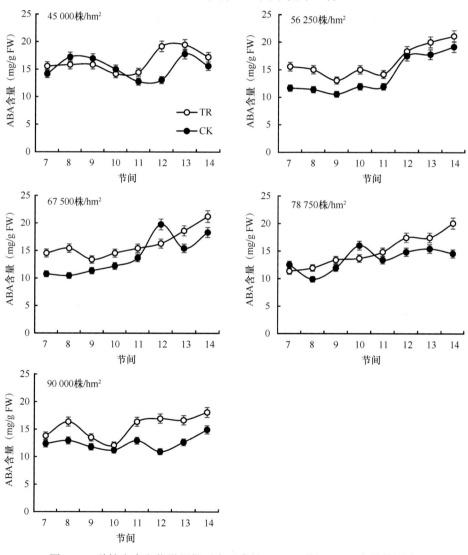

图 6-40　种植密度和化学调控对春玉米第 7 ～ 14 节间 ABA 含量的影响

6.3.4.6　化学调控对春玉米根系性状的影响

由图 6-41 可知，在 0 ~ 40cm 土层内，玉米根系活力随着生育期的推进呈单峰曲线变化趋势，其根系活力最大值出现在灌浆期，且表现为 0 ~ 10cm > 10 ~ 20cm > 20 ~ 30cm > 30 ~ 40cm，不同土层间呈自上向下依次递减的趋势。不同密度之间表现为：在 45 000 ~ 90 000 株 /hm² 种植范围内，随着种植密度的升高，根系活力，即 TTC 还原量降低。由 45 000 株 /hm² 递增到 90 000 株 /hm² 过程中，根系活力呈下降趋势。进一步分析可知，各密度处理的根系活力自峰值至完熟期下降幅度随密度提高而增大，生育后期根系活力的降低导致根系向地上部供应水分和营养物质的能力下降。以种植密度 90 000 株 /hm² 为例，自峰值至完熟期各土层根系活力分别下降了 85.6%、91.5%、95.3% 和 97.0%。经 ECK 处理后，玉米根系活力有不同程度的增加。以种植密度 90 000 株 /hm² 为例，根系活力分别比对照提高了 12.2%、21.4%、18.1% 和 27.8%。尤其在完熟期，ECK 处理后各密度处理后的根系活力均高于对照，维持了春玉米根系活力水平。试验结果表明，化学调控处理可以提高全生育期内的根系活力并在玉米生育后期维持一定的根系活力，促进籽粒灌浆和产量的形成。

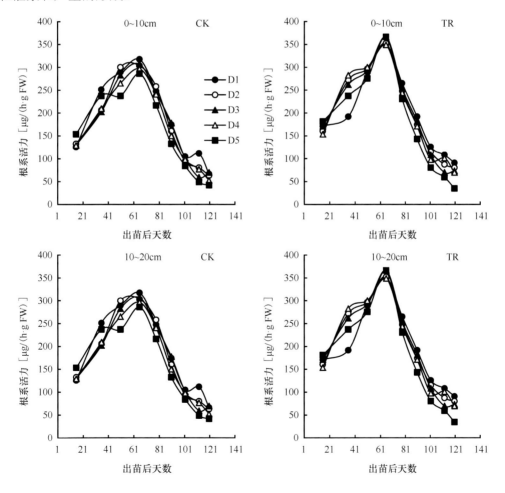

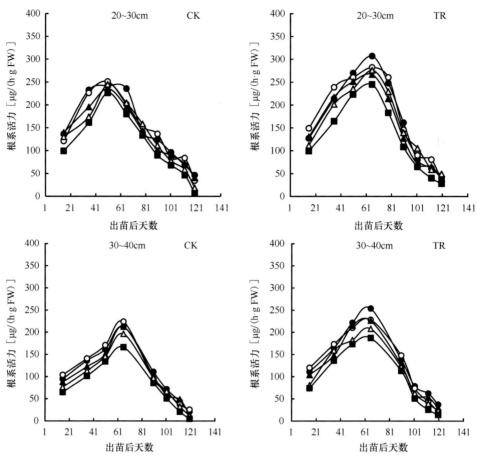

图 6-41　密度对不同土层根系活力的影响与化学调控

TR 表示 ECK 处理，CK 表示清水处理，D1 代表 45 000 株 /hm²，D2 代表 56 250 株 /hm²，D3 代表 67 500 株 /hm²，D4 代表 78 750 株 /hm²，D5 代表 90 000 株 /hm²；下同

　　根系总活力（TTC 还原量）是根系活力与根系鲜重的乘积，是根系群体活力的总和，数值大小直接反映了单株根系对地上部营养和水分供应的整体能力。由图 6-42 可以看出，0 ～ 40cm 土层内玉米根系在生育期内呈单峰曲线变化趋势，同根系活力变化动态相同，最高值出现在吐丝—灌浆期内，表现为 0 ～ 10cm ＞ 10 ～ 20cm ＞ 20 ～ 30cm ＞ 30 ～ 40cm，各土层呈自上向下依次递减的趋势。不同密度之间表现为：在 45 000 ～ 90 000 株 /hm² 种植范围内，随着种植密度的增加，单株根系总活力下降。当种植密度由 45 000 株 /hm² 增加到 90 000 株 /hm² 时，各土层内根系总活力存在差异，其中 0 ～ 10cm 和 10 ～ 20cm 土层的根系总活力分别下降了 51.8% 和 24.3%，而 20 ～ 30cm 和 30 ～ 40cm 根系总活力分别增加了 9.3% 和 23.3%。经 ECK 处理后，20 ～ 30cm 和 30 ～ 40cm 土层内根系总活力最大值出现的时间在吐丝期，比对照提前 14d。此外各土层根系总活力和整株根系总活力均有不同程度的增加。以种植密度 90 000 株 /hm² 为例，与对照相比，各土层内根系总活力经 ECK 处理

后分别增加了 42.9%、43.7%、21.9% 和 19.5%。由于根系总活力是由根系活力和根系鲜重组成的，ECK 处理可以提高根系鲜重和根系 TTC 还原量，从结构上和功能上提高根系活力，保证了较高水平的根系活力，提高了根系质量。

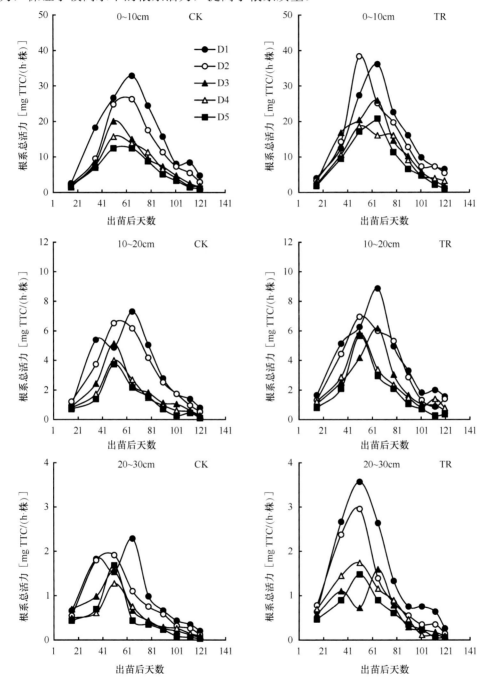

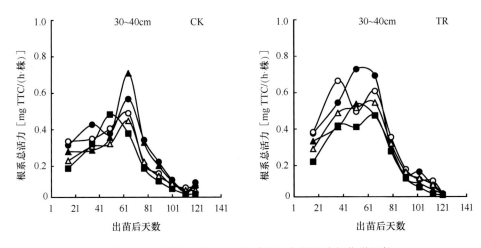

图 6-42　密度对不同土层根系总活力的影响与化学调控

超氧化物歧化酶（SOD）普遍存在于动植物体内，是一种清除超氧阴离子自由基的酶，具有保护生物体免受活性氧伤害的能力。由图 6-43 可知，根系 SOD 活性随着生育期的推进呈现先增加后下降的变化趋势，密度处理之间则表现：随着种植密度的增加，SOD 活性降低，当种植密度由 45 000 株 /hm² 增加到 90 000 株 /hm²，0 ～ 10cm、10 ～ 20cm、20 ～ 30cm 和 30 ～ 40cm 土层的全生育期根系 SOD 活性平均值分别降低 4.0% ～ 22.1%、1.0% ～ 8.4%、2.3% ～ 22.3% 和 11.3% ～ 19.0%。经 ECK 处理后，各密度处理的根系中 SOD 活性均发生变化，具体表现：化控处理对 SOD 活性变化趋势无显著影响，但对 SOD 的活性高低产生影响。以种植密度 90 000 株 /hm² 为例，经化控处理后，在 0 ～ 10cm、10 ～ 20cm、20 ～ 30cm 和 30 ～ 40cm 土层内 SOD 活性分别增加了 0.6%、1.5%、5.1% 和 15.1%。研究结果表明，膦酸胆碱合剂能提高春玉米根系组织中的 SOD 活性，增加玉米抵抗逆境及延缓衰老的能力。

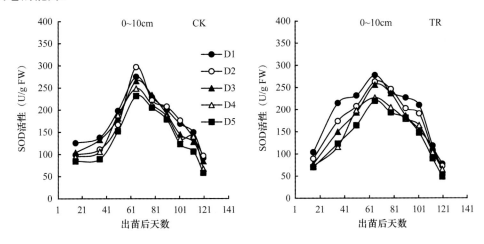

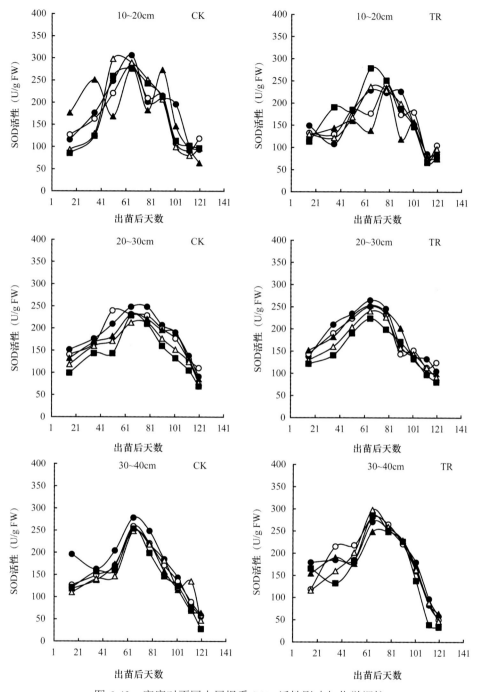

图 6-43　密度对不同土层根系 SOD 活性影响与化学调控

　　过氧化物酶（POD）是活性氧清除系统的一种酶，它可以清除逆境和衰老过程中产生的活性氧，以减轻活性氧对植物细胞的伤害。由图 6-44 可知，根系中的 POD 活性在生育期内呈单峰曲线变化，其 POD 活性峰值出现在玉米吐丝期前后。在整个生育期内，各土层之间的 POD 活性大小表现为 0～10cm > 10～20cm > 20～30cm > 30～40cm，同时自峰值到成熟期 POD 活性下降幅度则表现为 30～40cm > 20～30cm > 10～20cm > 0～10cm。研究结果表明，随着种植密度的增加，0～40cm 土层内根系 POD 活性降低。以 0～10cm 土层为例，通过比较不同密度的 POD 活性最大值可知，由 45 000 株 /hm^2 到 90 000 株 /hm^2 的密度递增过程中，POD 活性依次下降了 15.2%、20.6%、17.9% 和 40.7%。种植密度增加导致群体内植株竞争加剧，造成植株生产弱化，进而影响到保护酶的产生。经 ECK 处理后，个别密度处理 POD 活性峰值出现在灌浆期，全生育期的 POD 的活性较对照均有不同的程度提高，以种植密度 90 000 株 /hm^2 为例，0～10cm、10～20cm、20～30cm 和 30～40cm 土层内的 POD 活性分别变化了 −7.7%～37.2%、−7.2%～25.5%、−9.4%～41.1% 和 −6.8%～21.3%。虽个别处理经化控处理后 POD 活性下降，但总体仍呈增加的趋势。表明膦酸胆碱合剂处理可以提高根系中 POD 的活性，消除过多的活性氧，减小由于密度增加所造成的逆境对植株生长的抑制效应。

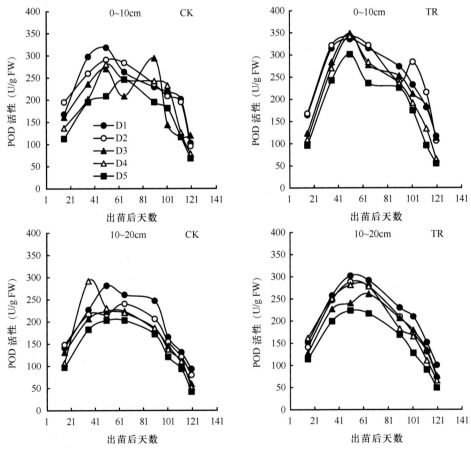

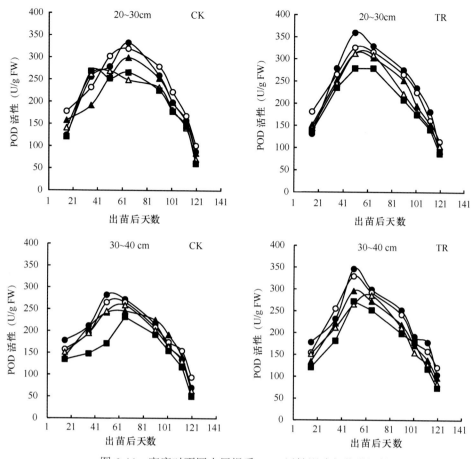

图 6-44 　密度对不同土层根系 POD 活性影响与化学调控

过氧化氢酶（CAT）可分解植物体内高浓度的 H_2O_2，从而彻底清除活性氧的毒害作用。本试验玉米根系 CAT 活性呈单峰曲线变化（图 6-45），其最大值出现在灌浆前中期。不同土层之间具体表现：在 0～10cm 和 30～40cm 土层内 CAT 活性最大值出现在灌浆前期，而 10～20cm 和 20～30cm 出现在灌浆中期；此外，各土层之间的 POD 活性大小表现为 0～10cm ＞ 10～20cm ＞ 20～30cm ＞ 30～40cm。各土层中 CAT 活性均随种植密度升高而降低，以 0～10cm 层为例，自种植密度 45 000 株/hm² 增加到 90 000 株/hm²，根系 CAT 活性在吐丝期和完熟期时分别下降了 5.4% 和 43.2%。试验结果表明，在生育前期群体竞争较弱，密度效应不明显，随着生育期的延长，"根系拥挤"效应显现，形成根系生长发育的逆境，最终影响到根系中 CAT 含量。在六叶期喷施膦酸胆碱合剂（ECK）处理后，根系中的 CAT 活性均有不同程度的增加。与对照相比，在 0～10cm 土层内根系 CAT 活性经 ECK 处理后，吐丝期和完熟期分别增加了 10.9%～21.7% 和 67.9%～91.0%。

丙二醛（MDA）既是膜脂过氧化产物，又可强烈地与细胞内的各种成分发生反应，使多种酶和膜系遭受严重损伤，其含量的高低反映了细胞膜脂过氧化水平。由图 6-46 可见，根系中 MDA 含量在整个生育期内随生育期的推进而逐渐增加。不同土层之间的根系中 MDA 值则表现为下层高于上层。根系中 MDA 不同密度处理在吐丝期前无明显变化，自吐丝期后出现显著差异（$P < 0.05$）。根系中 MDA 含量随种植密度的升高而增加，以完熟期为例，自种植密度由 45 000 株 /hm² 增加到 90 000 株 /hm²，0 ~ 40cm 各土层 MDA 含量分别增加了 32.8%、32.7%、42.8% 和 49.3%。这可能是由于种植密度增加，玉米之间根系竞争加剧，造成 SOD、POD 和 CAT 等保护酶活性下降，根系清除活性氧的能力减弱，活性氧等对植物细胞膜的伤害加剧，最终春玉米根系的 MDA 含量增加。化学调控处理后，根系中 MDA 含量降低，其中，下部土层根系 MDA 含量降低幅度大于上部土层，高密度处理降低幅度大于低密度。以种植密度 90 000 株 /hm² 为例，0 ~ 10cm、10 ~ 20cm、20 ~ 30cm 和 30 ~ 40cm 各土层内的 MDA 含量经 ECK 处理后分别变化了 −24.6% ~ 17.0%、−6.8% ~ 16.7%、−2.9% ~ 28.9% 和 4.9% ~ 24.9%。根系 MDA 含量的降低表明，化控处理能提高根系消除活性氧及抵抗逆境的能力，促进根系生长发育，维持根系活力。

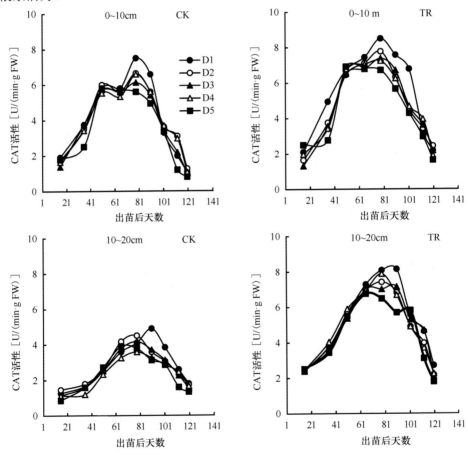

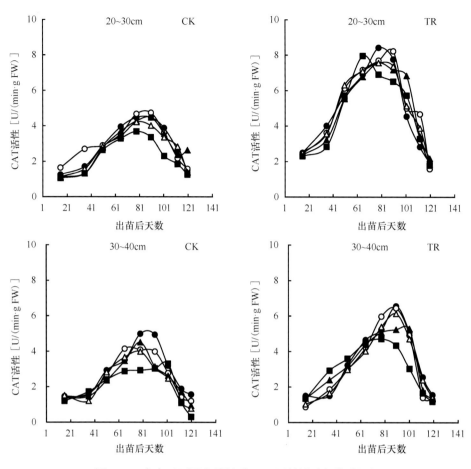

图 6-45　密度对不同土层根系 CAT 活性影响与化学调控

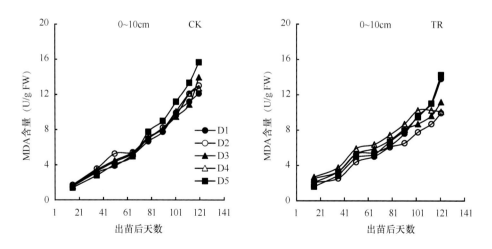

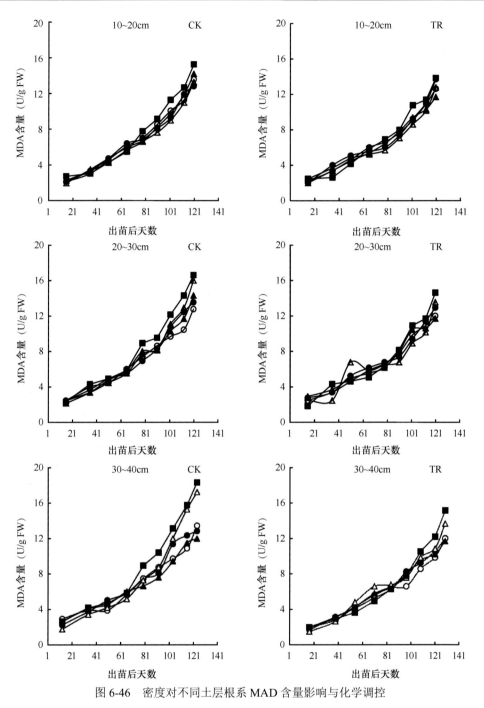

图 6-46　密度对不同土层根系 MAD 含量影响与化学调控

6.3.4.7　化学调控对春玉米地上地下协调的影响

由图 6-47 可以看出，玉米地上部干重随生育期的推进而不断增加，自吐丝期到蜡熟期迅速增加，蜡熟期到完熟期变化较小。而地上部干重在不同密度之间表现为随着种植密度增加而降低，不同密度处理之间差异显著（$P < 0.05$）。在完熟期，自种植密度 45 000 株/hm² 增加到 90 000 株/hm²，地上部干重降低了 26.3%。ECK 处理对植株干重的调控效果因密度不同而表现不同，以完熟期为例，经化控处理后，在 45 000 ～ 90 000 株/hm² 的种植范

围内，各密度处理与对照相比变化了 1.3%、1.5%、-3.9%、-9.7% 和 2.8%。通过对不同器官干重进行分析可知，膦酸胆碱合剂降低了植株营养器官的干重，但促进了玉米产量器官的生长。

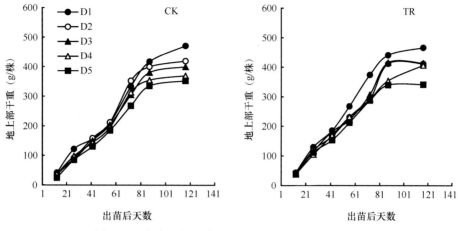

图 6-47　密度对春玉米地上部干重的影响与化学调控

在维持地上部生产和功能方面，根重量比根数量更重要。由图 6-48 可知，在玉米整个生育期内根干重呈"S"形变化趋势，表现为：从三叶期至拔节期，根系干物重增加缓慢，根干重日增加 0.09～0.13g；从拔节期到灌浆初期根干重增长迅速，根干重日增量为 0.45～0.61g，并于灌浆期达到最高值，19.6～28.4g；此后至成熟期，根干重逐渐下降，其下降幅度为 14%～27%。在本研究中，密度增加导致群体内根系之间竞争加剧，进而导致根干重下降，表现为低密度处理的干重增加幅度大于高密度处理，而干重下降幅度小于高密度处理。经 ECK 处理后，根干重增加，生育后期根干重下降幅度减小。在灌浆初期根干重达到最大值时，与对照相比根干重增加 5.17%～24.4%；在收获期，根干重增加 -1.46%～38%。研究结果表明，膦酸胆碱合剂显著增加了各个生育时期的根干重，缓解了根干重的密度效应，并在玉米生育后期维持一定的根干重，减缓了根系衰老进程。

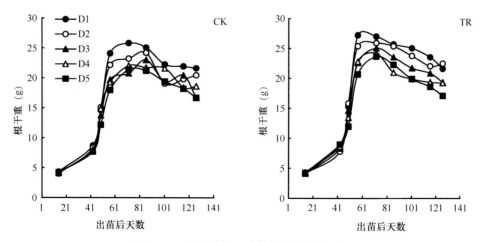

图 6-48　密度对根干重的影响与化学调控

不同种植密度下根冠比变化趋势具体表现为（图 6-49）：拔节期至喇叭口期下降，

喇叭口期至吐丝期上升，吐丝期至成熟期根冠比下降，不同密度处理之间表现为低密度＞高密度，以吐丝期为例，种植密度自 45 000 株 /hm² 增加到 90 000 株 /hm²，根冠比降低 32.0%。经 ECK 处理后，各生育期的根冠比均有所增加，以吐丝期和完熟期为例，在吐丝期各密度处理分别比对照增加了 12.6%、24.1%、45.5%、39.6% 和 43.3%，在完熟期，则其变化幅度为 −1.1%、9.9%、43.5%、15.3% 和 1.4%。研究结果表明，化学调控处理能促进根系生长，并在生育前期抑制地上部生长，在生育后期维持较高的根冠比。

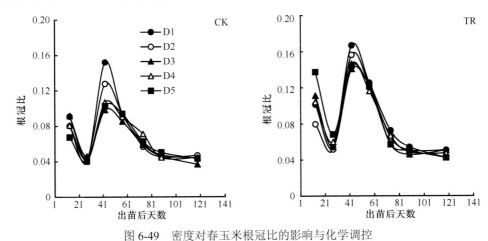

图 6-49　密度对春玉米根冠比的影响与化学调控

6.3.4.8　讨论

植物激素是作物体内自身合成的一系列有机化合物，参与了作物所有的生命活动及代谢过程。不同的激素或单独发挥作用，或与其他激素互相协作或互相拮抗，从而对作物的生长发育起调节控制作用。已有研究表明，外施激素类似物（植物生长调节剂）可以有效地改变植物不同内源激素的比例，构建新的内源激素水平，从而影响作物的生长发育，达到调控作物生长、优化品质和提高产量的目的。IAA 是生理活性最强的生长素，主要作用为促进细胞伸长，在玉米植株的生长发育及籽粒灌浆过程中均起着重要的作用，已有研究表明，外施 IAA 可以显著促进玉米光合产物从饲喂功能叶向产量器官的输出，提高光合产物向产量器官的分配率；在籽粒灌浆前期，籽粒中 IAA 含量与淀粉含量具有良好的一致性，说明 IAA 可以促进籽粒淀粉的合成。GA 可以显著地促进植物茎、叶生长，缩短生活周期，特别是对遗传型和生理型的矮生植物有明显的促进作用，GA 还可以促进水稻抽穗，对玉米灌浆也有促进作用，大量研究结果表明，GA 是植物体内与茎节拉伸关系最为密切的激素。ZR 是活性最强的细胞分裂素类物质，是 CTK 在木质素中运输的重要形式，ZR 可以显著地促进植物细胞分裂和分化，维持茎秆活力，在玉米灌浆期 ZR 可以促进玉米籽粒灌浆，提高充实度；另有研究表明，ZR 与籽粒中脂肪合成酶有一定的相关性，可以提高玉米籽粒的脂肪含量。DHZR 是植物体内细胞分裂素的重要形式之一，有研究表明，在逆境胁迫下，DHZR 在籽粒建成过程中起主导作用；ABA 是倍半萜结构激素，主要作用为促进成熟，调控植物对非生物胁迫做出响应，另外 ABA 还与 GA 和 ZR 具有拮抗作用，可以抵消 GA 及 ZR 的作用，有研究表明，在 PEG 模拟干旱胁迫环境下，ABA 含量随着 PEG 浓度的加大显著上升，叶片中调控 ABA 合成的关键基因 *Vp14* 也受到诱导，表达量上调；在不同程度土壤干旱胁迫下，玉米根、茎、叶中 ABA 含量也大幅度增加。iPA 是一种植物细胞分裂素类植物生长调节剂，有研究表明，iPA 类植物生长调节剂可以有效改善番茄品质，增加糖分含量，提高抗病性。JA 是一种与作物抗病性密切相关的信号分子，主要作用表现为增加作物抗逆性、抗病性和对虫害的抵抗。本研究发现，六叶期外施 ECK 可以有效地改善玉米内源激素水平，ECK 处理后，灌浆初期玉米茎秆节间 IAA、ZR、DHZR、ABA、iPA 及 JA 含量均比对照有所增加，而 GA 含量比对照有所降低，说明 ECK 处理后可以有效地增强茎秆内代谢及合成活动，同时抑制了春玉米茎秆前期的拉长，在缩短节间长度的同时，增加了茎秆的截面积及单位长度干重，使茎秆质密而坚韧，保证了茎秆前期干物质的积累及茎秆强度。至完熟期，玉米茎秆节间 IAA、GA、ZR、DHZR、ABA、iPA 及 JA 7 种激素的含量均比对照有所提高，其中以穗部节间最为明显，说明 ECK 处理有效地增强了生育后期春玉米茎秆的活力，增强了茎秆内的生命代谢活动，防止茎秆衰老，在增加茎秆机械强度，提高灌浆后期茎秆抗倒伏能力的同时，提高了穗部节间的活力，保证了植株内养分向籽粒中的运移。

根系 TTC 还原量作为衡量根系活力大小的有效指标，其含量的高低直接反映了根系吸收、合成和运输等能力。影响作物根系活力的因素有很多，如品种、种植方式、栽培措施等。比较不同年代玉米品种和不同土层的根系活力可知，根系活力随着玉米品种的更新而不断增加，不同土层内表层根系活力高于深层的根系活力。在玉米开花后期，采用垄作种植方式的玉米根系活力高于平作和沟作，此外种植密度也会影响冬小麦根系活力，其根系活力随种植密度增加而下降。应用吲哚乙酸、缩节安和多效唑等植物生长调节剂可以促进根系的生长，提高根系活力。除玉米外，化学调控也能提高作物根系活力，如在花针期叶面喷施植物生长调节剂 DTA-6 后，根系活力增强。植物根系伤流液强度作为根系生理活性指标，其动态变化不仅反映了根系吸收水分、养分的状况，还在一定程度上反映了根系活力的强弱。根系伤流强度除了受到植物生长环境，如土壤质地、土壤含水量、温度、风速等影响，还与植株自身生长状况有关。在玉米上应用 30% 膦酸胆碱水合剂处理后，单株根系在各生育时期伤流量均有不同程度增加，大喇叭口期和籽粒形成期增加幅度最大。用植物生长调节剂 SOD-M、CC、DTA-6 在初花期处理大豆后，根系伤流强度较对照均有增加。本研究中根系活力、根系总活力和伤流速率在生育期内呈单峰变化，其中根系活力和根系总活力峰值出现在灌浆期，而伤流速率出现在吐丝期。不同土层之间，根系活力在整个生育期大致表现为上层高于下层，根系总活力变化趋势与根系活力相同。随着种植密度的提高，根系活力和根系伤流速率均下降，而经过 ECK 处理以后根系活力和伤流速率增加，根系伤流速率与土壤含水量和根系活力紧密相关，在相同的水分条件下，ECK 提高了根系活力，进而提高了根系伤流速率。

植物在生长过程中，由于外界环境胁迫及自身衰老，体内会形成过量的活性氧自由基（ROS），破坏细胞膜结构和功能，造成植物细胞受伤害。同时植物体存在保护酶系统（SOD、CAT 和 POD），能够清除体内多余的自由基，保护植物细胞的膜结构，使植物具有抵抗逆境胁迫和衰老的能力。MDA 则是细胞膜脂过氧化的产物，间接反映了细胞损伤程度。在应用生长调节剂提高玉米抗逆性的研究中，关于抗旱、抗寒及其他的逆境条件已取得了大量的研究。化控处理可以降低 MDA 含量，提高根系保护酶活性，增强小麦抗盐害能力；在干旱条件下用 PP333 处理后，玉米的 SOD、CAT 活性提高，抗逆性增强；研究表明，使用油菜素内酯处理后玉米幼苗的 SOD、CAT 活性无论是在正常供水、干旱处理还是在复水后都高于对照。此外，多胺、脱落酸和水杨酸能提高植物体抗逆性。本研究中玉米植株内的保护酶，如 SOD、POD 和 CAT 活性在生育期内呈单峰变化，其中 SOD 和 CAT 峰值出现在灌浆前期，而 POD 峰值出现在吐丝期。不同土层之间，3 种根系保护酶活性则表现为 0～10cm ＞ 10～20cm ＞ 20～30cm ＞ 30～40cm。随着种植密度的增加，3 种根系保护酶的活性下降。MDA 含量的高低反映了细胞膜脂过氧化水平，玉米植株内 MDA 含量在整个生育期内随生育期的推进而逐渐增加，不同土层之间的根系中 MDA 值则表现为下层 MDA 值高于上层，随着种植密度的增加，根系中 MDA 含量均有不同程度的增加。经过 ECK 处理以后，根系保护酶系统（SOD、POD 和 CAT）活性提高，而 MDA 含量下降。ECK 处理改善了根系和地上部的生长状况，提高了根系的活力、根系抗逆性及其抗衰老能力。

参 考 文 献

白宝章，金锦子，白崧，等．1994．玉米根系活力 TIC 测定法的改良．玉米科学，2(4): 44-47.

陈传永，侯玉虹，孙锐，等．2010．密植对不同玉米品种产量性能的影响及其耐密性分析．作物学报，36(7): 1153-1160.

陈传永，王荣焕，赵久然，等．2014．不同生育时期遮光对玉米籽粒灌浆特性及产量的影响．作物学报，40(9): 1650-1657.

陈文瑞，张武军．2001．乙烯利对玉米生长和产量的影响．四川农业大学学报，19(2): 129-130.

慈晓科，张世煌，谢振江，等．2010．1970—2000 年代玉米单交种的遗传产量增益分析方法的比较．作物学报，36(12): 2185-2190.

丛艳霞．2008．化控处理对春玉米高产性状调控效应研究．中国农业科学院硕士学位论文．

邓西民，陈端生，王坚，等．1998．冻融作用对犁底层土壤物理性状的影响．科学通报，43(23): 2538-2541.

董学会，段留生，何钟佩，等．2005．30%己乙水剂对玉米根系伤流液及其组分的影响．西北植物学报，25(3): 587-591.

董学会，李建民，何佩佩，等．2006．30%己乙水剂对玉米叶片光合酶活性与同化物分配的影响．玉米科学，14(4): 93-96.

勾玲，黄建军，张宾，等．2007．群体密度对玉米茎秆抗倒力学和农艺性状的影响．作物学报，33(10): 1688-1695.

郭玉秋，董树亭，王空军，等．2002．玉米不同穗型品种产量、产量构成及源库关系的群体调节研究．华北农学报，17(Z1): 193-198.

郭玉秋，董树亭，王空军，等．2003．玉米不同穗型品种粒、叶内源生理特性的群体调节研究．作物学报，29(4): 626-632.

胡富亮，郭德林，高杰，等．2013．种植密度对春玉米干物质、氮素积累与转运及产量的影响．西北农业学报，22(6): 60-66.

黄振喜，王永军，王空军，等．2007．产量 15 000kg·ha^{-1} 以上夏玉米灌浆期间的光合特性．中国农业科学，40(9): 1898-1906.

焦浏．2014．东北地区春玉米密度对冠层结构与功能的影响及其化学调控．中国农业科学院硕士学位论文．

柯福来，马兴林，黄瑞冬．2011．种植密度对先玉 335 群体子粒灌浆特征的影响．玉米科学，19(2): 58-62.

兰宏亮，董志强，裴志超，等．2011．膦酸胆碱合剂对东北地区春玉米根系质量与产量的影响．玉米科学，19(6): 62-69.

冷一欣，芮新生，何佩华．2005．施用聚天门冬氨酸增加玉米产量的研究．玉米科学，13(3): 100-102.

李宁，翟志席，李建民，等．2008．密度对不同株型的玉米农艺、根系性状及产量的影响．玉米科学，16(5): 98-102.

李绍长，盛茜，陆嘉惠，等．1999．玉米籽粒灌浆生长分析．石河子大学学报：自然科学版，3(增刊): 1-5.

刘佳，范昊明，周丽丽，等．2009．冻融循环对黑土容重和孔隙度影响的试验研究．水土保持学报，23(6): 186-189.

刘霞，李宗新，王庆成，等．2007．种植密度对不同粒型玉米品种子粒灌浆进程，产量及品质的影响．玉米科学，15(6): 75-78.

路明，刘文国，岳尧海，等．2011．20 年间吉林省玉米品种的产量及其相关性状分析．玉米科学，19(5): 59-63.

孟佳佳，董树亭，石德杨．2013．玉米雌穗分化与玉米籽粒发育及败育的关系．作物学报，39(5): 912-918.

宋凤斌．1994．不同生长调节剂对玉米生长发育及产量的影响．耕作与栽培，10(2): 54-55.

宋海星，李生秀．2003．玉米生长空间对根系吸收特性的影响．中国农业科学，36(8): 899-904.

宋海星，王学立．2005．玉米根系活力及吸收面积的空间分布变化．西北农业学报，14(1): 137-141.

宋振伟，齐华，张振平，等．2012．春玉米中单 909 农艺性状和产量对密植的响应及其在东北不同区域的差异．作物学报，38(12): 2267-2277.

孙太升，赵华，周凤兰．1998．玉米壮丰灵抗倒伏效果的分析．延边大学农学学报，20(2): 119-121.

佟屏亚，程延年．1995．玉米密度与产量因素关系的研究．北京农业科学，13(1): 23-25.

王聪玲, 龚宇, 王璞. 2008. 不同类型夏玉米主要性状及产量的分析. 玉米科学, 16(2): 39-43.

王晓慧, 张磊, 刘双利, 等. 2014. 不同熟期春玉米品种的籽粒灌浆特性. 中国农业科学, 47(18): 3557-3565.

王晓燕, 张洪生, 盖伟玲, 等. 2011. 种植密度对不同玉米品种产量及籽粒灌浆的影响. 山东农业科学, (4): 36-38.

王志刚, 高聚林, 任有志, 等. 2007. 春玉米超高产群体冠层结构的研究. 玉米科学, 15(6): 51-56.

魏珊珊, 王祥宇, 董树亭. 2014. 株行距配置对高产夏玉米冠层结构及籽粒灌浆特性的影响. 应用生态学报, 25(2): 441-450.

解振兴, 董志强, 薛金涛. 2010. 聚糠萘合剂对玉米叶片衰老及产量的影响. 玉米科学, 18(1): 82-86.

熊明彪, 罗茂盛, 田应兵, 等. 2005. 小麦生长期土壤养分与根系活力变化及其相关性研究. 土壤肥料, (3): 8-11.

杨青华, 高尔明, 马新明. 2000. 砂姜黑土玉米根系生长发育动态研究. 作物学报, 9(5): 287-293.

杨同文, 李潮海. 2012. 玉米籽粒发育的粒位效应机理研究. 种子, 31(3): 54-58.

岳玉兰, 张世忠, 张磊. 2010. 东北春玉米生产历史、现状及前景探讨. 吉林农业科学, 35(4): 56-58.

张文斌, 杨祁峰, 牛俊义, 等. 2010. 种植密度对全膜双垄沟播玉米籽粒灌浆及产量的影响. 甘肃农业大学学报, 45(2): 74-78.

赵敏, 周淑新, 崔彦宏. 2006. 我国玉米生产中植物生长调节剂的应用研究. 玉米科学, 14(1): 127-131.

赵明, 李建国, 张宾, 等. 2006. 论作物高产挖掘的补偿机制. 作物学报, 32(10): 1566-1573.

赵正雄, 张福琐, 赵明. 2002. 多效唑对移栽玉米生长发育和产量的影响. 耕作与栽培, 1: 27-28.

Bengough A G, Mullins C E. 1990. Mechanical impedance to root growth: A review of experimental techniques and root growth responses. Journal of Soil Science, 41: 341-358.

Bukhsh M, Ahmad R, Ishaque M, et al. 2011. Why do maize hybrids respond differently to variations in plant density? Crop & Environment, 2: 52-60.

Bullock M S, Kemper W D, Nelson S D. 1988. Soil cohesion as affected by freezing, water content, time and tillage. Soil Science Society of America Journal, 52: 770-776.

Chen C Q, Lei C X, Deng A X, et al. 2011. Will higher minimum temperatures increase corn production in Northeast China? An analysis of historical data over 1965 to 2008. Agricultural and Forest Meteorology, 151: 1580-1588.

Duvick D N. 2005. The contribution of breeding to yield advances in maize(*Zea mays* L.). Advances in Agronomy, 86: 83-145.

Elasa M J. 1995. Changes in the extractable ammonium and nitrate nitrogen contents of soil sample during freezing. Communications in Soil Science and Plant Analysis, 26: 61-68.

Mansfield B D, Mumm R H. 2014. Survey of plant density tolerance in US maize germplasm. Crop Science, 54: 157-173.

Paponov I A, Sambo P, Presterl T, et al. 2005. Grain yield and kernel weight of two maize genotypes differing in nitrogen use efficiency at various levels of nitrogen and carbohydrate availability during flowering and grain filling. Plant and Soil, 272: 111-123.

Sangoi L, Gracietti M A, Rampazzo C, et al. 2002. Response of Brazilian maize hybrids from different eras to changes in plant density. Field Crops Research, 79: 39-51.

Vitousek W P, Howarth R W. 1991. Nitrogen limitation on land and in the sea: how can it occur? Biogeochemistry, 13: 87-115.

Wang F L, Bettany J R. 1993. Influence of freeze-thaw and flooding on the loss of soluble organic carbon and carbon dioxide from soil. Journal of Environmental Quality, 22: 709-714.

第 7 章　东北春玉米高产高效模式集成与技术规程

本研究通过区域生产调查、田间原位试验与历史数据挖掘，明确了东北玉米大面积增产增效的关键限制因子，阐明了增产增效的调控途径，在此基础上提出了"一增二改三防"的耕作栽培技术方向，从种植密度、养分管理、耕作方式调整、抗倒防衰调控等方面开展了试验验证与示范。通过几年的区域验证，形成了适宜于东北不同生态区域的密植高产高效栽培技术规程，实现了玉米增产 15%、资源增效 20% 以上。

7.1　大面积高产高效技术模式集成

7.1.1　"一增二改三防"的大面积增产增效耕作栽培调控方向

为实现东北玉米大面积增产增效，课题组集成了耕作、栽培、土壤、肥料、品种、化控等多学科技术，提出了区域"一增二改三防"的耕作栽培技术方向，即"一增"——科学增密，"二改"——改春整地起垄为秋整地春平播夏深松起垄、改一次性施用化肥为分次施肥配施有机肥，"三防"——通过栽培、耕作与化控技术相结合实现玉米防倒防衰防病虫草害（图 7-1）。

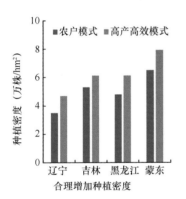

合理增加种植密度

改春旋耕垄播为秋旋耕春平播结合夏深松

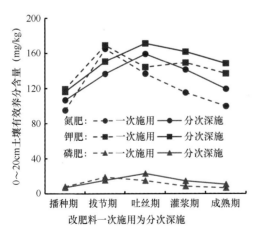

改肥料一次施用为分次深施

适期化控，防病虫草害、防倒伏、防早衰

图 7-1　"一增二改三防"的耕作栽培调控方向

7.1.2　区域高产高效耕作栽培技术模式集成

在明确总体耕作栽培突破途径与方向的基础上，课题组针对东北不同省份高产高效的主要限制因素，提出了解决途径，如黑龙江地区主要是区域热量条件差造成玉米全生育期积温不足、春夏季易出现干旱及耕层浅实等问题，有针对性地提出了采用早熟品种并适当早播、采用平播垄管结合隔年行间深松 30cm 的措施；吉林地区主要是春夏季易干旱、耕层浅实及土壤供肥能力差，因此有针对性地提出了秋整地结合平作垄管、逐年行行深松 40cm 及增施有机肥与中微肥的措施；辽宁主要是耕层浅实、玉米生育季降水分布不均及光照不足等问题，采用了行行深松 30cm 并适期晚播协调水热与光照的措施；而蒙东地区主要是耕层结构差加之大水大肥造成水肥利用效率低，因此采用了深松结合深施肥同时适当补充灌溉的方式（表 7-1）。

表 7-1　区域关键限制因子排序与突破途径

地区	区域关键限制因子排序	突破途径
黑龙江	积温不足	选用早熟品种、适期早播
	春夏干旱	平地播种结合中耕起垄
	耕层浅实	隔年深松 30cm
吉林	春夏干旱	秋整地结合平作垄管
	耕层浅实	行行深松 40cm
	土壤供肥能力差	增施有机肥与中微肥
辽宁	耕层浅实	行行深松 30cm
	降水分布不均	适期晚播协调水热
	光照不足	
蒙东	耕层浅实	深松结合深施肥
	水肥利用效率低	适期补充灌溉

结合共性特征与区域差异，课题组因地制宜，构建了适合东北不同区域、气候与土壤类型下的高产高效生产技术规程 6 套（吉林省的技术规程共有 3 套，图 7-2 仅列其一），用于指导大面积玉米均衡增产增效，具体技术规程或技术模式如图 7-2 ～图 7-4 所示。

ICS 65.020.20
B 05
备案号：

DB23

黑 龙 江 省 地 方 标 准

DB 23/ T1410—2010

玉米密植栽培技术规程

Technical Specification of Maize Close Planting

2010－12－03 发布　　　　　　　　2011－01－03 实施

黑龙江省质量技术监督局　发 布

ICS 65.020.20
B 05
备案号：

DB22

吉 林 省 地 方 标 准

DB 22/ T1237—2011

半湿润区玉米密植防衰高产高效生产
技术规程

The Technical Regulation for the High-Yielding and High Efficiency Corn
Production by Increasing Planting Density and Preventing Premature in the
Sub-humid Regions

2011－12－08 发布　　　　　　　　2011－12－31 实施

吉林省质量技术监督局　发 布

ICS 65.020.20
B22

DB21

辽 宁 省 地 方 标 准

DB 21/ T 1910—2011

玉米　深松施肥技术规程

2011－09－28 发布　　　　　　　　2011－10－28 实施

辽宁省质量技术监督局　发 布

ICS 65.020.20
B05
备案号：26969-2010

DB15

内 蒙 古 自 治 区 地 方 标 准

DB15/T 464—2010

平原灌区
玉米高产高效栽培技术规程

Technical Modle for High Yield and Efficiency Cultivation of Maize (*Zea mays*
L.) in Inner Mongolia Plain Irrigation District

2010-01-20 发布　　　　　　　　2010-04-01 实施

内蒙古自治区质量技术监督局 发 布

图 7-2　玉米高产高效生产技术规程

时期	10月中旬至11月	2~3月	4月 上旬	4月 中旬	4月 下旬	5月 上旬	5月 中旬	5月 下旬	6月 上旬	6月 中旬	6月 下旬	7月 上旬	7月 中旬	7月 下旬	8月 上旬	8月 中旬	8月 下旬	9月 上旬	9月 中旬	9月 下旬	10月 上旬
进程	整地	备耕	播种			苗期			拔节期			大口期			吐丝—灌浆			成熟期			
技术措施	每公顷施用优质农家肥 25~30m³ 作为底肥，灭茬，深耕，镇压，达到播种状态	选择中晚熟＋晚熟品种，耐密＋半耐密品种；等离子体处理；晒种 2~3d；克百威和戊唑醇种衣剂包衣	每公顷基肥用量：N 50~70kg，P_2O_5 50~60kg，K_2O 50~60，$ZnSO_4$ 15kg，深施 10~15cm。每公顷种肥用量：N 10~15kg，P_2O_5 10~20kg，K_2O 10~20kg，种侧下 3~5cm，机播 4500 株/亩，播后适时镇压，必要时坐水种			白僵菌封垛，3 叶期间苗，5 叶时定苗，等距留匀苗			赤眼蜂防螟，每公顷追肥量：N 110~150kg，P_2O_5 10~20kg，K_2O 10~20kg，深度 10~15cm，深松 25~30cm，适时化控			白僵菌或呋喃丹防螟			防二代玉米螟，适时化控			去雄扒皮晾晒，生理成熟收获，站秆储存			

图 7-3　东北中部玉米高产高效生产技术模式

"进程"部分对应"苗期至成熟期"的图中底纹代表了单株玉米干物质量积累的变化趋势，图中柱形反映了单株玉米叶面积的变化趋势

适宜区域	该技术操作规程适用于辽宁省辽中南、辽东、辽北、辽西四个玉米主产区推广应用				
高产高效目标	春玉米产量 11.25t/hm²，水肥资源利用效率可提高 15%～20%				
时期	4 月下旬至 5 月上旬整地、播种	5 月中旬出苗	6 月中旬拔节	7 月下旬抽雄、散粉、吐丝	9 月下旬至 10 月上旬收获
生育期图片					
主攻目标	提高整地质量和播种质量	确保保全、苗齐、苗壮	拔节壮株、防倒伏	防病虫、防早衰、促灌浆、增粒重	适时收获
主要技术措施	1. 良种准备：适宜春玉米高产品种 '郑单 958' '先玉 335' '沈玉 29'。 2. 种子处理：根据各地病虫害发生情况，针对不同防治对象，播种前选用"三证俱全"的高效、低残留的种衣剂进行种子包衣。使用含 7% 克百威的种衣剂进行地下害虫及黑穗病。对于防治玉米异常苗，可防玉米丝黑穗用含克百威的种子，一定要用含克百威的种衣剂进行二次包衣。 3. 适期播期：当土壤 5cm 处地温稳定通过 7℃，土壤耕层含水量在 20% 左右，即可开犁播种。当土壤含水量低于 18% 时，可在地温稳定通过 5℃ 时抢墒播种，以确保全苗。最佳播种期一般在 4 月 20～30 日。 4. 推荐底肥及种肥适宜用量：每公顷底施纯氮 21～38kg，K₂O 75～150kg，ZnSO₄ 15kg；每公顷种肥施纯氮 23～53kg，P₂O₅ 60～135kg。	1. 查田保苗：播种后 10d，每隔 5d 进行一次查种。对坏种、抓芽种的应及时催芽坐水补种。 2. 间苗、定苗：幼苗 3 叶期间苗，4～5 叶时定苗，去大小苗、弱苗，留均匀苗，等距留苗。	1. 分别在玉米拔节期、大喇叭口期追施氮肥，每次每公顷追施纯氮量为 53～80kg。 2. 结合拔节期追肥及时中深松土壤，深度为 25～30cm。 3. 对于易遭风灾的地块和植株高的品种，适期喷施蹲壮素，防止倒伏。	防治玉米螟： 1. 赤眼蜂防治：7 月上中旬每公顷释放 22.5 万头（分两次，间隔 5～7d），将螟虫消灭在孵化之前。 2. 白僵菌防治：7 月 5～10 日每公顷施 7.5kg 菌粉与 75～112.5kg 细沙或细土混拌均匀，必须撒于玉米心叶中，每株用量为 1g。	适时收获，收获后玉米要及时扒皮，上站子或自由堆放晾晒脱水。

图 7-4　东北南部地区玉米高产高效生产技术模式

7.2　大面积高产高效模式验证

7.2.1　高产高效的模式验证基地建设

为对高产高效的技术模式进行验证，笔者在东北不同区域的吉林公主岭、辽宁台安、黑龙江双城及内蒙古通辽建立了 4 个高产高效技术模式研究与验证平台（图 7-5），比较农户模式（FM）、高产高效模式（DH）、再高产模式（SH）及再高产再高效模式（SHH）的产量与资源利用效率情况及高产高效模式下群体地上地下特征。

图 7-5　高产高效试验验证基地

（a）吉林公主岭；（b）辽宁台安；（c）黑龙江双城；（d）内蒙古通辽

7.2.2　高产高效区域模式验证

表 7-2～表 7-5 为 2009～2012 年吉林、辽宁、黑龙江及蒙东等 4 个验证平台高产高效技术模式的验证结果。4 年的结果表明，高产高效模式下的玉米单产和氮肥效率均显著高于农户模式，平均增产 16.8%，增效 31.1%。在 2009～2012 年气候条件差异显著，高产高效模式的增产增效效应非常稳定。

表 7-2　公主岭平台验证效果

年份	处理	播种密度 （万株 /hm²）	产量 （kg/hm²）	增产 （%）	施氮量 （kg/hm²）	氮肥生 产效率 （kg/kg）	增效 （%）	降水生 产效率 （kg/mm）	增效 （%）
2009	FM	6.45	7 920.0		225	35.2		31.1	
	DH	6.45	8 664.0	9.4	225	38.5	9.4	34.0	9.4
	SH	6.45	8 524.5	7.6	300	28.4	−19.3	33.5	7.6
	SHH	6.45	8 841.0	11.6	210	42.1	19.6	34.7	11.6
2010	FM	4.95	8 945.6		225	39.8		14.4	
	DH	6.00	10 388.5	16.1	195	53.3	34.0	16.8	16.1
	SH	7.05	10 661.3	19.2	300	35.5	−10.6	17.2	19.2
	SHH	7.05	10 371.1	15.9	225	46.1	15.9	16.7	15.9
2011	FM	5.00	9 253.0		225	41.1		28.8	
	DH	6.00	10 805.0	16.8	195	55.4	34.7	33.7	16.8
	SH	6.50	11 450.0	23.7	300	38.2	−72	35.7	23.7
	SHH	7.00	11 877.0	28.4	225	52.8	28.4	37.1	28.4
2012	FM	5.20	9 913.0		225	44.1		15.3	
	DH	5.60	12 235.0	23.4	195	62.7	42.4	18.9	23.4
	SH	6.60	13 973.0	41.0	300	46.6	5.7	21.6	40.9
	SHH	6.60	13 515.0	36.3	225	60.1	36.3	20.9	36.3

注：FM 为农户模式，DH 为高产高效模式，SH 为再高产模式，SHH 为再高产再高效模式；下同

表 7-3　台安平台验证效果

年份	处理	播种密度 （万株 /hm²）	产量 （kg/hm²）	增产 （%）	施氮量 （kg/hm²）	氮肥生 产效率 （kg/kg）	增效 （%）	降水生 产效率 （kg/mm）	增效 （%）
2009	FM	4.95	8 107.5		315.0	25.7		—	
	DH	7.5	10 230.0	26.2	225.0	45.5	76.7	—	
	SH	7.5	10 345.5	27.6	225.0	46.0	78.6	—	
	SHH	7.5	10 818.0	33.4	225.0	48.1	86.8	—	
2010	FM	4.95	7 029.2		315.0	22.3		—	
	DH	6.75	8 234.4	17.1	225.0	36.6	64.0	—	
	SH	6.75	8 602.5	22.4	225.0	38.2	71.3	—	
	SHH	6.75	8 982.6	27.8	225.0	39.9	78.9	—	
2011	FM	6.75	9 883.0		295.5	33.4		—	
	DH	6.75	11 628.0	17.7	193.5	60.1	79.7	—	
	SH	6.75	13 648.0	38.1	207.0	65.9	97.1	—	
	SHH	6.75	12 177.0	23.2	193.5	62.9	88.2	—	
2012	FM	4.95	9 182.3		240.0	38.3		14.2	
	DH	6.75	12 121.1	32.0	240.0	50.5	32.0	18.7	32.0
	SH	8.25	12 330.0	34.3	240.0	51.4	34.3	19.1	34.3
	SHH	8.25	13 428.8	46.2	300.0	44.8	17.0	20.8	46.2

注：表中"—"表示因缺少当地 2009 ～ 2011 年降水量数据而无法计算对应的降水生产效率

表 7-4　双城平台验证效果

年份	处理	播种密度 （万株/hm²）	产量 （kg/hm²）	增产 （%）	施氮量 （kg/hm²）	氮肥生 产效率 （kg/kg）	增效 （%）	降水生 产效率 （kg/mm）	增效 （%）
2009	FM	4.80	7 213.5		228.8	31.5		21.1	
	DH	6.75	8 836.5	22.5	167.7	52.7	67.1	25.9	22.5
	SH	7.50	10 239.0	41.9	389.1	26.3	−16.6	30.0	41.9
	SHH	—	—	—	—	—	—	—	—
2010	FM	4.80	9 659.3		228.8	42.2		22.8	
	DH	7.50	11 786.4	22.0	202.2	58.3	38.0	27.9	22.0
	SH	7.50	12 714.9	31.6	389.1	32.7	−22.6	30.0	31.6
	SHH	—	—	—	—	—	—	—	—
2011	FM	4.80	8 475.0		228.8	37.0		24.6	
	DH	6.75	11 175.0	31.9	167.7	66.6	79.9	32.4	31.9
	SH	7.50	11 940.0	40.9	389.1	30.7	−17.2	34.6	40.9
	SHH	—	—	—	—	—	—	—	—
2012	FM	4.80	8 340.0		228.8	36.5		13.5	
	DH	7.50	11 175.0	34.0	202.2	55.3	51.6	18.0	34.0
	SH	7.50	12 015.0	44.1	389.1	30.9	−15.3	19.4	44.1
	SHH	—	—	—	—	—	—	—	—

注：表中“—”表示因没有设置再高产再高效模式（SHH），故表中缺少 SHH 的对应数据

表 7-5　通辽平台验证效果

年份	处理	播种密度 （万株/hm²）	产量 （kg/hm²）	增产 （%）	施氮量 （kg/hm²）	氮肥生 产效率 （kg/kg）	增效 （%）	降水生 产效率 （kg/mm）	增效 （%）
2009	FM	6.00	12 441.9		182.3	68.3		—	
	DH	7.50	14 647.2	17.7	299.8	48.9	−28.4	—	
	SH	8.25	15 510.8	24.7	439.7	35.3	−48.3	—	
	SHH	9.00	18 057.9	45.1	439.7	41.1	−39.8	—	
2010	FM	6.00	12 439.2		300.0	41.5		—	
	DH	7.50	13 863.0	11.4	300.0	46.2	11.4	—	
	SH	8.25	14 227.8	14.4	439.5	32.4	−21.9	—	
	SHH	9.00	15 860.5	27.5	439.5	36.1	−13.0	—	
2011	FM	6.00	11 951.0		182.0	65.7		—	
	DH	7.50	12 582.0	5.3	300.0	41.9	−36.1	—	
	SH	8.25	13 060.0	9.3	440.0	29.7	−54.8	—	
	SHH	9.00	15 171.0	26.9	440.0	34.5	−47.5	—	
2012	FM	5.83	11 401.0		250.0	46.1		—	
	DH	7.31	12 026.0	−17.9	200.0	60.3	30.8	—	
	SH	6.87	16 537.0	12.9	375.0	34.9	−24.3	—	
	SHH	7.40	14 368.0	−1.9	300.0	47.9	3.9	—	

注：表中“—”表示因通辽验证平台的春玉米是灌溉的，故没有计算其对应的降水生产效率

7.3　区域高产高效模式特征分析

7.3.1　土壤 0 ~ 60cm 理化性状

　　土壤是由固、液、气三相物质组成的一种介于固体和液体之间的颗粒性半无限介质，三相之间既是相互联系、相互转化、相互制约、不可分割的有机整体，其三者构成的复杂系统中还生存着很多土壤微生物，也是构成土壤肥力的物质基础。土壤固、液、气三相的容积分别占土体容积的百分率，称为固相率、液相率和气相率，三者之比即土壤三相组成。三相比的变化决定土壤结构的差异，进而影响土壤功能与肥力水平，土壤结构功能最终也将通过作物产量和品质反映出来。以 2011 年不同栽培模式不同土层深度对土壤三相及容重的影响为例，各栽培模式其土壤表层即 0 ~ 10cm 土层深处，固相容积及液相容积均最小，气相容积达最大值，其中农户模式在 20 ~ 30cm 处固相及液相容积最大，气相容积最小；高产高效在 40 ~ 50cm 土层深处固相容积最大，在 30 ~ 40cm 液相容积最大，在 10 ~ 20cm 土层深处气相容积最小；再高产在 30 ~ 40cm 处固相及液相容积最大，气相容积最小；再高产再高效在 10 ~ 20cm 处固相及液相容积最大，气相容积最小，而耕层固相容积的加大可使土体紧实，利于根系固定，防止后期倒伏。随着水分的大量消耗，其留下的空隙马上被空气填充，有利于土壤的换气作用。其中，土壤固相的数量影响土壤容重，由表 7-6 可以看出，各栽培模式在土壤表层，即 0 ~ 10cm 土层深处，土壤容重值最小，其土壤三相尤其是固相容积较大土层，其相应土壤容重值也较大。

表 7-6　不同栽培模式不同土层深度对土壤三相及容重的影响（2011 年）

栽培模式	土层（cm）	固相率（%）	液相率（%）	气相率（%）	土壤三相比	容重（g/cm³）
农户模式	0 ~ 10	52.81	16.87	30.32	53 : 17 : 30	1.29
	10 ~ 20	59.96	25.07	14.98	60 : 25 : 15	1.45
	20 ~ 30	60.80	25.87	13.34	61 : 26 : 13	1.48
	30 ~ 40	55.13	24.51	20.36	55 : 25 : 20	1.36
	40 ~ 50	54.39	23.55	22.06	54 : 24 : 22	1.35
	50 ~ 60	57.07	23.94	19.00	57 : 24 : 19	1.41
高产高效	0 ~ 10	47.62	16.89	35.49	48 : 17 : 35	1.15
	10 ~ 20	64.49	26.02	9.50	64 : 26 : 10	1.56
	20 ~ 30	62.08	21.46	16.47	62 : 21 : 17	1.46
	30 ~ 40	48.31	35.59	16.11	48 : 36 : 16	1.43
	40 ~ 50	71.32	15.41	13.28	71 : 16 : 13	1.48
	50 ~ 60	57.36	25.45	17.20	57 : 26 : 17	1.40
再高产	0 ~ 10	51.64	22.66	25.00	52 : 23 : 25	1.17
	10 ~ 20	54.44	25.20	20.36	55 : 25 : 20	1.27
	20 ~ 30	53.09	24.75	22.16	53 : 25 : 22	1.26
	30 ~ 40	59.77	27.07	13.16	60 : 27 : 13	1.45
	40 ~ 50	57.18	26.72	16.10	57 : 27 : 16	1.40
	50 ~ 60	54.97	23.93	21.11	55 : 24 : 21	1.36

续表

栽培模式	土层（cm）	固相率（%）	液相率（%）	气相率（%）	土壤三相比	容重（g/cm³）
再高产再高效	0～10	50.71	19.83	29.00	51∶20∶29	1.24
	10～20	64.49	27.27	8.25	65∶27∶8	1.58
	20～30	62.31	24.02	13.67	62∶24∶14	1.52
	30～40	55.21	24.12	20.67	55∶24∶21	1.38
	40～50	55.86	24.29	19.86	56∶24∶20	1.39
	50～60	53.14	23.16	23.70	53∶23∶24	1.33

如图 7-6 所示，各栽培模式在各个生育期中其各土层深度土壤含水量变化趋势波动均较小，而 6 展叶期间，在 20～30cm 土层深处再高产再高效土壤含水量达最小值，再高产土壤含水量达最高值；12 展叶期间，各栽培模式各土层深度土壤含水量值均为 20%～25%；吐丝期间，各含水量均仅为 17%～23%；乳熟期间，高产高效模式土壤含水量在 30～40cm 土层深处达到最大值，在 40～50cm 处最小，而后趋于正常水平。

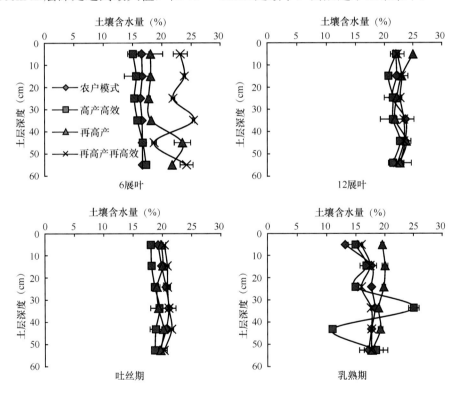

图 7-6　不同栽培模式不同时期对土壤含水量的影响（2011 年）

7.3.2　地上部养分运移与分配

与农户模式相比，高产高效、再高产、再高产再高效 3 个模式下干物质积累量均显著高于农户模式（图 7-7），从生长发育阶段来看，这种差异主要表现在吐丝之后。而这 3 个模式间无显著差异。

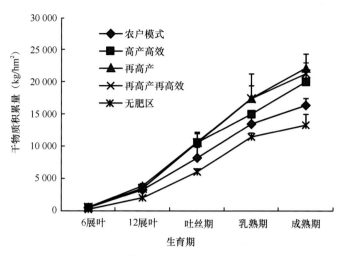

图 7-7　不同栽培模式下干物质积累量（2010 年）

总结春玉米高产高效栽培试验，结果表明，高产高效模式下对氮磷钾等养分吸收显著高于农户模式，并且在吐丝之前即表现出显著的差异；而在吐丝之后高产高效模式下的植株氮素累积量仍显著高于农户模式，而对磷、钾的吸收，二者无显著差异。从收获后植株各器官的养分含量来看，高产高效模式下各器官的氮素累积量均显著高于农户模式，而磷累积量只略高于农户模式，但无显著的差异。钾累积量的差异则主要集中在秸秆中，籽粒中次之，但仍差异显著。穗轴中则无显著差异（表 7-7 和表 7-8）。

表 7-7　不同栽培模式下吐丝前后养分吸收（2010 年）　　　　　　（单位：kg/hm²）

	吐丝前			吐丝后		
	N	P	K	N	P	K
高产高效	196.7	29.2	162.0	92.6	17.4	17.1
农户模式	160.5	19.6	107.5	65.6	17.2	20.1

表 7-8　成熟期不同栽培模式下各器官养分含量（2010 年）　　　　（单位：kg/hm²）

	秸秆			籽粒			穗轴		
	N	P	K	N	P	K	N	P	K
高产高效	79.0	7.9	121.0	193.4	33.7	38.0	14.2	1.8	22.3
农户模式	66.6	6.0	88.3	150.4	29.7	22.5	10.3	1.5	22.8

7.3.3　氮素迁移

7.3.3.1　不同土层深度及栽培模式下对土壤硝态氮含量的影响

土壤中硝态氮含量的高低不仅取决于土壤中氮素的多寡，还受到诸多其他因素的影响，如土壤的氧化还原条件、土壤的水分含量和土层深度都是影响其含量的重要因素。土壤中 NO_3^--N 易随水移动，如果向下淋移出土体，不仅会造成氮素肥料的损失，同时也污染地下水，对环境及人畜健康造成危害。全世界施入土壤中的氮肥，有 10% ～ 40% 经土壤淋溶进入地下水。国内外相关研究均表明，化肥使用与浅层地下水 NO_3^--N 浓度升高具有明显的相关性。从图 7-8 可见不同栽培模式的土壤硝态氮含量均呈现出"上高下低"

的趋势，即具有表聚特点，0 ～ 60cm 土层的土壤硝态氮更易变化，随着土层深度的不断加深，其各处理的土壤硝态氮含量亦逐渐趋于平缓，在 260 ～ 400cm 土层处其硝态氮含量差异较小。其中，再高产表层土壤硝态氮含量最高，其次为高产高效，最后为无肥区。

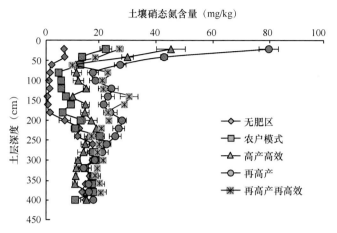

图 7-8　不同土层深度及栽培模式对土壤硝态氮含量的影响

7.3.3.2　不同土层深度及栽培模式下对土壤铵态氮含量的影响

氮肥在施入土壤后，其转化与运移是十分复杂的物理—化学—生物学的过程。而 NH_4^+-N 在土壤剖面中的分布更直接地决定于作物生长、气候条件、灌溉方式及土壤性质等因素。王西娜等（2007）认为土壤铵态氮的数量不因种植与否而异，只是随时间变化存在高低变化。试验结果表明（图 7-9），不同土层深度及栽培模式下，土壤表层，即 0 ～ 20cm 土层深处，各处理土壤铵态氮含量表现为再高产＞农户模式＞高产高效＞再高产再高效＞无肥区，除前三者铵态氮含量呈现出"上高下低"的趋势外，再高产再高效在 160 ～ 180cm 及 260 ～ 280cm 土层深处有较为明显的拐度，土壤铵态氮含量远远高于同土层深度其他栽培模式，在 320 ～ 400cm 土层深度各栽培模式土壤硝态氮含量变化幅度趋于平缓，且数值范围在 2 ～ 4kg/hm²，表明土壤颗粒和土壤胶体对 NH_4^+-N 具很强的吸附作用，但也因土壤中所进行的交换反应及无机态氮的有机化、硝化和反硝化等作用，使土壤 NH_4^+-N 难以迁移至更深层次。

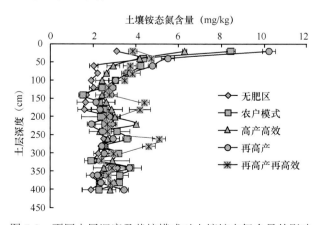

图 7-9　不同土层深度及栽培模式对土壤铵态氮含量的影响

7.3.3.3　不同土层深度及栽培模式下对土壤无机氮累积量的影响

对无机氮而言（图7-10），土层深度及栽培模式主要影响土壤中硝态氮的累积量及其在土壤剖面中的分布，而对铵态氮却无显著影响。计算0～400cm土层土壤无机氮储量，研究不同栽培模式对土壤无机氮累积量的影响，经单因素方差分析可知，栽培模式单因素对土壤无机氮累积量的影响均达到5%或1%显著水平，其中，以再高产模式无机氮累积量为最高，其次为再高产再高效模式，累积量增长率也表现出相同的规律变化，这与各栽培模式下产量变化规律相一致。

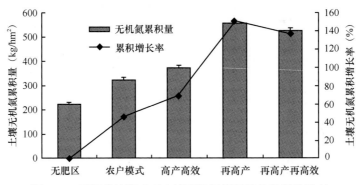

图7-10　不同栽培模式下土壤无机氮累积量及累积增长率

综上表明，高产高效产量的实现主要是以合理密植实现产量潜力的进一步提升，各栽培模式在0～10cm土层土壤容重值最小，土壤三相尤其是固相容积较大的土层，其相应土壤容重值也较大，再高产再高效模式根长最长，其次为高产高效模式。各处理模式在吐丝期根干重均达到最大值，在此生育期内根干重值大小顺序为再高产＞高产高效＞再高产再高效＞农户模式。

高产高效模式可以有效地增加光能截获率，进而提高群体光合速率，有效地延长光合作用的时间，增加光合产物的输出。高产高效模式下对氮、磷、钾等养分吸收显著高于农户模式，并且在吐丝之前即表现出显著的差异；而在吐丝之后高产高效模式下的植株氮素累积量仍显著高于农户模式，而对磷、钾的吸收，二者无显著差异。从收获后植株各器官的养分含量来看，高产高效模式下各器官的氮素累积量均显著高于农户模式，而磷累积量只略高于农户模式，但无显著的差异。钾累积量的差异则主要集中在秸秆中，籽粒中次之，但仍差异显著，穗轴中则无显著差异。

淋溶损失是养分从土壤植物生态系统流失的主要途径之一，由此带来了肥料浪费、环境污染等问题。本研究表明，在降水作用下，氮素大部分以可溶性的硝态氮形式淋溶到土壤下层，铵态氮的淋溶与氮肥的施用量无显著相关关系，淋失量很少。铵态氮进入土壤中后大部分被吸附、固定在土壤颗粒中，只有当氮肥施入量较高时，土壤对铵态氮的吸附达到饱和，铵态氮才在大量入渗水流的作用下发生少量淋失，因此玉米田间土壤铵态氮的淋失是一个较为缓慢的过程，且存在一个导致铵态氮淋失的氮肥施用临界阈值。与铵态氮相比，硝态氮不易被土壤颗粒和土壤胶体吸附，易于遭雨水淋洗而迅速渗漏。此外，玉米成熟期后各施肥处理土壤淋溶水平均硝态氮质量浓度为1.59～32.19mg/L，而我国饮用水质量标准为硝态氮质量浓度不超过20mg/L，WHO颁布的相应标准为10mg/L，说明在本试验条件下，硝态氮的淋溶对地下水已构成威胁。

综上所述，高产高效模式土壤无机氮增幅较小，再高产及再高产再高效增幅较大，即高产高效模式以较小的无机氮增幅，获得较高的产量增幅和经济效益。而再高产再高效模式较农户模式通过改善耕层结构、调控根系建成、促进养分吸收、改进群体质量、增产增收增效，且其群体质量更好，吸收养分更多，产量更高，但增产增收之后，也带来了水肥效率降低、环境威胁加重等问题。由此可见，高产高效模式在保证增产、增收与增效相协调的情况下，可以实现改善土壤质量、优化根系建成、适度增加养分累积、调控群体、减少空秆率、增加结实率，提高水肥效率，达到环境与经济效益双赢。

7.3.3.4　主要效果

在明确东北玉米大面积高产高效的关键限制因子与关键突破途径的基础上，我们提出了"一增二改三防"的耕作栽培技术方向，即"一增"——科学增密，"二改"——改春整地起垄为秋整地春平播夏深松起垄、改一次性施用化肥为分次施肥配施有机肥，"三防"——通过栽培、耕作与化控技术相结合实现玉米抗倒防衰防病虫草害。笔者在东北不同生态区开展高产高效区域验证试验，2009 ～ 2012 年连续 4 年试验结果表明，高产高效模式下的玉米单产和氮肥效率均显著高于农户模式，平均增产 16.8%，增效 31.1%。虽然年际气候条件差异显著，但高产高效模式的增产增效效应非常稳定。这主要是由于高产高效模式显著改善了耕层土壤质量与水肥状况，氮肥利用效率显著提高，促进了植株生长，有效地增加了植株的光能截获率，进而提高群体光合速率，有效延长了光合作用的时间，增加了光合产物的输出。

7.4　高产高效耕作栽培技术规程

7.4.1　黑龙江《玉米密植栽培技术规程》

7.4.1.1　范围

本标准规定了玉米密植栽培过程中的选地、选茬、耕翻整地、品种选择、种子质量、种子处理、播种、施肥、田间管理和收获。本标准适用于生育期活动积温 2100℃以上、降水 400 ～ 600mm 的玉米主产区。

7.4.1.2　规范性引用文件

下列文件对于本文件的应用是必不可少的。凡是注日期的引用文件，仅所注日期的版本适用于本文件。凡是不注日期的引用文件，其最新版本（包括所有的修改单）适用于本文件。

GB 4285	农药安全使用标准	
GB 4404.1	粮食作物种子标准	禾谷类
GB/T 8321	农药合理使用准则	
GB 3838	地表水环境质量标准	
GB 15618	土壤环境质量标准	
NY/T 496	肥料合理使用准则	通则

7.4.1.3　选地、选茬与耕翻整地

1）选地

选择地势平坦，耕层深厚，肥力较高，保水保肥性能好，排灌方便的地块。土壤环境质量标准按 GB 15618 执行。

2）选茬

选择前茬未使用长残效除草剂的大豆、小麦、马铃薯或玉米等肥沃的茬口。

3）耕翻整地

实施以深松为基础，松、翻、耙相结合的土壤耕作制，三年深松一次。

4）伏、秋翻整地

耕翻深度 25～35cm，做到无漏耕、无立垡、无坷垃。翻后耙耢，按种植要求的垄距及时起垄或夹肥起垄镇压。

5）耙茬、深松整地

适用于土壤墒情较好的大豆、马铃薯等软茬，先灭茬深松垄台，后耢平起垄镇压，严防跑墒。深松整地，先松原垄沟，再破原垄合成新垄，及时镇压。

7.4.1.4　品种选择及种子质量

1）品种选择

根据生态条件，选用通过国家或黑龙江省审定的非转基因、耐密、高产、优质、适应性及抗逆性强、生育期所需活动积温比当地常年活动积温少 100～150℃的优良品种。

2）种子质量

应符合 GB 4404.1 的规定。宜采用种子纯度不低于 98%，净度不低于 99%，发芽率不低于 90%，含水量不高于 16% 的种子。

7.4.1.5　种子处理

1）试芽

播种前 15d 进行发芽试验。

2）催芽

将种子放在 28～30℃水中浸泡 8～12h，然后捞出置于 20～25℃室温条件下进行催芽。每隔 2～3h 将种子翻动一次。催芽的种子露出胚根（即刚"拧嘴"时），将种子置于阴凉干燥处炼芽 6h 后进行拌种或包衣，待播种。

3）药剂处理

应符合 GB/T 8321 的规定。

（1）地下害虫重、玉米丝黑穗病轻（田间自然发病率小于 5%）的地区，干籽播种可选用 35% 的多克福种衣剂，按药种比 1∶70 进行种子包衣；催芽坐水种，按药种比 1∶75～80 进行种子包衣。

（2）地下害虫重、玉米丝黑穗病也重（田间自然发病率大于 5%）的地区，采用 2% 戊唑醇按种子重量的 0.4% 拌种，播种时再用辛硫磷颗粒剂 30～45kg/hm² 随种肥下地。

（3）地下害虫轻、玉米丝黑穗病重的地区，干籽种播种：可选择的药剂有 2% 戊唑醇拌种剂或 25% 三唑酮可湿性粉剂，或 12.5% 烯唑醇可湿性粉剂，按种子量的 0.3%～

0.4% 拌种；催芽坐水播种，用 2% 戊唑醇按种子量的 0.3% 拌种。

7.4.1.6　播种

1）播期

5～10cm 耕层地温稳定通过 7～8℃时抢墒播种。

2）种植密度

根据当地降雨量、灌溉能力、土壤肥力和品种耐密程度确定适宜的种植密度。生育期活动积温 2500℃以上种植区域，每公顷保苗株数 60 000 株以上；活动积温 2100～2500℃种植区域，每公顷保苗株数 67 500 株以上。

3）种植方式

采取 65cm 或 70cm 垄作栽培。

4）播种方法

采用机械化精量直播或机械化补水精量播种。播种做到深浅一致，覆土均匀，直播的地块播种后及时镇压，补水种植播后隔天镇压。镇压做到不漏压、不拖堆，镇压后覆土深度 3～4cm。

7.4.1.7　施肥

应符合 NY/T 496 的规定。根据土壤供肥能力和土壤养分的平衡状况，以及气候、栽培等因素，进行测土配方平衡施肥，做到氮、磷、钾及中、微量元素合理搭配。

1）有机肥

每公顷施用含有机质 8% 以上的农家肥 30～40t，结合整地撒施或条施夹肥。

2）化肥

每公顷施五氧化二磷 70～100kg、氧化钾 70～100kg，结合整地作底肥或种肥施入；每公顷施纯氮 180～225kg，其中 25%～30% 作底肥或种肥，另 70%～75% 作追肥施入。

7.4.1.8　田间管理

1）化学除草

化学除草应该按照 GB 4285、GB/T 8321 的规定执行。

（1）苗前除草：土壤墒情好、整地精细的地区宜选用苗前化学除草。选择药剂有乙草胺（禾耐斯）、莠去津、异丙草胺、精异丙甲草胺、唑嘧磺草胺、2,4-D 异辛酯、噻吩磺隆、嗪草酮（限土壤有机质含量大于 2% 的土壤）。

（2）一年生杂草：防除一年生禾本科和部分阔叶杂草可选用 90% 乙草胺，土壤有机质含量 6% 以下的地块，用药量 1400～1900mL/hm²，6% 以上地块，用药量 1900～2500mL/hm²；或用 72% 异丙草胺，土壤有机质含量 3% 以下的地块，用药量 1420～2800mL/hm²，3% 以下的地块，用药量 2100～3500mL/hm²；或用 96% 精异丙甲草胺，土壤有机质含量 3% 以下的地块，用药量 750～1200mL/hm²，3% 以上的地块，用药量 1050～2100mL/hm²。

（3）防治阔叶杂草：可选用 75% 噻吩磺隆，用药量 20～30g/hm²；或用 2,4-D 异辛酯 750mL/hm²；或 80% 唑嘧磺草胺 48～60g/hm²。

（4）防治一年生禾本科与阔叶杂草及部分多年生阔叶杂草：可选用 96% 精异丙甲草胺，用药量 1000 ～ 1800mL/hm^2 加 70% 嗪草酮 400 ～ 800g/hm^2；或用 90% 乙草胺 1400 ～ 2200mL/hm^2 加 70% 嗪草酮 400 ～ 800g/hm^2；或用 96% 精异丙甲草胺 800 ～ 2100mL/hm^2 加 75% 噻吩磺隆 20 ～ 30g/hm^2；或用 96% 精异丙甲草胺 800 ～ 2100mL/hm^2 加 80% 唑嘧磺草胺 4860g/hm^2；或用 90% 乙草胺 1400 ～ 2500mL/hm^2 加 75% 噻吩磺隆 2030g/hm^2；或用 90% 乙草胺 1400 ～ 2200mL/hm^2 加 80% 唑嘧磺草胺 4860g/hm^2；或用 72% 异丙草胺 1500 ～ 3500mL/hm^2 加 80% 唑嘧磺草胺 4860mL/hm^2。以上药剂在施药时可加喷液量 0.5% ～ 1% 的植物油型助剂，喷液量以 400 ～ 600L/hm^2 为宜，均匀喷施于土壤表面。

（5）苗后除草：玉米苗后 3 ～ 5 叶期，禾本科杂草 3 ～ 5 叶期，阔叶杂草 2 ～ 4 叶期施药。选用药剂有烟嘧磺隆、莠去津、嗪草酮、噻吩磺隆、硝磺草酮。可选用 4% 烟嘧磺隆 1500mL/hm^2；或 4% 烟嘧磺隆 750mL/hm^2 加 38% 莠去津 2000mL/hm^2；或 4% 烟嘧磺隆 750 ～ 1000mL/hm^2 加 70% 嗪草酮 100g/hm^2；或 15% 磺草酮 1800 ～ 2800mL/hm^2；或 75% 噻吩磺隆 10 ～ 15g/hm^2。人工喷液量 300 ～ 500L/hm^2；机械喷液量 150 ～ 200L/hm^2。以上药剂在施药时可加喷液量 0.5% ～ 1% 的植物油型助剂均匀喷到杂草上。

2）查田补栽或移栽

出苗前及时检查发芽情况，如发现粉种、烂芽，要准备好预备苗；出苗后如缺苗，要利用预备苗或田间多余苗及时坐水补栽或移栽。3 ～ 4 片叶时，要将弱苗、病苗、小苗去掉，一次等距定苗。

3）铲前深松、及时铲趟

出苗后进行铲前深松或铲前趟一犁。头遍铲趟后，每隔 10 ～ 12d 铲趟一次，做到三铲三趟。

4）玉米大斑病防治

发病初期可用 50% 多菌灵可湿性粉剂或 25% 三唑酮、70% 代森锰锌可湿性粉剂 500 ～ 800 倍液喷雾进行化学防治，用量 500 ～ 800kg/hm^2，7 ～ 10d 喷 1 次，共喷 2 ～ 3 次。

5）虫害防治

（1）玉米螟：防治指标上，每百株卵超过 30 块，或百株活虫 80 头。防治方法如下。

a. 防治成虫

高压汞灯防治：时间为当地玉米螟成虫羽化初始日期，每日 21 时到次日 4 时开灯。小雨仍可开灯，中雨以上应关灯。封垛防治：4 ～ 5 月玉米螟醒蛰前，每立方米秸秆用 100g（含 50 亿 ～ 100 亿孢子 /g 白僵菌粉剂，使用喷粉器打入垛内。

b. 释放赤眼蜂

依据预测预报及调查，玉米螟卵始盛期（7 月 10 ～ 20 日），在田间放蜂一次，隔 7d 后进行第二次放蜂；或扒秆调查玉米螟成虫羽化达 15% 时第一次放蜂，羽化达 45% 时第二次放蜂。放蜂量第一次 21 万头 /hm^2，第二次 24 万头 /hm^2。

c. 防治玉米螟幼虫

在玉米心叶末期（5% 抽雄），用 2.25 ～ 3kg/hm^2 的 BT 乳剂制成颗粒剂撒放。

（2）黏虫：防治时期为 6 月中下旬，防治指标为平均 100 株玉米有 50 头黏虫。防治方法：依据 GB/T 8321 的规定，可用菊酯类农药防治，用量 300 ～ 450mL/hm^2，兑水

$300 \sim 450 \text{kg/hm}^2$；8 月上旬发生的三代黏虫要进行人工捕杀。

6）去分蘖

在拔节期前后，及早掰除分蘖，去蘖时应轻，避免损伤主茎。

7）追肥

玉米 7 ～ 9 叶期或拔节前进行追肥，追肥部位离植株 10 ～ 15cm，深度 8 ～ 10cm。

8）水分管理

玉米大喇叭口期和抽雄期前后，当 0 ～ 40cm 土壤含水量低于田间持水量的 60% 时要及时灌溉，灌水量 $600 \sim 900 \text{m}^3/\text{hm}^2$，灌溉方式以沟灌或隔沟灌溉为主，有条件的可采用渗灌或喷灌，杜绝大水漫灌。灌溉水质量按 GB 3838 规定执行。

7.4.1.9　收获

完熟期后采用机械或人工收获。

7.4.2　吉林《半湿润区玉米密植防衰高产高效技术规程》

7.4.2.1　范围

本标准规定了半湿润区玉米密植防衰高产高效生产的术语和定义、选地与整地、品种选择及种子处理、播种、田间管理、病虫害防治、收获。本标准适用于降水量为 450 ～ 600mm 的地区。

7.4.2.2　规范性引用文件

下列文件对于本文件的应用是必不可少的。凡是注日期的引用文件，仅注日期的版本适用于本文件。凡是不注日期的引用文件，其最新版本（包括所有的修改单）适用于本文件。

GB 4401.1　　　　玉米种子国家质量标准
GB 15671　　　　主要农作物包衣种子技术条件

7.4.2.3　术语和定义

下列术语和定义适用于本文件。

1）半湿润区

降水量为 450 ～ 600mm 的玉米生产区。

2）玉米高产高效栽培技术

在常规生产水平条件下，与常规生产田相比，可使玉米增产 10%、水肥资源利用效率提高 20% 的生产技术。

3）耐密型品种

在 6 万株 $/\text{hm}^2$ 或更高密度条件下，能够表现出耐密抗倒、高产稳产特点的品种。

4）半耐密型品种

在 5 万～ 6 万株 $/\text{hm}^2$ 株密度条件下，能够表现出一定的耐密抗倒、高产稳产特点的品种。

5）中熟品种

出苗到成熟 125d 左右的玉米品种，有效积温为 2550 ～ 2650℃。

6）中晚熟品种

出苗到成熟 127d 左右的玉米品种，有效积温为 2650 ～ 2750℃。

7）晚熟品种

出苗到成熟 130d 左右的玉米品种，有效积温为 2750 ～ 2850℃。

8）楼子

用木杆或铁管等物体进行搭架建造的贮存玉米果穗的设施，使玉米果穗不接触地面进行贮存和脱水。一般情况下，宽 1.8 ～ 2.4m，高 2.2 ～ 2.5m，长 3.5 ～ 6.5m。距离地面 0.5 ～ 0.7m。四周用木杆或铁网围成，间距 2 ～ 3m。

9）生理成熟

达到生理成熟，果穗中下部籽粒乳线消失和胚位下方尖冠处出现黑色层。此时籽粒变硬，干物质不再增加，呈现品种固有的形状和粒色，是收获的适期。

7.4.2.4　选地与整地

1）选地

选择土壤 pH 6.0 ～ 7.5，有机质含量＞ 15.0g/kg，全氮＞ 0.5g/kg，速效氮＞ 150mg/kg，速效磷（P_2O_5）＞ 20mg/kg，速效钾（K_2O）＞ 120mg/kg，耕层深度 20cm 以上，保水保肥条件较好的中等以上肥力地块为好。

2）整地

秋整地：秋收后应立即进行灭茬、整地，灭茬深度应要达到 15cm 以上，灭茬后应立即进行整地，在上冻前起好垄并及时镇压，达到待播状态。

春整地：在秋季来不及灭茬、整地的地块，应在春季土壤化冻层达到 15 ～ 18cm 时尽早进行灭茬、整地，要做到随灭茬、随打垄、随镇压以待播种，还可结合整地进行深施底肥。

3）施底肥

在整地的同时应完成底肥施用。整地前，每公顷表施优质农肥 25 ～ 30m³。化学肥料结合整地深施于耕层 15 ～ 20cm。每公顷施化肥纯氮 55 ～ 65kg，P_2O_5 55 ～ 65kg，K_2O 55 ～ 80kg，$ZnSO_4$ 15kg，并根据实际情况确定其他微量元素肥料施用种类与数量。

7.4.2.5　品种选择及种子处理

1）种子选择

应根据当地的自然条件，因地制宜地选用经国家和省品种审定委员会审定通过的优质、高产、抗逆性强的优良品种，水肥条件好的地块以耐密和半耐密型品种为宜。

种子质量应达到玉米种子国家质量标准规定的二级种子标准，参照 GB 4401.1 执行。

南部地区：生育期（5 ～ 9 月）≥ 10℃活动积温 2800℃地区，以中晚熟品种为主，视降水条件不同，搭配晚熟品种或中熟品种。

北部地区：生育期（5 ～ 9 月）≥ 10℃活动积温 2600 ～ 2800℃地区，应以中晚熟品种为主，搭配中熟品种。

2）种子处理

发芽试验：播种前 15d 应进行发芽率试验。

等离子体种子处理：为提高种子发芽率，播种期前 5 ～ 12d 进行等离子体种子处理，处理剂量为 1.0 安培（A），处理 2 ～ 3 次，处理后妥善保管，适时播种。

种衣剂种子处理：应选择通过国家审定登记的高效低毒无公害玉米种衣剂进行种子包衣，使用含丙硫克百威、高效氯氰菊酯、吡虫啉、福美双、戊唑醇、三唑醇、烯唑醇等成分的多功能种衣剂进行包衣，防治苗期病害及丝黑穗病。参照 GB 15671 执行。

7.4.2.6　播种

1）播种时期

当土壤 5cm 处地温稳定通过 7℃、土壤耕层含水量在 20% 左右时可抢墒播种，以确保全苗。

播种期确定以生育期有效积温为主要依据。在此基础上，还应根据不同品种的熟期进一步确定适宜播种期，生育期较长的品种可适当早播，生育期较短的品种可适当晚播。

南部地区：5 ～ 9 月 ≥ 10℃ 活动积温在 2800℃ 以上的地区，最佳播种期为 4 月 25 日至 5 月 5 日。

北部地区：5 ～ 9 月 ≥ 10℃ 活动积温在 2600 ～ 2800℃ 的地区，最佳播种期为 4 月 20 ～ 30 日。

2）播种方式

应采用机械化播种方式播种、并施入种肥，播深 3 ～ 4cm，做到播种深浅一致，覆土均匀，土壤较为干旱时，采取深开沟，浅覆土，重镇压，应把种子播到湿土上。

3）种植密度

根据品种特性、土壤肥力与施肥水平、种植方式等确定种植密度。水肥充足、株型收敛、生育期较短的密植型品种宜密；水肥条件差、植株繁茂、生育期较长的大穗型品种宜稀。

种植耐密品种公顷保苗为 6.0 万 ～ 7.0 万株，半耐密型品种公顷保苗为 5.0 万 ～ 6.0 万株。

4）播种量

应根据品种适宜密度、百粒重及播种方式的不同确定播种量，一般每公顷播种量为 25 ～ 40kg。

5）种肥

播种时应采用侧深施方式，种肥置于种侧下 3 ～ 5cm。每公顷纯氮 5 ～ 15kg，P_2O_5 10 ～ 15kg。做到种肥隔开，防止烧种烧苗。

6）镇压

应视土壤墒情确定镇压时期与镇压强度。

当土壤含水量低于 24% 时，应立即镇压。当土壤含水量在 22% ～ 24% 时，镇压强度为 300 ～ 400g/cm²。当土壤含水量低于 22% 时，镇压强度为 400 ～ 600g/cm²。

当土壤含水量大于 24% 时不宜立即镇压，待土壤含水量下降到 24% 后应立即镇压。

7.4.2.7　田间管理

1）封闭除草

播种后应立即进行封闭除草。选用莠去津类胶悬剂及乙草胺乳油（或异丙甲草胺），在玉米播后苗前土壤较湿润时进行土壤喷雾。干旱年份土壤处理效果差，可使用内吸传导型除草剂如草甘膦、扑草净等兑水按使用说明在杂草 2 ～ 4 叶期进行茎叶喷雾。土壤有机质含量高的地块在较干旱时使用高剂量，反之使用低剂量。要做到不重喷，不漏喷，不能使用低容量喷雾器及弥雾机施药。玉米与其他作物间作田，考虑对后茬作物的安全性。

2）查苗定苗

播种 10d 后，每隔 5d 应进行一次查种、查芽，对坏种、坏芽的应及时催芽坐水补种。幼苗 4 ～ 5 叶时一次性定苗。在正常出苗情况下，采用留均匀苗的原则进行定苗，在出苗不良情况下，采用不等距留大苗的原则进行定苗。

3）深松追肥

在 8 ～ 10 展叶期，结合行间深松完成追肥。深松深度 25 ～ 30cm，每公顷追纯氮 110 ～ 150kg，追肥深度 10 ～ 15cm。

4）促熟防倒

对于种植密度大、易遭风灾及植株高大的地块，应在拔节前及抽雄前选择性地喷施化控产品，防止倒伏。在使用化控产品时，应严格按说明书要求控制喷施时期及用量。

5）补水灌溉

在关键生育时期如出现严重干旱应采用滴灌、小白龙等节水灌溉方式进行补充灌溉，每次灌溉量约为 300t/hm^2。

6）去分蘖

在玉米生育期，如玉米分蘖较多，要尽快去掉。

7.4.2.8　病虫害防治

1）黏虫

6 月下旬至 7 月上旬，调查虫情，如平均每株有一头黏虫，用 4.5% 高效氯氟氰菊酯乳油 800 倍液喷雾，把黏虫消灭在 3 龄之前。

2）蚜虫

蚜虫多发生在抽雄干旱时期，如遇蚜虫危害严重应进行田间灌溉，改善玉米缺水条件，提高抗蚜性，如蚜虫发生量较大，应选用 4.5% 高效氯氰菊酯乳油 800 倍液或 10% 吡虫啉可湿性粉剂 1000 倍液喷雾防治。

3）玉米螟

防治玉米螟方法主要包括白僵菌封垛、赤眼蜂防治、白僵菌田间防治和化学药剂防治等。

白僵菌封垛：在 5 月上、中旬，用白僵菌防治粉封垛。用机动喷粉器在玉米秸秆垛（或茬垛）的茬口侧面每隔 1m 左右用木棍向垛内捣洞 20cm，将机动喷粉器的喷管插入洞中，加大油门进行喷粉，待对面（或上面）冒出白烟时或当本垛对面有菌粉飞出即可停止喷粉，再喷其他位置，如此反复，直到全垛喷完为止。

赤眼蜂防治：在 5 月中旬至 7 月初，应根据虫情调查情况，在成虫产卵初期释放赤眼蜂，每公顷分两次释放赤眼蜂 22.5 万头，第一次释放 10.5 万头，间隔 5 ～ 7d 释放第二次，将玉米螟消灭在孵化之前。

白僵菌田间防治：在 7 月上、中旬，幼虫蛀茎前，每公顷用 7.5kg 白僵菌菌粉与 75 ～ 100kg 细沙或细土混拌均匀，撒于玉米心叶中，每株用量为 1.0 ～ 1.5g。

化学药剂防治：在 7 月上旬，玉米喇叭口期，调查田间玉米螟幼虫量，如虫量较大，应在蛀茎前，用 3% 克百威颗粒或 3% 辛硫磷颗粒剂均匀撒于玉米心叶中即可。使用上述药剂时应注意安全操作。

4）后期叶斑病防治

后期叶斑病主要为玉米大斑病、玉米灰斑病和玉米弯孢菌叶斑病，在发病初期喷施 30% 苯醚甲环唑 2000～2500 倍液或 50% 多菌灵可湿性粉剂 300 倍液，每隔 7d 喷一次，共喷 3 次。

7.4.2.9　收获

1）收获期

适时晚收。玉米生理成熟后 7～15d 为最佳收获期，一般为 10 月 10 日左右。

2）籽粒脱水

收获后玉米要及时扒皮，上楼子或自由堆放晾晒脱水。

7.4.3　辽宁《玉米　深松施肥技术规程》

7.4.3.1　范围

本规程规定了玉米高产与资源高效栽培的深松整地与施肥管理及其配套技术。本规程适用于地势平坦、中等以上肥力农田玉米主产区。

7.4.3.2　规范性引用文件

下列文件对于本文件的应用是必不可少的。凡是注日期的引用文件，仅所注日期的版本适用于本文件。凡是不注日期的引用文件，其最新版本（包括所有的修改单）适用于本文件。

GB 15618　　　　　土壤环境质量标准

GB 4407.2　　　　　粮食作物种子　禾谷类

GB 4285　　　　　　农药安全使用标准

GB 9321　　　　　　农药合理使用准则

7.4.3.3　术语和定义

下列术语及定义适用于本规程。

1）深松耕

用深松铲或凿形犁等农具疏松土壤而不翻乱土层的深耕方法。深松耕是打破犁底层、增厚耕作层、提高土壤蓄水保肥能力、促进玉米根系下扎、保证土壤水肥高效利用的土壤基本耕作作业。

2）缓释肥

在 25℃ 净水中浸泡 24h 初期养分释放率小于 15%，28d 累积养分释放率小于 80%，在标明的养分释放期内累积释放率大于 80%。

7.4.3.4　选地

选择地势平坦，耕层土壤有机质含量 1.5%～1.6%，速氮、速磷、速钾含量分别为 90～100mg/kg、20～30 mg/kg、90～100 mg/kg 的中等以上肥力农田种植。土壤环境质量应符合 GB 15618 要求。

7.4.3.5　品种选用

选用经过国家或省级审定推广的，生育期125d左右、株型紧凑的晚熟密植型玉米品种。

7.4.3.6　深松

1）深松耕原则

土壤耕作层厚度≤25cm，且耕作层以下为沙层的漏水漏肥地块不宜进行深松耕作业。

2）时期与机具

深松耕时期为玉米收获后至冬前，或翌年玉米苗期进行。玉米收获后至冬前机具选用深松铲或凿形犁，苗期则选用无翼深松铲或凿形犁。

3）方法与深度

采用连年隔行深松耕或隔年行行深松耕的方法，两种深松方法的深松深度均为≥30cm。

4）配套耕作措施

灭茬、旋耕：玉米收获后至冬前深松耕在秋收灭茬后进行，且深松耕后及时旋耕，旋耕深度要≥13cm，旋耕后要求保证地平土碎、耕作层无土垡架空。如采用玉米苗期深松耕，冬前则仅进行灭茬—旋耕操作，翌年春季正常起垄、镇压、播种，待玉米苗期进行深松耕作业。

起垄、镇压、趟地：春季4月上中旬起垄，并于垄上镇压，减少土壤大孔隙比例。起垄、镇压后要保证垄平土碎。起垄垄距，辽河平原中部地区60cm，向南、向西逐渐缩至55cm、50cm。玉米生长期间结合追肥及时趟地。

7.4.3.7　施肥

1）有机肥

秋季玉米收获后于田间均匀撒施农家肥45 000kg/hm²，后进行灭茬—深松—旋耕（收获后至冬前深松耕）或灭茬—旋耕操作（苗期深松耕）。

2）化肥

施用量的确定：施肥量采用目标产量施肥法或肥料效应函数法确定。

目标产量施肥法：根据单产水平对养分的需要量、土壤养分的供给量、所施肥料的养分含量及其利用率等因素进行估测。按式（1）计算。

$$Q = \frac{q_t \times q_z - \delta}{n\eta} \tag{1}$$

式中，Q 为肥料需要量，单位为 kg；q_t 为目标产量，单位为 kg/hm²；q_z 为每千克产量养分需要量，单位为 kg；δ 为土壤养分供应量，单位为 kg；n 为肥料中养分含量，单位为 %；η 为肥料利用率，单位为 %。

每100kg产量养分需要量：氮2.57kg、P_2O_5 0.86kg、K_2O 2.14kg。

肥料效应函数法：通过田间试验，拟合出一元、二元或多元肥料效应回归方程，描述施肥量与产量的关系，利用回归方程式计算出代表性地块不同目标值最大相应施肥量。本规程适用范围内，N、P_2O_5、K_2O 分别施用 225 kg/hm²、75 kg/hm²、250kg/hm²，

N：P_2O_5：K_2O 比例为 3.0：1.0：3.3。

化肥种类的选择：选用速效肥，如尿素、磷酸二铵、氯化钾等，或相近 N：P_2O_5：K_2O 比例的缓释复混（复合）肥。

施用时期与方法：选用速效肥时，全部的 P_2O_5、K_2O 和 1/3 的 N 作种肥，在玉米播种时几种肥料需充分混合后，于种子侧下 4～6cm 处穴施。其余的 N 在玉米拔节后期，距植株 3～4cm 处追施，施用深度在 10～15cm，追肥后立即中耕培土。选用缓释复混（复合）肥时，则于春季起垄时全部合于垄内距垄面 10～15cm 处。若无相同 N：P_2O_5：K_2O 比例的缓释复混（复合）肥，可选用速效肥补至要求的比例，并作种肥于种子侧下 4～6cm 处一次性穴施。施用种肥时种子与化肥应隔离。

7.4.3.8　其他配套措施

1）种子精选与种子处理

种子精选：选用优质良种，确保种子净度≥98%，发芽率≥85%，纯度≥96%。种子质量应符合 GB 4407.2 要求。

种子处理：选择晴朗白天，将精选后的种子于户外干爽地面晒种 2～3d。晒种后，按照包衣剂使用说明书进行种子包衣。

2）播种技术

播种期：春季当土壤 5～10cm 耕作层地温稳定在 10℃以上时即可播种，一般在 4 月末至 5 月中旬为适宜播种期。

播种：播种采用机械播种或人工播种的方法，两种播种方法均实行穴播，播种深度为 3～4cm，一般每穴播种 2～3 粒种子，种子质量好、发芽势强的品种也可单粒穴播。播种时需进行种子上镇压（底格子）、覆土后垄上镇压（上格子）。在播种时如遇播种层土壤干旱，应深开沟、浅覆土。

3）田间管理

间苗定苗去除分蘖：玉米出苗后，三叶期需及时间苗，四叶一心期要及时定苗。苗期还需尽早去除分蘖。

主要病害及防治措施：玉米主要病害有大小斑病、丝黑穗病、茎腐病，病害严重的地块，应与其他作物轮作倒茬，或更换玉米抗病品种。一般可采用玉米专用种衣剂进行种子处理。

主要虫害及防治措施：蛴螬、地老虎、蝼蛄、玉米螟、黏虫是危害玉米的几种主要害虫。其中地下害虫采用玉米专用种衣剂进行种子处理；防治玉米螟则在玉米小喇叭口期，使用辛硫磷或呋喃丹颗粒剂心叶投施，或在玉米螟产卵期，人工释放赤眼蜂进行防治；防治黏虫在幼虫 3 龄前，喷施杀虫剂。播后苗前适时使用除草剂封地，防止杂草危害。除草剂选用阿特拉津＋乙草胺＋2,4-D。施用农药应按 GB 4285、GB 9321 执行。

4）收获

玉米生理成熟后及时收获。

5）秸秆还田

收获时，高留茬 30～35cm，待冬前施用农家肥后灭茬、深松、旋耕。

6）脱水与贮藏

采用玉米整穗自然风干的方法进行脱水，待籽粒含水量降至 14% 时即可机械脱粒并入库贮藏。

7.4.4　内蒙古《平原灌区玉米高产高效栽培技术规程》

7.4.4.1　范围

本规程规定了玉米高产高效栽培的选地、整地、选种、播种、田间管理、病虫害防治、收获等技术规范。本规程适用于内蒙古西辽河流域、河套、土默川平原灌区。

7.4.4.2　术语和定义

1）高产高效

在适宜的生态和生产条件下，采取优化栽培技术，在 100 亩以上玉米高产田，实测籽粒产量可稳定达到 800kg/ 亩（标准含水率 14%）以上或比一般生产田（对照）增产 15% 以上，水肥资源生产效率提高 15% ～ 20%。

2）水分利用效率

$$WUE=Y/ET \tag{1}$$

式中，WUE 为水分利用效率；Y 为籽粒产量（kg/ 亩）；ET 为总耗水量（mm）。

$$ET=P + I + \Delta SWS \tag{2}$$

式中，P 为玉米生长季节的降水量；I 为灌溉量；ΔSWS 为播种时土壤贮水量与收获时土壤贮水量之差。

土壤贮水量（mm）= 土层厚度（mm）× 土壤容重（g/cm³）× 土壤含水量

3）肥料利用率

$$RE = \frac{U_1 - U_0}{F} \times 100\% \tag{3}$$

式中，RE 为肥料利用率（%）；U_1 为施肥区作物吸收的养分量（kg/ 亩）；U_0 为未施肥区作物吸收的养分量（kg/ 亩）；F 为肥料养分（N、P_2O_5、K_2O）投入量（kg/ 亩）。

7.4.4.3　备耕整地

1）选地

选择地势平坦，井渠配套，土层厚度 50cm 以上，熟土层 20 ～ 30cm，经测定土壤有机质含量 1% ～ 2%，碱解氮 80 ～ 120mg/kg，速效磷 10 ～ 16mg/kg，速效钾 120 ～ 190mg/kg，有效锌含量 0.6 ～ 0.8mg/kg 的地块。

2）秋翻

秋收后及时灭茬，施腐熟有机肥 3000kg/ 亩以上；深松耕 20cm 以上，将根茬、有机肥翻入土壤下层，逐年加深耕层。

3）整地

秋翻后及时耙碎坷垃，修成畦田，平整土地，并达到埂直、地平；土壤封冻时进行冬灌，灌水量 80 ～ 100m³/ 亩。

在春季土壤表层昼化夜冻的顶凌期，要及时耙地、糖（耱）地，使耕层上虚下实，土壤含水量保持在田间持水量的 70% 以上。

7.4.4.4 精细播种

1）选种

根据各地主导品种按照熟期进行选择。选用适应性强，高产、优质、多抗、耐密植的紧凑型优良杂交种。种子纯度 96% 以上，净度 98% 以上，发芽率 95% 以上的包衣种子。若地膜覆盖栽培，品种生育期会延长 7d 左右。

2）播期

当 5 ～ 10cm 土层温度稳定通过 8 ～ 10℃，土壤耕层田间持水量 70% 左右，进行机械精量点播。蒙西地区 4 月中下旬；蒙东地区 4 月下旬至 5 月初播种。

3）种肥

选用精量种、肥分层播种机，播种时每亩深施磷酸二铵 15.2kg、硫酸钾 6kg（K$_2$O 50%）。

4）播种

依品种特性，种植密度在 4500 ～ 5500 株 / 亩。宽窄行覆膜种植，宽行 60 ～ 70cm，窄行 30 ～ 40cm，播深 5 ～ 6cm。

$$株距(cm) = \frac{666.7 \times 10^4}{亩株数 \times 行距(cm)} \qquad (4)$$

7.4.4.5 田间管理

1）苗期管理

当玉米 3 ～ 4 片叶展开时，结合浅中耕间苗，去除弱苗、杂苗，留匀苗、壮苗；5 ～ 6 片叶展开时，结合深中耕定苗。如缺苗时，可就近或邻行留双苗。

2）穗期管理

去蘖：6 月中旬玉米拔节后，陆续长出分蘖，应及时去除。

追肥：小喇叭口期，结合耥地追尿素 37.5kg/ 亩，施肥后深松覆土并及时浇水。

防倒：玉米进入拔节期后，用玉米健壮素，以亩用量 30mL，对水 15 ～ 20kg，在玉米 8 ～ 9 片叶展开时（6 月下旬）均匀喷于玉米上部叶片上；玉米健壮素不能与碱性农药混用。

防虫：二代黏虫、玉米螟、蚜虫、红蜘蛛、双斑萤叶甲等发生危害并达到防治指标时，应选用广谱、高效、中毒或低毒的杀虫剂，用喷雾器对每株玉米进行喷施，防治虫害。对于玉米螟为害，也可在玉米螟卵期，释放赤眼蜂 2 ～ 3 次，每亩释放 1 万 ～ 2 万头；或用高压汞灯或频振式杀虫灯诱杀越冬代螟虫。

3）粒期管理

授粉：玉米散粉盛期于上午 9 ～ 11 时，两人举顶部用细绳相连的竹竿，顺畦埂平移，使得细绳横扫雄穗，进行隔日人工辅助授粉 2 ～ 3 次。

灌水：视土壤墒情，及时灌溉。抽雄期灌水 60 ～ 70m^3/ 亩。8 月中下旬，若土壤田间持水量低于 70% 时，按 50 ～ 60m^3/ 亩的定额灌水 1 ～ 2 次。

收获：当玉米籽粒乳线消失、黑层出现时，方可收获。

参 考 文 献

蔡红光，米国华，张秀芝，等．2012.不同施肥方式对东北黑土春玉米连作体系土壤氮素平衡的影响.植物营养与肥料学报，18(1)：89-97.

刘明，齐华，张卫建，等．2013.深松方式与施氮量对玉米茎秆解剖结构及倒伏的影响.玉米科学，21(1)：57-63.

刘明，齐华，张卫建，等．2013.深松与施氮方式对春玉米子粒灌浆及产量和品质的影响.玉米科学，21(3)：115-119，130.

李雪霏，刘明，张卫建，等．2013.不同深松方式与氮肥运筹对玉米生长发育及光合特性的影响.玉米科学，21(1)：120-124.

王西娜，王朝辉，李生秀．2007.施氮量对夏季玉米产量及土壤水氮动态的影响.生态学报，27(1)：197-204.

解振兴，董志强，薛金涛．2012.供氮量及化学调控对玉米苗期生长及氮素吸收分配特征的影响.玉米科学，20(2)：128-133.

于晓芳，高聚林，叶君，等．2013.深松及氮肥深施对超高产春玉米根系生长，产量及氮肥利用效率的影响.玉米科学，21(1)：114-119.

张梅，任军，郭金瑞，等．2011.吉林中部黑土区玉米高产栽培土壤培肥技术研究.玉米科学，19(6)：101-104.

张玉芹，杨恒山，毕文波，等．2012.不同栽培模式下春玉米生育后期冠层生理特性研究.华北农学报，27(1)：145-150.

张玉芹，杨恒山，高聚林，等．2011.超高产春玉米的根系特征.作物学报，37(4)：735-743.

Cai H, Ma W, Zhang X, et al. 2014. Effect of subsoil tillage depth on nutrient accumulation, root distribution, and grain yield in spring maize. The Crop Journal, 2: 297-307.

Liu Y, Hou P, Xie R, et al. 2013. Spatial adaptabilities of spring maize to variation of climatic conditions. Crop Science, 53(4): 1693-1703.

Luo R, Zhang B, Gao J, et al. 2012. Climate change impacts on corn production as evidenced by a model and historical yields in Inner Mongolia, China. Journal of Food, Agriculture & Environment, 10(2): 976-983.

Song Z, Gao H, Zhu P, et al. 2015. Organic amendments increase corn yield by enhancing soil resilience to climate change. The Crop Journal, 3: 110-117.

Song Z, Guo J, Zhang Z. et al. 2013. Impacts of planting systems on soil moisture, soil temperature and corn yield in rainfed area of Northeast China. European Journal of Agronomy, 50: 66-74.

第8章　东北春玉米高产高效研究展望

8.1　高产高效耐密品种选育

前人研究表明，进一步增加作物产量必须依赖于种植密度的增加。与欧美国家相比，东北春玉米品种耐密性远低于国外水平，这说明东北春玉米品种耐密性尚有很大的改良空间。作者对东北不同年代种植的玉米品种进行试验比较，发现现代品种的耐密性不断增强。但群体种植密度提高，使得个体间对光、热、水、肥等资源的竞争增加，影响个体的营养生长和生殖生长，给玉米的健康生长带来很多负面影响，如倒伏率增加、空秆率增大、秃尖增长、株高和穗位提高、籽粒容重和千粒重下降等。东北春玉米品种演替过程中，各年代品种随种植密度增加，株高变化不明显，而穗位显著增加，植株重心显著上移，这种上移趋势在现代品种表现得更为明显，而植株重心上移将增加倒伏的风险，因此，今后育种过程中应注重对穗位特性的选择，从形态上降低倒伏的风险。作物高产潜力通常从提高单株生产潜力、作物对逆境的抵抗能力和作物资源高效利用三个方面来实现，今后东北春玉米品种选育应充分重视品种逆境选择和资源高效利用这两个方面，以选育出耐密性更强的品种，来满足密植增产增效对新品种的要求。

8.2　高产高效合理耕层构建

合理的耕层结构是保证作物地下部良好发育的前提，协调好耕层和冠层的关系是实现玉米高产高效的关键。而在当前种植背景下，东北地区由于长期的玉米连作，加之不合理的耕作方式，存在耕层变浅、土壤结构退化和养分严重流失等问题，限制了产量和资源利用效率的进一步提高。作者研究表明，种植模式优化、土壤培肥及深松等耕作措施可以改善土壤结构、构建合理耕层，达到高产高效的目的。然而，和美国等农业发达国家相比，我国土壤的基础地力仍然较低，中低产田的面积仍然占大多数。而在此情况下，土壤地力成为限制玉米高产高效的重要因子。因此，提高土壤基础地力、构建合理耕层是保障玉米高产高效的现实需求。为此，还需要进一步强化理论创新和关键技术研发。同时，应进一步加强合理耕层指标评价体系的建立和完善，通过秸秆还田、合理肥料运筹、种植模式优化等耕作栽培技术集成，构建合理耕层结构，实现高产高效的协同目标。

8.3　高产高效环境代价分析

由于资源短缺和环境问题凸显，随着人们日益增长的对美好生活的向往，人们的环境意识不断提高，对农业生产的环境问题也越来越关注。在追求作物高产高效的过程中如何降低资源环境代价是我们不得不面对的课题和考验。我国粮食产量的增加与肥料施用量的增加密切相关，作为全球氮肥最大的生产国及消费国，我国氮肥消耗量占全球氮肥总消耗量的30%以上。然而大量的肥料投入并没有换来相应的粮食产量的大幅度增加，反而导致肥料利用率较低及温室气体排放增加、水体富营养化等环境问题。当前，我国对东北春玉米生产中的环境问题进行部分研究，但由于之前对环境问题的研究相对较少，且研究时间较短，因此，应继续加大对追求春玉米高产高效目标中的环境代价研究，进行产量、效率和环境影响的长期观察监测，为东北春玉米高产高效耕作栽培技术的环境效应分析提供理论支撑。

8.4　高产高效地上地下协调

"根深才能叶茂"，良好的地下根系生长状况是地上部健壮发育的基础和前提。玉米的根系除对植株具有固着支撑作用外，还是植株吸收水分、矿质营养及合成某些生理活性物质的重要器官。作物的根系生长与产量有着紧密的联系，只有发达的根系和旺盛的地上部才能获得高产。地上部和地下部的协调发育是实现作物高产高效的必然要求。研究表明，通过耕作措施、水肥运筹和化学调控等可以协调地上部和地下部的关系，有利于实现高产高效。但由于地下研究方法少和地下取样困难等原因，当前我们对于地下部根系生长发育等的研究相对于地上部仍然较少。特别是在密植条件下，如何实现地上部和地下部的协调是我们追求高产高效的过程中必须解决的问题。因此，应持续加强地上地下协调的相关技术和理论研究，为实现春玉米高产高效生产提供依据，促进农业绿色发展。

参 考 文 献

李少昆，赵久然，董树亭，等 . 2017. 中国玉米栽培研究进展与展望 . 中国农业科学，50(11): 1941-1959.

孙占祥，白伟 . 2016. 气候变化背景下东北地区耕作制度创新 . 中国农学会耕作制度分会 2016 年学术年会论文摘要集 .

王培娟，韩丽娟，周广胜，等 . 2015. 气候变暖对东北三省春玉米布局的可能影响及其应对策略 . 自然资源学报，30(8): 1343-1355.

郑洪兵，齐华，刘武仁，等 . 2014. 玉米农田耕层现状，存在问题及合理耕层构建探讨 . 耕作与栽培，(5): 39-42.

Cohn A S, VanWey L K, Spera S A, et al. 2016. Cropping frequency and area response to climate variability can exceed yield response. Nature Climate Change, 6: 601-604.

Gao W, Hodgkinson L, Jin K, et al. 2016. Deep roots and soil structure. Plant, Cell & Environment, 39: 1662-1668.

Ju X T, Xing G X, Chen X P, et al. 2009. Reducing environmental risk by improving N management in intensive Chinese agricultural systems. Proceedings of the National Academy of Sciences, 106: 3041-3046.